JIANSHE ANQUAN GUANLI

建设安全管理

杨 杰　卢国华　编著

中国电力出版社
CHINA ELECTRIC POWER PRESS

内 容 提 要

本书以安全工程、管理学的基本理论和方法为基础，以安全发展观为指导，坚持人民至上、生命至上，立足于我国建筑业、建筑业企业及工程项目的安全发展、高质量发展的需要，理论联系实际，从宏观和微观两个方面对建设工程安全管理的框架体系、理论方法、管理方法、实践应用及发展前沿进行了系统分析、全面解剖、综合提升。本书共分八章，主要内容包括概述、安全管理理论、建设工程项目安全管理、建筑业企业安全管理、工程相关利益者安全管理、建设工程安全生产事故调查与处理特殊类型工程建设安全管理、数字化建设工程安全管理等，其间融入了建设工程安全生产事故典型案例进行剖析。

本书结合建筑业企业和建设工程项目实际，内容新颖，叙述简明扼要，精炼实用，可供高等院校工程管理、土木工程、交通工程、工程造价、房地产管理等专业本科生、研究生学习和使用，也可供政府管理部门、行业管理部门、建设单位、工程咨询和建筑业企业等有关单位和部门作为参考资料，还可作为建设工程安全主管部门及建筑业企业管理人员培训用书。

图书在版编目（CIP）数据

建设安全管理 / 杨杰，卢国华编著. —北京：中国电力出版社，2022.2（2024.5 重印）
ISBN 978-7-5198-6356-2

Ⅰ.①建…　Ⅱ.①杨…②卢…　Ⅲ.①建筑工程－安全管理－高等学校－教材　Ⅳ.① TU714

中国版本图书馆 CIP 数据核字（2021）第 272847 号

出版发行：中国电力出版社
地　　址：北京市东城区北京站西街 19 号（邮政编码 100005）
网　　址：http://www.cepp.sgcc.com.cn
责任编辑：郑晓萌
责任校对：黄　蓓　马　宁
装帧设计：郝晓燕
责任印制：吴　迪

印　　刷：北京天宇星印刷厂
版　　次：2022 年 2 月第一版
印　　次：2024 年 5 月北京第三次印刷
开　　本：787 毫米 ×1092 毫米　16 开本
印　　张：14.5
字　　数：358 千字
定　　价：45.00 元

序

2021 年，适逢建党 100 周年。今年是"十四五"规划开局之年，也是全面建设社会主义现代化国家新征程开启之年。站在这样一个重要历史起点上，坚持人民至上、坚持生命至上，不忘初心，牢记使命，始终坚持"安全第一、预防为主、综合治理"和"安全发展"的理念，遵循智慧安全、数字赋能及创新未来的发展路径也是从事安全管理、安全工程领域学者、实践者的孜孜追求。

新发展阶段、新发展理念、新发展格局明确了安全生产工作的指导原则、路径选择及发展要求。首先，新发展阶段之"新"，新在发展目标、新在发展环境、新在机遇和挑战所发生的变化上。这就要求我们客观面对不稳定性、不确定性显著增加的新的发展环境，抑或是把握机遇和识别风险挑战难度的明显加大，其间所折射的一个重大现实课题就在于：进入新发展阶段的中国，安全分量加大、安全的意义凸显，要统筹好发展和安全两件大事。作为支柱产业的建筑业，行业安全管理任重而道远。启示我们要站在统筹发展和安全的高度，深刻认识新发展阶段建筑业面临的国内外环境的复杂性和严峻性、有利因素和不利因素以及各种可能性，及时防范和化解影响建筑业高质量发展的各种风险。其次，新发展理念之"新"，一是要从根本宗旨、问题导向、忧患意识把握新发展理念；二是从实现目标的扩展上实践新发展理念；三是从与时偕行、更加务实的行动上落实新发展理念。新理念就是发展和安全同等重要，要一起谋划、一起部署。以新发展理念为指导原则，密切关注各种风险挑战，凡事从最坏处准备，努力争取最好的结果；在谋划建筑业发展的同时精心谋划好安全，努力实现更高质量、更有效率、更加公平、更可持续、更为安全的发展。同时，安全发展的新理念就是要通过 5G、AI 以及区块链等信息技术来实现本质安全、系统安全。最后，新发展格局之"新"，新在不相同于既往的出发点和落脚点上，其核心要义存在于统筹发展和安全的战略考量之中。新发展格局要求我们站在统筹发展和安全的高度，明晰发展和安全之间的辩证统一关系，把安全放在更加突出的位置，在发展中更多考虑安全因素。要实现建筑业的高质量发展，必须要有高水平安全管理相匹配，形成良性互动。

"天下之患，最不可为者，名为治平无事，而其实有不测之忧。坐观其变，而不为之所，则恐至于不可救；起而强为之，则天下狃于治平之安而不吾信。惟仁人君子豪杰之士，为能出身为天下犯大难，以求成大功"。在新的发展阶段，作为建设安全管理领域的学者、实践者更要深入贯彻新安全发展理念，具备构建新发展格局的政治定位、战略眼光、专业水平、前瞻性思考、全局性谋划、协调性推进，从而实现建筑业发展质量、结构、规模、效益与安全相统一，不断为中华民族的伟大复兴添砖加瓦。

期待本书的出版，能助力建筑业安全生产管理水平的提升，则善莫大焉。

辛丑年己亥月于观心斋

前　　言

传统建设工程项目管理的目标体系是进度、费用和质量，却忽视了这个传统目标体系实现的基础条件——安全。只有参与建设工程项目各项活动的人员安全、健康地进行工作，才能够有效地保障进度、费用和质量目标的实现。"以人为本、安全发展"的理念越来越被重视和深入人心，编写一本有关建设工程安全管理的书是笔者多年的夙愿，究其根本原因就是安全在建设工程项目中的影响越来越重要，工程项目各参与方对安全管理越来越重视。

工程项目的特点，决定了建设工程项目安全事故的发生主要集中在施工阶段。因此，安全管理已经成为建筑业企业经营管理的重点内容。虽然建设工程安全管理得到了较多的重视，但是每年因为各种客观或者主观因素，建筑业领域安全事故的发生都足以吸引业界人士和社会的关注，安全事故带来的负面影响是复杂的、教训是深刻的。

本书以建设工程项目安全管理为主线，基于我国及国外当前建设工程安全管理的现状发展，主要探讨三个方面的问题：研究建设工程施工阶段安全事故发生的机理；研究安全管理中的规律，如何提高人的安全意识、树立"安全第一"的理念，防范人的不安全行为；研究如何改善人员的作业活动条件，最大限度地保障人员的生命和财产安全。从研究层面来看，可从宏观和微观两个方面进行探讨：微观上分析了建设工程项目安全管理问题，主要包括建设工程项目危险源的识别与评估、建设工程安全管理体系、重大危险源管理、安全检查和安全评价、建设工程安全生产事故的管理、建设工程相关利益主体的安全管理、工程建设其他领域类型项目的安全管理、数字化建设工程项目安全管理等内容；宏观上从建筑业层面研究安全管理，包括建筑业主管部门的安全管理、建筑业的安全管理体系、安全教育培训、安全管理绩效评价、安全文化建设等内容。

本书在编写过程中进行了大量的调研和学习，通过各种方式不仅向国内该领域权威学者进行学习探讨，而且还向国外同行进行了访谈和调研，并做了大量文献资料的阅读，以及参与了相关建筑业企业安全管理实践课题的咨询。建设工程安全管理涉及众多的知识领域，包括安全管理与工程学、管理学、土木工程、法律法规、心理学等知识体系，要成为一个优秀的建设工程项目安全管理者，除了具备工程知识之外，还需要对其他方面的知识有所了解。

限于作者的知识、认知及实践经验的不足，书中有些方面写得还不充分，甚至出现不妥之处，衷心希望广大读者提出宝贵意见。

编者

目 录

第一章　概　述

第一节　安全管理概念

一、安全管理内涵

（一）安全与危险

安全与危险是相对的概念，是指人们对生产、生活中可能遭受健康损害和人身伤亡的综合认识。

1. 安全

安全的定义在许多著作中有着众多不同的论述。美国安全工程师协会认为：安全意味着可以容忍的风险程度。该定义蕴含三层意思：①人对系统的认识；②建立在当时社会与经济基础之上的安全判别标准；③认识与标准的比较过程。

通常，安全是指不受威胁，没有危险、危害和损失。人类整体与生存环境资源的和谐相处，相互不伤害，不存在危险的、危害的隐患，是免除了不可接受的损害风险的状态。安全在人类生产过程中，将系统的运行状态对人类的生命、财产、环境可能产生的损害控制在人类能接受水平以下。

2. 危险

危险是指系统中存在特定危险事件发生的可能性与后果的总称。根据系统安全工程的观点，危险是在系统中存在导致发生不期望后果的可能性超过了人们的承受程度。从危险的概念可以看出，危险是人们对事物的具体认识，必须指明具体对象，如危险环境、危险条件、危险状态、危险物质、危险场所、危险人员、危险因素等。一般用风险度表示具有严重后果的事件发生的可能性。在安全生产管理中，风险可以表示为生产系统中事故发生的可能性与严重性的函数关系式，即

$$R = f(F,C) \tag{1-1}$$

式中　R——风险；

　　　F——事故发生的可能性或概率；

　　　C——事故发生的严重性或损失。

从广义上讲，风险可以分为自然风险、社会风险、经济风险、技术风险和健康风险五类。而对于建设工程安全生产管理，也可分为人、机、材料、环境、管理等风险。

3. 安全许可

安全许可是指国家对矿山企业、建设施工企业和危险化学品、烟花爆竹、民用爆破器材生产企业实行安全许可制度。企业未获得安全生产许可证的，不得从事生产经营活动。

（二）事故与事故隐患

1. 事故

事故多指生产、工作中发生的意外损失或灾祸。在生产过程中，事故是指造成人员死亡、伤害，财产损失或者其他损失的意外事件。

2. 事故隐患

隐患是指潜藏着的祸患。《安全生产事故隐患排查治理暂行规定》（国家安全生产监督管理总局令第16号），将"安全生产事故隐患"定义为"生产经营单位违反安全生产法律、法规、规章、标准、规程和安全生产管理制度规定，或者其他因素在生产经营活动中存在可能导致事故发生的物的不稳定状态、人的不安全行为和管理上的缺陷。"

（三）安全生产与安全管理

1. 管理

管理是指通过计划、组织、领导、控制及创新等职能活动或手段，结合人力、物力、财力、信息等资源并高效达到组织目标的过程。在借鉴中外学者对管理概念认识的基础上，把管理定义为：在社会活动中，一定的人和组织依据所拥有的权利，通过一系列职能活动，对人力、物力、财力及其他资源进行协调或处理，以达到预期目标的活动过程。

2. 安全生产

《辞海》将"安全生产"解释为：为预防生产过程中发生人身、设备事故，形成良好劳动环境和工作秩序而采取的一系列的措施和活动。《中国大百科全书》将"安全生产"解释为：旨在保护劳动者在生产过程中安全的一项方针，也是企业管理必须遵循的一项原则，要求最大限度地减少劳动者的工伤和职业病，保障劳动者在安全生产过程中的生命和身体健康。后者将安全生产解释为企业生产的一项方针、原则和要求，前者则解释为企业生产的一系列措施和活动。根据现代系统安全工程的观点，安全生产在一般意义上讲，是指在社会生产活动中，为了使生产过程在符合物质条件和工作程序下进行，防止发生人身伤亡、财产损失等事故，通过人、机、物料、环境的协调运作，而采取的消除或控制危险及有害因素、保障人身健康安全、设备设施免遭损坏、环境免遭破坏的一系列措施和活动。广义上讲，安全生产是指为了保证生产过程不伤害劳动者和周围人员的生命和身体健康，不使相关财产遭受损失的一切行为。安全生产是由社会科学和自然科学两个科学范畴相互渗透、相互交织构成的人民生命和财产安全的政策性和技术性的综合学科。

3. 安全管理

安全管理（safety management）是管理科学的一个重要组成部分，是安全科学的一个分支。它是针对人类在生产过程中的安全问题，运用有效的资源，发挥人类的智慧、知识及技能，通过人类的努力，进行决策、计划、组织和控制等活动，实现生产过程中人与机器设备、物料、环境之间的和谐，达到安全生产的目标。

安全管理可以通过减少和控制危害（人的不安全行为、物的不安全状态及环境变化的应对等），减少和预防事故的发生，尽量避免生产过程中由于事故所造成的人身伤害、财产损失、环境污染及其他损失。安全管理包括安全生产法制管理、行政管理、监督检查、工艺技术管理、设备设施管理、作业环境和条件管理等方面内容。

安全管理是企业生产管理的重要组成部分，是一门综合性的系统科学。安全管理的对象是生产中一切人、物、环境的状态管理与控制，安全管理是一种动态管理，其内容包括安全生产管理组织机构和安全生产管理人员、安全生产责任制、安全生产管理规章制度、安全生产策划、安全培训教育、安全档案资料管理等。

二、建设工程安全管理基本概念

（一）工程项目安全管理定义

工程项目安全管理，是指在工程项目的全生命周期内，为保证实现生产人员、使用人员的生命健康、财产安全所进行的组织、计划、指挥、协调和控制等一系列管理活动。狭义的工程项目安全管理，也称为建设工程安全管理，是指为了保证工程的生产安全所进行的一系列的管理活动，其主要目的在于保护建筑业企业职工在工程建设过程中的安全与健康，保证国家和人民的财产不受损失，保证建设生产任务的顺利完成。本书重点讲述狭义的工程安全管理，即建设工程安全管理。

建设工程的实施是由不同的利益相关者参与，并承担不同的责任。因此，从不同参与主体的角度，建设工程安全管理应当包括：建设行政主管部门对建设活动过程中安全生产的行业管理；安全生产行政主管部门对建设活动过程中安全生产的综合性监督管理；从事建设活动的主体（即施工企业、勘察单位、设计单位、建设单位和监理单位）对建设活动过程中安全生产所进行的管理。

（二）建设工程安全管理特点

（1）范围大、控制面广。由于工程规模较大、生产工艺复杂、不确定因素多等特点，建设工程安全管理涉及的范围大、控制面广。

（2）动态性。由于建设工程项目一次性的特点，每个工程项目都有不同的条件、不同的危险因素及防范措施，使建设工程安全管理有动态性的特点。

（3）交叉性。建设工程项目是开放性的系统，受自然环境和社会环境影响很大，安全控制需要把工程系统和环境系统及社会系统结合起来，具有交叉性的特点。

（4）严谨性。安全状态具有触发性，一旦失控后果严重，所以安全管理必须具有严谨性的特点，以实现工程建设系统的安全目标。

（三）建设工程安全管理手段

建设工程安全管理手段有多种形式，包括安全法规、安全技术、经济手段、安全检查、安全评价和安全文化教育。不同形式的管理手段在管理的价值观念、管理体制、管理措施等层面发挥不同的作用。

1. 安全法规

安全法规是指用立法的手段制定保护职业安全生产的政策、规程、条例、规范和制度。它对改善劳动条件、确保建筑业生产领域中职工身体健康和生命安全，维护财产安全，起着法律保护的作用。

2. 安全技术

安全技术是指建设过程中为防止和消除伤亡事故，或减轻繁重及危险劳动所采取的措施，其基本内容是预防伤亡事故的工程技术措施，作用在于从技术上落实安全生产。

3. 经济手段

经济手段是指各类责任主体通过各种安全投入（如各类保险）为自己编制一个安全网，维护自身利益，同时运用经济杠杆使信誉好、建设产品质量高的企业获得较高的经济效益，对违章行为进行惩罚。经济手段主要有工伤保险、意外伤害保险、经济惩罚制度、提取安全费用等内容。

4. 安全检查

安全检查是指在建设工程项目施工生产过程中，为及时发现事故隐患，排除施工中的不安全因素，纠正违章作业，监督安全技术措施的执行，堵塞漏洞，防患于未然，对安全生产中易发生事故的主要环节、部位、工艺完成情况，由专门安全生产管理机构进行全过程的动态检查，及时发现、治理建设过程中的安全隐患，预防和减少事故的发生。

5. 安全评价

安全评价是指采用系统科学的方法，辨别和分析系统存在的危险性并根据其形成事故的风险大小，采取相应的安全措施，以达到系统安全的过程。安全评价的一般过程是辨别危险性、评价风险、采取措施，直到实现安全目标。安全评价的形式主要有定性安全评价和定量安全评价两种。

6. 安全文化教育

安全文化教育是指通过提高行业、企业人员对安全的认识，树立"安全高于一切"正确的安全生产价值观，增强安全意识与安全技能，减少建设工程项目施工作业过程中的不安全行为，保障建设工程项目施工顺利进行。

（四）建设工程安全管理组织

建设工程安全管理组织是设计并建立一种责任与权力机制，以形成建设工程安全的工作环境的过程。在建设工程安全管理的工作环境中能形成一种建筑业企业安全文化。而建筑业企业安全文化又会反作用于建设工程安全工作的各个方面，包括影响个人和建筑业企业的行为、安全项目的计划和实施。组织管理需要从良好的安全文化中汲取营养，而安全文化的培养也需要组织行为的推动。

促进建筑业企业安全的文化对于政策的正确实施和持续发展具有重要的作用，这样的文化需要时间来孕育，但却是影响个人行为的有效方式。每个建筑业企业都有其内部独特的文化，这种文化既能够为建筑业企业员工所公认，也能够引导建筑业企业员工对安全问题进行共同思考并且形成良好的工作方式。因此，建筑业企业应建立一种积极的安全文化。

建设工程安全管理组织措施可分为以下四方面内容：

（1）建筑业企业内部控制方法。

（2）保证安全员、班组和个人顺利合作的方式。

（3）建筑业企业内部交流的方式。

（4）员工能力培养。

以上四个因素互相联系并相互依赖，为控制、合作、交流和能力培养所采取的行动都与管理层的意愿和理念有关。通过上述每个方面的不懈努力，可以创建积极的安全文化，构建合理的安全管理组织，从而实现安全目标。

第二节　安全生产管理体制

所谓体制，就是一个社会组织系统的结构组成、管理权限划分、事务运作机制等方面的综合概念。体制是相对静态的，主要体现在规章制度和组织架构上。为了理顺各层次安全生产管理体制的关系，有必要根据我国的实际情况，制定一个有关安全生产管理的总体制，也就是宏观体制。

国务院在 1983 年 5 月发布的《批转劳动人事部、国家经委、全国总工会关于加强安全生产和劳动安全监察工作的报告的通知》中明确规定，要在"安全第一，预防为主"的方针指导下搞好安全生产；经济管理、生产管理部门和企业领导必须坚决贯彻"管生产的必须管安全的原则"，特别是在经济体制改革中要加强安全生产工作，讲效益必须讲安全；劳动部门要尽快健全劳动安全监察制度，加强安全监察机构，充实安全监察干部，监督检查生产部门和企业对各项安全法规的执行情况，认真履行职责，充分发挥应有的监察作用；工会组织要加强群众监督，对于企业行政领导忽视安全生产，工会要提出批评和建议，督促有关方面及时改进。此文件确定了我国在安全生产工作中实行国家劳动安全监察、行政管理和群众（工会）监督相结合的工作体制。国家监察、行政管理和群众监督三个方面有一个共同目标，就是从不同的角度、不同的层次、不同的方面来推动"安全第一，预防为主"方针的贯彻，协调一致搞好安全生产。通常将这个工作体制称为安全生产管理的"三结合"体制。

20 世纪 90 年代，随着企业管理制度的改革和安全管理实践的不断深入，人们逐渐认识到"三结合"的安全生产管理工作体制并不完善，其中主要是"行政管理"的提法欠妥。从我国 20 世纪 90 年代以前的经济运行机制来看，企业要受行业主管部门和经济管理部门的管理，包括企业领导人事安排、经营计划的制定、原材料的供应、利润的分配等。因此，企业与行业主管部门之间具有行政上的隶属关系，行业主管部门是连接政府与企业的主要环节，企业的安全生产管理工作也要受行业主管部门的领导和控制。在安全生产管理体制中，"行政管理"应该包含行业管理和企业自我管理两个层次，这两个层次的安全生产管理机制、对象和职责等并不相同。为了使安全生产管理体制更加符合实际，《国务院关于加强安全生产工作的通知》（国发〔1993〕50 号）中正式提出：实行"企业负责，行业管理，国家监察，群众监督，劳动者遵章守纪"的安全生产管理体制。这一体制将原"三结合"体制中的"行政管理"分为"企业负责"和"行业管理"两部分，形成"四结合"的体制。

目前，我国安全生产管理体制是"综合监管与行业监管相结合、国家监察与地方监管相结合、政府监督与其他监督相结合的格局"。国务院安全生产监督管理部门依照《中华人民共和国安全生产法》（简称《安全生产法》），对全国安全生产工作实施综合监督管理；县级及以上地方各级人民政府安全生产监督管理部门依照《安全生产法》，对本行政区域内安全生产工作实施综合监督管理。

国家监察、综合监管、行业监管、政府监督及其他监督的安全生产管理体制中，这四个方面按不同层次和从不同角度构成安全生产管理的宏观体制。

一、国家监察

国家监察是由国家授权某政府部门对各类具有独立法人资格的企事业单位执行安全法规的情况进行监督和检查，用法律的强制力量推动安全生产方针、政策的正确实施。

国家监察也可以称为国家监督。国家监察具有法律的权威性和特殊的行政法律地位。国家监察是代表国家，以国家赋予的强制力量推动行业主管部门和企业搞好安全生产工作，它所要解决的是有法可依、执法必严和违法必究的问题，因此，国家监察是加强安全生产的必要条件。

行使国家监察的政府部门是由法律授权的特定行政执法机构，该机构的地位、设置原则、职责权限，以及监察人员的任免条件和程序，审查发布强制性措施，对违反安全法规的行为提出行政处分建议和经济制裁等，都是由法律规定或授权。因此，国家监察是由法定的监察机构，以国家的名义，运用国家赋予的权力，从国家整体利益出发来展开工作的。

二、行业监管

行业监管就是由行业主管部门，根据国家的安全生产方针、政策、法规，在实施本行业宏观管理中，指导、管理和监督本行业企业的安全生产工作。行业监管也存在与国家监察在形式上类似的监督活动。但是，这种监督活动仅限于行业内部，而且是一种自上而下的行业内部的自我控制活动，一旦需要超越行业自身利益来处理问题时，它就不能发挥作用了。因此，行业监管与国家监察的性质不同，它不被授予代表政府处理违法行为的权力，行业主管部门也不设立具有政府监督性质的监察机构。

《安全生产法》赋予了行业部门的行业监管权力。行业部门依法监督检查所管行业和领域生产经营单位执行国家安全生产法律、法规、国家标准、行业标准的情况，依法对生产经营单位享有检查权、处理权和采取强制措施的权力。

三、综合监管

根据《中华人民共和国安全生产法》（简称《安全生产法》）的有关规定，中华人民共和国应急管理部（简称应急管理部）是国务院主管安全生产综合监管的直属机构，依法对全国安全生产实施综合监管。综合监管是从全国安全生产工作的角度，指导、协调和监督行业管理部门、地方政府等的安全生产监督管理工作。除此之外，综合监管还体现在组织起草安全生产的综合性法律、行政法规和规章，研究拟定安全生产方针政策等。狭义上可以把综合监管理解为应急管理部既可以监督、管理各行业主管部门，也可以监督、管理各行业主管部门的监管对象。所谓"综合"就是对各行各业的安全生产既可以监督，也可以管理。

安全生产综合监管主要体现在宏观指导、监督执行、综合协调、调研分析四个方面。

四、政府监督及其他监督

政府监督是指县级以上地方各级人民政府安全生产监督管理部门依照《中华人民共和国安全生产法》，对本行政区域内安全生产工作实施综合监督管理。其他监督主要体现在社会监督、群众监督上。群众监督就是广大职工群众通过工会或职工代表大会等组织，监督和协助企业各级领导贯彻执行安全生产方针、政策和法规，不断改善劳动条件和环境，切实保障职工享有生命与健康的合法权益。群众监督属于社会监督，一般通过建议、揭发、控告或协商等方式解决问题，而不可能采取像国家监察那样通过强制力来保证的手段，因此，群众监督不具有法律的权威性。群众监督一方面要代表职工利益按国家法律法规的要求监督企业搞好安全生产，另一方面也要支持配合企业做好安全管理工作（如对职工进行遵章守纪和安全知识的教育、反映事故隐患情况、提出整改建议等），这也是做好安全工作的有力保证。

五、安全生产方针和工作原则

安全生产方针是指政府对安全生产工作总的要求，它是安全生产工作的方向。

1949～2019年的70年间，我国安全生产方针不断演变，这种演变随着我国政治和经济在渐进发展。从我国安全生产方针的演变，可以看到我国安全生产工作在不同时期的不同目标和工作原则。我国对安全生产工作总的要求和方针大致可归纳为四次变化，即"生产必须安全、安全为了生产"；"安全第一，预防为主"；"安全第一，预防为主，综合治理"；"以人为本，坚持安全发展，坚持安全第一、预防为主、综合治理，从源头上防范化解重大安全风险"。安全生产方针是群众集体智慧的结晶，是对安全生产工作长期实践经验的总结。它高度概括了安全生产管理工作的目的和任务，是一切生产企业实现安全生产的指导思想。为贯彻"安全第一，预防为主，综合治理"的理念，必须建立一个衔接有序、运作有效、保障有力的安全生产管理体制。

2014年12月1日开始实施修订第二版的《中华人民共和国安全生产法》提出了"以人为本，坚持安全发展，坚持安全第一、预防为主、综合治理"的安全生产方针。遵循以人为本，坚持安全发展。明确提出了安全生产工作应当以人为本，将坚持"安全发展"写入了总则。

2021年9月1日开始实施第三次修订的《中华人民共和国安全生产法》更是进一步深化了以人为本、人民至上、生命至上，把保护人民生命安全摆放在首位，树牢安全发展理念，坚持"安全第一、预防为主、综合治理"安全方针，从源头上防范化解重大安全风险。对于坚守红线意识、底线思维进一步加强安全生产工作、实现安全生产形势根本好转的奋斗目标具有重要意义。

六、党政领导和政府的安全生产责任

为了让人民群众的生产和生活，社会的发展与运行是一种可持续发展的状态，安全是一个基础必备指标。我国政府通过法规制度建设安全管理的大框架，保证社会的各生产单位主体和个人的活动是在这个框架中进行的。2018年4月18日开始实施的《地方党政领导干部安全生产责任制规定》以及2021年9月1日实施的新《中华人民共和国安全生产法》将各级政府和党政领导在安全生产中承担的责任做了进一步的明确和规定。

《地方党政领导干部安全生产责任制规定》第三条规定：实行地方党政领导干部安全生产责任制，必须以习近平新时代中国特色社会主义思想为指导，切实增强政治意识、大局意识、核心意识、看齐意识，牢固树立发展决不能以牺牲安全为代价的红线意识，按照高质量发展要求，坚持安全发展、依法治理，综合运用巡查督查、考核考察、激励惩戒等措施，加强组织领导，强化属地管理，完善体制机制，有效防范安全生产风险，坚决遏制重特大生产安全事故，促使地方各级党政领导干部切实承担起"促一方发展、保一方平安"的政治责任，为统筹推进"五位一体"总体布局和协调推进"四个全面"战略布局营造良好稳定的安全生产环境。并明确指出"地方各级党委和政府主要负责人是本地区安全生产第一责任人，班子其他成员对分管范围内的安全生产工作负领导责任。"

该规定首次提出，要把安全生产纳入党委议事日程和向全会报告工作的内容，纳入政府重点工作和政府工作报告的重要内容，要在政府有关工作部门"三定"规定中明确安全生产职责。党政领导班子中分管安全生产的领导干部要坚持目标导向和问题导向相结合，加强对安全生产综合监管和直接监管工作的领导，履行好统筹协调责任，要抓组织落实、抓统筹协调、抓风险管控和依法治理、抓应急和事故处理、抓基础保障。党政领导班子中其他领导干部则要按照职责分工承担支持保障责任和领导责任。要组织分管行业（领域）、部门（单位）健全和落实安全生产责任制，将安全生产工作与业务工作同时安排部署、同时组织实施、同时监督检查。要组织开展分管行业（领域）、部门（单位）安全生产专项整治、目标管理、应急管理、查处违法违规生产经营行为等工作，推动构建安全风险分级管控和隐患排查治理预防工作机制。

新修订的《中华人民共和国安全生产法》第三条规定指出"完善安全生产责任制，坚持党政同责、一岗双责、失职追责"，即中央和地方各级党委和政府在安全管理或者安全监管方面都同样承担责任，真正做到安全生产工作坚持中国共产党领导，对安全工作做到统筹发展和安全两件大事。政府的安全生产责任具体表现为：

（1）县级以上人民政府有制订符合国民经济和社会发展的安全生产规划的权力，但是安全生产规划要与城市规划协调，城市规划也需要把安全发展纳入其中。例如，城市规划中的工业用地选址、工业用地与生活，以及商业用地之间的安全距离等问题。

（2）各级政府需要建立健全安全生产工作协调机制，以促进安全生产监督工作的有效进行。

（3）安全监督管理部门的设置，地方政府的派出机关，以及开发区、工业园区、港区等功能区应当明确负责安全生产监督管理的机构，并配备专职安全执法人员，按照职责对本行政区域内的生产经营单位执行有关安全生产的法规情况进行监督的检查。

七、政府实施安全监督管理的组织机构

现阶段我国对安全领域实施管理的组织机构主要有国务院安全生产委员会、应急管理部、市场监督管理总局。对建设工程安全领域的管理机构是住房和城乡建设部。

（一）国务院安全生产委员会

国务院安全生产委员会是根据 2003 年 10 月 29 日国务院办公厅发出的《关于成立国务院安全生产委员会的通知》设立的，旨在加强对全国安全生产工作的统一领导，促进安全生产形势的稳定好转，保护国家财产和人民生命安全。

国务院安全生产委员会办公室设在应急管理部，承担国务院安全生产委员会办公室的日常工作。国务院安全委员会办公室主要职责是：研究提出安全生产重大方针政策和重要措施的建议；监督检查、指导协调国务院有关部门和各省、自治区、直辖市人民政府的安全生产工作；组织国务院安全生产大检查和专项督查；参与研究有关部门在产业政策、资金投入、科技发展等工作中涉及安全生产的相关工作；负责组织国务院特别重大事故调查处理和办理结案工作；组织协调特别重大事故应急救援工作；指导协调全国安全生产行政执法工作；承办国务院安全委员会召开的会议和重要活动，督促、检查国务院安全委员会会议决定事项的贯彻落实情况；承办国务院安全委员会交办的其他事项。

国务院安全生产委员会的主要职责有以下内容：

（1）在国务院领导下，负责研究部署、指导协调全国安全生产工作。

（2）研究提出全国安全生产工作的重大方针政策。

（3）分析全国安全生产形势，研究解决安全生产工作中的重大问题。

（4）必要时，协调总参谋部和武警总部调集部队参加特大安全生产事故应急救援工作。

（5）完成国务院交办的其他安全生产工作。

（二）应急管理部

国家安全生产监督管理总局的前身是于 1999 年 12 月 30 日成立的国家煤矿安全监察局，是国家经济贸易委员会的下属机构。2001 年 2 月，经国务院批准组建国家安全生产监督管理局，与国家煤矿安全监察局一个机构两块牌子。2003 年，国家安全生产监督管理局改为国务院直属机构。2005 年，调整为国家安全生产监督管理总局，升格为正部级，为国务院直属机构。2018 年 3 月，根据第十三届全国人民代表大会第一次会议批准的国务院机构改革方案，将国家安全生产监督管理总局的职业健康安全监督管理职责进行整合，组建中华人民共和国国家卫生健康委员会；将国家安全生产监督管理总局的职责进行整合，组建了中华人民共和国应急管理部；不再保留国家安全生产监督管理总局。

该机构负责安全生产综合监管和工矿商贸行业安全生产监管等，主要职责是：综合监管全国安全生产工作；依法行使国家安全生产综合监管职权；负责发布全国安全生产信息；依法组织、指导并监督特种作业人员（特种设备作业人员除外）的考核工作和生产经营单位主要经营管理者、安全管理人员的安全资格考核工作；监督检查生产经营单位的安全生产培训工作；依法监督检查职责范围内新建、改建、扩建工程项目的安全设施与主体工程"三同时"（同时设计、同时施工、同时投入使用）情况；组织实施注册安全生产工程师执业资格制度，监督和指导注册安全生产工程师执业资格考试和注册工作等。对住房和城乡建设行业的安全生产工作负责综合监管与指导。

（三）市场监督管理总局

国家市场监督管理总局是国务院直属机构，为正部级单位，对外保留国家认证认可监督管理委员会、国家标准化管理委员会牌子。2018 年 3 月，根据第十三届全国人民代表大会第一次会议批准的国务院机构改革方案，将国家工商行政管理总局、国家质量监督检验检疫总局、国家食品药品监督管理总局、国家发展和改革委员会的价格监督检查与反垄断执法、商务部的经营者集中反垄断执法及国务院反垄断委员会办公室等的职责进行整合，组建国家市场监督管理总局，作为国务院直属机构。

市场监督管理总局在安全生产管理方面的主要职责如下：负责对全国特种设备安全实施监督管理，承担综合管理特种设备安全监察、监督工作的责任；管理锅炉、压力容器、压力管道、电梯、起重机械、客运索道、大型游乐设施、场（厂）内专用机动车辆等特种设备的安全监察、监督工作；监督管理特种设备的生产（包括设计、制造、安装、改造、修理），经营、使用、检验、检测和进出口；监督管理特种设备检验检测机构和检验检测人员、作业人员的资质资格；依法负责保障劳动安全的产品、影响生产安全的产品的质量安全监督管理；负责危险化学品及其包装物、容器生产企业的工业产品生产许可证的管理工作，并依法对其产品质量实施监督，负责对进出口的烟花爆竹、危险化学品及其包装实施检验；负责会同有关部门根据技术进步和产业升级需要，组织制定、修订安全生产国家标准；负责特种设备安全生产统计分析，依法组织或参加有关事故的调查处理，按照职责分工对事故发生单位落实防范和整改措施的情况进行监督检查。

（四）住房和城乡建设部

1979 年 3 月 12 日，国务院发出通知，中共中央批准成立"国家城市建设总局"，直属国务院，由国家基本建设委员会代管。1982 年 5 月 4 日，"国家城市建设总局""国家建筑工程总局""国家测绘总局""国家基本建设委员会"的部分机构和"国务院环境保护领导小组办公室"合并，成立"城乡建设环境保护部"。1988 年 5 月，第七届全国人民代表大会第七次会议通过《关于国务院机构改革方案的决定》，撤销"城乡建设环境保护部"，设立"建设部"，并把国家计划委员会主管的基本建设方面的勘察设计、建筑施工、标准定额工作及其机构划归"建设部"。2008 年 3 月 15 日，根据十一届全国人民代表大会第一次会议通过的《国务院机构改革方案》，"建设部"改为"住房和城乡建设部"。

住房和城乡建设部在安全生产管理方面的主要职责是：承担建设工程质量安全监管的责任。拟订建设工程安全生产和竣工验收备案的政策、规章制度并监督执行，组织或参与工程重大质量、安全生产事故的调查处理，拟订建筑业、工程勘察设计咨询业的技术政策并指导实施。住房和城乡建设部主管全国建设领域安全生产的行业监督管理工作，县以上人民政府建设行政主管部门分级负责本辖区内的建设安全生产管理工作。

第三节　建设工程安全相关法律、法规及标准

一、法律法规及规章的基本概念

（一）安全生产法律、法规

安全生产法律、法规是指为加强安全生产监督管理，防止和减少安全生产事故，保障人

民群众生命和财产安全，实现安全生产，由全国人民代表大会及其常务委员会按照法定程序颁布的法律，以及国务院和地方人民代表大会及其常务委员会制定颁布的行政法规和地方性法规。

（二）安全技术标准、规范

安全技术标准、规范是指依据国家安全生产法律、法规，为消除生产过程中的不安全因素，防止人身伤害和财产损失事故的发生，国家、行业主管部门和地方政府制定的技术、工艺、设备、设施及操作、防护等方面的安全技术方法和措施。

安全技术标准、规范按照其法律约束力度可分为国家强制性标准（GB）、国家推荐性标准（GB/T）和国家指导性标准（GB/Z）。通常国家强制性标准（GB）是必须执行的，如果不符合强制性标准的要求，则不能进行生产、销售等活动，如《施工企业安全生产管理规范》（GB 50656—2011）。国家推荐性标准（GB/T）是国家鼓励企业自愿采用的，推荐性标准一经采用，采纳企业则需要接收法律上的约束，如《建筑施工组织设计规范》（GB/T 50502—2009）。国家指导性标准（GB/Z），由组织（企业）自愿采用，不具有强制性，不具有法律上的约束性，只是相关方约定参照的技术依据，起到指导和规范某项活动的作用，如《建筑行业职业病危害预防控制规范》（GBZ/T 211—2008）。

（三）安全生产规章制度

安全生产规章制度是指国家、行业主管部门和地方政府及企事业单位根据国家有关法律、法规和标准、规范，结合实际情况制定颁布的安全生产方面的具体工作制度。

二、建设工程安全生产法律、法规实施意义

建设工程安全生产法律、法规的制定是建设工程安全生产的前提条件，是行业有法可依的保障。政府完善法律、法规，加强行业监管，是提高建筑业安全生产管理水平，降低建设安全生产事故伤亡率的需要。从世界各国建筑业的安全生产管理发展情况来看，美国和英国等发达国家相继对建设安全生产管理模式做了根本性的调整，建立了完善的法律、法规体系，取得了显著成效，如伤亡人数及事故率都大幅度下降，带来了不可估量的经济和社会效益。从当前的国际环境来看，推进安全生产工作，提高劳动保护水平，符合现阶段国际通行的做法，完善建设安全生产法律、法规体系是我国建筑业与国际接轨的需要，也更符合我国政府提出的构建社会主义和谐社会的根本要求。

安全生产是国民经济运行的基本保障，保护所有劳动者在工作中的安全与健康既是政府义不容辞的责任，也是"以人为本"科学发展观的要求，又是现代文明的基本内容，所以我国正在改善国内的安全生产状况，以达到建筑业的全面协调可持续发展。虽然当前我国多数企业安全生产实际情况与一些国际劳工标准要求还有一定的差距，但就长远发展来看，这些国际劳工标准是我国应逐渐达到的目标。因此，完善建设安全生产法律、法规体系，是我国推进安全生产工作，提高劳动保护水平，改变我国工伤事故频发、职业危害严重的被动局面，树立良好的国际形象的需要。

三、建设工程安全生产相关法律、法规

新中国成立以来，安全生产始终得到国家的高度重视。特别是改革开放 40 年来，我国始终在探寻治标治本的安全生产道路。建筑工程安全生产法律、法规也经历了从无到有，不断发展、不断完善的过程。《中华人民共和国刑法》《中华人民共和国建筑法》《中华人民共和国安全生产法》《建设工程安全生产管理条例》等法律、法规及部门规章、技术标准、规范的相继出台，为保障我国建筑业的安全生产提供了有利的法律武器，在建设安全生产管理工作方面做到了有法可循。

（一）刑法

《中华人民共和国刑法》是规定犯罪和刑罚的法律，是掌握政权的统治阶级为了维护本阶级的利益，以国家的名义，根据自己的意志，规定哪些行为是犯罪并给予何种刑事处罚的法律规范的总称。1979 年颁布的《中华人民共和国刑法》中第一百一十四条对重大责任事故罪有规定，1997 年《中华人民共和国刑法》第一百三十四条基本原样保留该规定，增加了第一百三十五条重大劳动安全事故罪和第一百三十七条工程重大安全事故罪。2017 年 11 月 4 日，第十二届全国人民代表大会常务委员会第三十次会议通过《中华人民共和国刑法修正案（十）》。修改后的《中华人民共和国刑法》自 2017 年 11 月 4 日公布之日起施行。2020 年 12 月 26 日，第十三届全国人民代表大会常务委员会第二十四次会议通过《中华人民共和国刑法修正案（十一）》，2021 年 3 月 1 日起实施。

《中华人民共和国刑法修正案（十一）》第二章第一百三十四条规定：【重大责任事故罪、强令违章冒险作业罪】在生产、作业中违反有关安全管理的规定，因而发生重大伤亡事故或者造成其他严重后果的，处三年以下有期徒刑或者拘役；情节特别恶劣的，处三年以上七年以下有期徒刑。

强令他人违章冒险作业，或者明知存在重大事故隐患而不排除，仍冒险组织作业，因而发生重大伤亡事故或者造成其他严重后果的，处五年以下有期徒刑或者拘役；情节特别恶劣的，处五年以上有期徒刑。在生产、作业中违反有关安全管理的规定，有下列情形之一，具有发生重大伤亡事故或者其他严重后果的现实危险的，处一年以下有期徒刑、拘役或者管制：

（1）关闭、破坏直接关系生产安全的监控、报警、防护、救生设备、设施，或者篡改、隐瞒、销毁其相关数据、信息的。

（2）因存在重大事故隐患被依法责令停产停业、停止施工、停止使用有关设备、设施、场所或者立即采取排除危险的整改措施，而拒不执行的。

（3）涉及安全生产的事项未经依法批准或者许可，擅自从事矿山开采、金属冶炼、建筑施工，以及危险物品生产、经营、储存等高度危险的生产作业活动的。

第一百三十五条规定：【重大劳动安全事故罪、大型群众性活动重大安全事故罪】安全生产设施或者安全生产条件不符合国家规定，因而发生重大伤亡事故或者造成其他严重后果的，对直接负责的主管人员和其他直接责任人员，处三年以下有期徒刑或者拘役；情节特别恶劣的，处三年以上七年以下有期徒刑。举办大型群众性活动违反安全管理规定，因发生重大伤亡事故或者造成其他严重后果的，对直接负责的主管人员和其他直接责任人员，处三年以下有期徒刑或者拘役；情节特别恶劣的，处三年以上七年以下有期徒刑。

第一百三十七条规定：【工程重大安全事故罪】建设单位、设计单位、施工单位、工程监理单位违反国家规定，降低工程质量标准，造成重大安全事故的，对直接责任人员，处五年以下有期徒刑或者拘役，并处罚金；后果特别严重的，处五年以上十年以下有期徒刑，并处罚金。

（二）建筑法

《中华人民共和国建筑法》从起草到出台历经了 13 年。早在 1984 年，城乡建设环境保护部就着手研究和起草《中华人民共和国建筑法》。到了 1994 年，建设部进一步加快了立法步伐，并于同年年底将立法草案上报国务院。1996年8月，国务院第四十九次常务会议讨论通过了《中华人民共和国建筑法（草案）》，并提请全国人民代表大会常务委员会审议。经第八届全国人民代表大会常务委员会第二十八次会议审议，并于1997年11月1日正式颁布，1998年3月1日起正式施行。《中华人民共和国建筑法》的出台，为建筑业发展成为国民经济的支柱产业提供了重要的法律依据，为解决当前建设工程活动中存在的突出问题提供了法律武器，也为推进和完善建设工程活动的法制建设提供了重要的法律依据。

《中华人民共和国建筑法》规定了国务院建设行政主管部门对全国的建设工程活动实施统一监督管理，规范整个建筑业的市场行为。随着经济的发展，2011年4月22日第十一届全国人民代表大会常务委员会第二十次会议通过《关于修改〈中华人民共和国建筑法〉的决定》的修正；2019年4月23日第十三届全国人民代表大会常务委员会第十次会议通过《关于修改〈中华人民共和国建筑法〉等八部法律的决定》的修正。

《中华人民共和国建筑法》共八章八十五条，其中共有五章二十五条与安全生产管理内容有关，主要包含：安全生产方针；设计与施工组织设计的安全性；现场安全与环境；建设单位的安全责任；施工企业的安全管理（安全教育培训、安全防护用品、工人的安全权益）；总包与分包的安全责任；结构变化涉及的安全问题；房屋拆除与事故应急等内容。在《中华人民共和国安全生产法》出台之前的一段时间内，《中华人民共和国建筑法》是规范我国建设工程安全生产的唯一一部法律。

（三）安全生产法

《中华人民共和国安全生产法》于2002年6月29日经全国人民代表大会常务委员会三次审议正式通过，2002年11月1日实施。《中华人民共和国安全生产法》是我国安全生产领域的综合性基本法，它的颁布实施是我国安全生产领域的一件大事，是我国安全生产监督与管理正式纳入法制化管理轨道的重要标志，是加入世界贸易组织后依照国际惯例，以人为本、关爱生产、热爱生命、尊重人权、关注安全生产的具体体现，是我国为加强安全生产监督管理，防止和减少安全生产事故，保障人民群众生命财产安全所采取的一项具有战略意义、标本兼治的重大措施。

2009年8月27日实施了第一次修订的《中华人民共和国安全生产法》。2014年8月31日，第十二届全国人民代表大会常务委员会第十次会议通过修改《中华人民共和国安全生产法》的决定，自2014年12月1日起施行，这是对《中华人民共和国安全生产法》第二次修订。第三次修订版发布于2021年6月10日，中华人民共和国第十三届全国人民代表大会常务委员会第二十九次会议通过《全国人民代表大会常务委员会关于修改〈中华人民共和国安全生产法〉的决定》，自2021年9月1日起施行。修订后的《中华人民共和国安全生产法》主要有如下亮点：

（1）坚持党的领导，明确了"三个必须"原则。新修订的《中华人民共和国安全生产法》第三条新增加了"安全生产工作坚持中国共产党的领导"。安全生产工作作为一项关系人民群众生命财产安全的一项重要工作，必须要坚持党的领导，深入学习贯彻落实习近平总书记关于安全生产重要论述，用安全生产实际成效践行"两个维护"。

（2）坚持人民至上、生命至上。安全生产工作应当以人为本，坚持人民至上、生命至上，把保护人民生命安全摆在首位，树牢安全发展理念，坚持安全第一、预防为主、综合治理的方针，从源头上防范和化解重大安全风险。

安全生产工作实行管行业必须管安全、管业务必须管安全、管生产必须管安全，强化和落实生产经营单位主体责任与政府监管责任，建立生产经营单位责任、职工参与、政府监管、行业自律和社会监督的机制。

（3）进一步压实了生产经营单位的安全生产主体责任，安全生产涉及生产经营单位的每一个部门和每一位成员，是全员的安全管理。新修订的《中华人民共和国安全生产法》第二十一条、二十二条、第一百零七条要求，生产经营单位要建立健全并落实全员安全生产责任制，应当明确各岗位的责任人员、责任范围和考核标准等内容，加强对全员安全生产责任制落实情况的监督考核，保证全员安全生产责任制的落实。加强企业安全标准化建设，对标准化建设提出了更高的要求。

（4）增加了生产经营单位对从业人员的人文关怀。新修订的《中华人民共和国安全生产法》增加规定生产经营单位应当关注从业人员的生理、心理状况和行为习惯，加强对从业人员的心理疏导、精神慰藉，严格落实岗位安全生产责任，防范从业人员行为异常导致事故发生。

（5）确立了安全风险分级防控和隐患排查治理的双重预防机制。新修订的《中华人民共和国安全生产法》第四十一条明确，生产经营单位应当建立安全风险分级管控制度，按照安全风险分级采取相应的管控措施。隐患排查治理是《中华人民共和国安全生产法》已经确立的重要制度，重大事故隐患排查治理情况应当及时向负有安全生产监督管理职责的部门和职工代表大会或者职工大会报告，强化隐患排查治理监督，加强事故事前预防。

（6）高危行业领域强制实施安全生产责任保险制度。新修订的《中华人民共和国安全生产法》第五十一条第二款、第一百零九条，明确高危行业必须投保安全生产责任保险，根据《中共中央国务院关于推进安全生产领域改革发展的意见》，高危行业领域主要包括八大类行业：矿山、危险化学品、烟花爆竹、交通运输、建筑施工、民用爆炸物品、金属冶炼、渔业生产。安全生产责任保险的保障范围，不仅包括本企业的从业人员，还包括第三方的人员伤亡和财产损失，以及相关救援救护、事故鉴定、法律诉讼等费用。因此，投保安全生产责任保险是有效转移风险、及时消除事故损害的一种行之有效做法。

（7）大幅提高对违法行为惩处力度：①罚款金额更高，对特别重大事故的罚款，最高可以达到1亿元；②处罚方式更严，违法行为一经发现，即责令整改并处罚款，拒不整改的，责令停产停业整改整顿，并且可以按日连续计罚；③惩戒力度更大，采取联合惩戒方式，最严重的要进行行业或者职业禁入等联合惩戒。

（8）更加注重行政执法与刑事司法的衔接。①将《中华人民共和国刑法修正案（十一）》中涉及安全生产领域的犯罪行为增加到新安法中。例如，将《中华人民共和国刑法修正案（十一）》中关于关闭、破坏直接关系生产安全的监控、报警、防护、救生设备、设施，或者篡改、隐瞒、销毁其相关数据、信息的行为进行补充等。②针对生产经营单位和中介服务机构性质严重，情节恶劣的违法违规行为，涉及犯罪的一律追究刑事责任。③新法增加了公益诉讼的表述。提出"因安全生产违法行为造成重大事故隐患或者导致重大事故，致使国家利益或者社会公共利益受到侵害的，人民检察院可以根据民事诉讼法、行政诉讼法的相关规定提起公益诉讼。"

（9）推进"互联网＋应急管理"。新修订的《中华人民共和国安全生产法》提出"国务院应急管理部门牵头建立全国统一的生产安全事故应急救援信息系统，国务院交通运输、住房和城乡建设、水利、民航等有关部门和县级以上地方人民政府建立健全相关行业、领域、地区的生产安全事故应急救援信息系统，实现互联互通、信息共享，通过推行网上安全信息采集、安全监管和监测预警，提升监管的精准化、智能化水平"。

（10）增加了事故整改的评估制度。新修订的《中华人民共和国安全生产法》第八十六条第三款新增事故整改评估内容，根据安全生产领域的"海因里希法则"，在一件重大的事故背后必有 29 件轻度的事故，还有 300 件潜在的隐患。因此，实行事故整改和防范措施落实情况评估，是监督整改实效，防范事故再次发生的有力举措。

（四）建设工程安全生产管理条例

1996 年，建设部起草了《建设工程安全生产管理条例》并上报国务院。1998 年，国务院法制办将收到的 24 个地区和 27 个部门对《建设工程安全生产管理条例》的修改意见返回建设部。建设部结合《中华人民共和国建筑法》《中华人民共和国招标投标法》《建设工程质量管理条例》等法律、法规，认真研究了各地区、部门提出的意见，对《建设工程安全生产管理条例》做了相应修改。《中华人民共和国安全生产法》颁布后，建设部根据《中华人民共和国安全生产法》再次进行了修改，又征求了各地区、各有关部门的意见，并召开了法律界专家、建设工程活动各责任主体等有关方面人员参加的专家论证会，于 2003 年 1 月 21 日形成《建设工程安全生产管理条例》送审稿。2003 年，国务院法制办将其列入立法计划，并在送审稿的基础上，经过反复论证和完善，形成《建设工程安全生产管理条例》草案。2003 年 11 月 12 日，国务院第二十八次常务会议讨论并原则通过了该草案，于 11 月 24 日国务院第 393 号令予以公布，自 2004 年 2 月 1 日起施行。

《建设工程安全生产管理条例》是我国第一部规范建设工程安全生产的行政法规。它的颁布实施是工程建设领域贯彻落实《中华人民共和国建筑法》《中华人民共和国安全生产法》的具体表现，标志着我国建设工程安全生产管理进入法制化、规范化发展的新时期。《建设工程安全生产管理条例》全面总结了我国建设工程安全生产管理的实践经验，借鉴了国外发达国家建设工程安全生产管理的成熟做法，对建设工程活动各方主体的安全责任、政府监督管理、安全生产事故的应急救援和调查处理，以及相应的法律责任做了明确规定，确立了一系列符合中国国情及适应社会主义市场经济要求的建设工程安全生产管理制度。《建设工程安全生产管理条例》的颁布实施，对于规范和增强建设工程活动各方主体的安全行为和安全责任意识，强化和提高政府安全监管水平和依法行政能力，保障从业人员和广大人民群众的生命财产安全，具有十分重要的意义。

（五）安全生产事故报告和调查处理条例

《生产安全事故报告和调查处理条例》于 2007 年 3 月 28 日国务院第一百七十二次常务会议通过，国务院总理于 2007 年 4 月 9 日签署第 493 号国务院令予以公布，自 2007 年 6 月 1 日起施行。《生产安全事故报告和调查处理条例》是《中华人民共和国安全生产法》的重要配套行政法规，对安全生产事故的报告和调查处理作出了全面、明确的规定，是各级人民政府、安全生产监督管理部门和负有安全生产监督管理职责的有关部门做好事故报告和调查处理工作的重要依据。但是，随着社会主义市场经济的发展，安全生产领域出现了一些新情况、新问题。例如，生产经营单位的所有制形式多元化，由过去以国有和集体所有为主发展为多种所有制的生产经营单位并存，特别是私营、个体等非公生产经营单位在数量上占据多数，并且出现了公司、合伙企业、合作企业、个人独资企业等多样化的组织形式，生产经营单位的内部管理和决策机制也随之多样化、复杂化，给安全生产监督管理提出了新的课题；在经济快速发展的同时，安全生产面临着严峻形势，特别是矿山、危险化学品、建筑施工、道路交通等行业或者领域事故多发的势头没有得到根本遏制；安全生产监督管理体制发生了较大变化，各级政府特别是地方政府在安全生产工作中负有越来越重要的职责；社会各界对于安全生产事故报告和调查处理的关注度越来越高，强烈呼吁采取更加有效的措施，进一步规范事故报告和调查处理。为了适应安全生产的新形势、新情况，迫切需要在总结经验的基础上，制定一部全面的、系统的、规范的安全生产事故报告和调查处理的行政法规，为规范事故报告和调查处理工作，落实事故责任追究制度，维护事故受害人的合法权益和社会稳定，预防和减少事故发生进一步提供法律保障。

2008年1月1日，《安全生产违法行为行政处罚办法》修订出台，对行政处罚的程序、适用和执行方面做了进一步补充和完善，对法律、行政法规有了明确规定，不需要进一步量化、细化的条文进行了精简。

2012年3月6日，《企业安全生产费用提取和使用管理办法》颁布。此安全生产费用使用管理办法的出台为建立企业安全生产投入长效机制，加强安全生产费用管理，保障企业安全生产资金投入，维护企业、职工及社会公共利益提供了制度保障。

2015年1月16日，国家安全生产监督管理总局局长办公会议审议通过《国家安全生产监督管理总局关于修改〈生产安全事故报告和调查处理条例〉罚款处罚暂行规定等四部规章的决定》（国家安全生产监督管理总局令第77号）并予以公布，自2015年5月1日起施行，更具备了可操作性、实施性。

（六）职业健康方面的法律、法规

1. 职业病防治法

《中华人民共和国职业病防治法》由中华人民共和国第十二届全国人民代表大会常务委员会第二十一次会议于2016年7月2日通过，2016年9月1日实施。《中华人民共和国职业病防治法》是职业病防治的核心大法，明确了用人单位在职业病防治方面的责任及劳动者享有的权利。

2. 建筑行业职业病危害预防控制规范

《建筑行业职业病危害预防控制规范》（GBZ/T 211—2008）是2008年11月20日由国家卫生部发布，于2009年5月15日开始实施的国家指导性标准。这部标准明确了建筑行业职业病危害防御控制的基本要求、职业病危害因素的识别、防护措施及应急救援等要求。可以用于土木工程、建筑工程、线路管道和设备安装工程及装修工程的新建、扩建、改建和拆除等施工活动的企业、事业及个体经济组织的职业病危害预防及卫生行政部门、建设主管部门和项目监理对建筑业企业的职业健康进行监管。

四、建设工程安全生产管理法律、法规体系

法律体系，法学中有时也称为"法的体系"，是指由一国现行的全部法律、法规按照不同的法律部门分类组合而成的一个呈体系化的有机联系的统一整体。

我国建设工程安全生产法律体系是一个由多个位阶法律规范性文件所组成的集合法群形态，主要由《中华人民共和国建筑法》《中华人民共和国安全生产法》《建设工程安全生产管理条例》，以及相关的法律、法规、国家和行业标准、地方性法规、政府规章、地方技术标准及国际公约构成。

（一）法律

这里所说的法律是狭义的法律，是指全国人民代表大会及其常务委员会制定的规范性文件，在全国范围内施行，其地位和效力仅次于宪法。在法律层面上，《中华人民共和国建筑法》和《中华人民共和国安全生产法》是构建建设工程安全生产法律体系的两大基础和上位法。

《中华人民共和国建筑法》是我国第一部规范建筑活动的部门法律，它的颁布施行强化了建筑工程质量和安全的法律保障。《中华人民共和国建筑法》总计八十五条，通篇贯穿了质量、安全问题，具有很强的针对性，对影响建筑质量、安全的各方面因素做了较为全面的规范。

《中华人民共和国安全生产法》是安全生产领域的综合性基本法，它是我国第一部全面规范安全生产的专门法律，是我国安全生产法律体系的主体法，是各类生产经营单位及其从业人员实现安全生产所必须遵循的行为准则，是各级人民政府及其有关部门进行监督管理和行政执法的法律依据，是制裁各种安全生产违法犯罪的有力武器。

另外，还有其他一些法律关系到建设安全生产，诸如《中华人民共和国劳动法》《中华人民共和国刑法》《中华人民共和国消防法》《中华人民共和国环境保护法》《中华人民共和国固体废物污染环境防治法》《中华人民共和国行政处罚法》《中华人民共和国行政复议法》《中华人民共和国行政诉讼法》等。

（二）行政法规

行政法规是由国务院制定的规范性文件，颁布后在全国范围内施行。《中华人民共和国立法法》第五十六条规定："国务院根据宪法和法律，制定行政法规。"

在行政法规层面上，《安全生产许可证条例》和《建设工程安全生产管理条例》是建设工程安全生产法规体系中主要的行政法规。在《安全生产许可证条例》中，我国第一次以法律的形式确立了企业安全生产的准入制度，是强化安全生产源头管理，全面落实"安全第一，预防为主"安全生产方针的重大举措。《建设工程安全生产管理条例》是根据《中华人民共和国建筑法》和《中华人民共和国安全生产法》制定的第一部关于建设工程安全生产的专项法规。它确立了我国关于建设工程安全生产监督管理的基本制度，明确了参加建设工程活动各方责任主体的安全责任，确保了建设工程参与各方责任主体安全生产利益及建筑业从业人员安全与健康的合法权益，为维护建筑市场秩序，加强建设工程安全生产监督管理提供了重要的法律依据。

此外，国家还颁布了《国务院关于特大安全事故行政责任追究的规定》《特种设备安全监察条例》《国务院关于进一步加强安全生产的决定》《生产安全事故报告和调查处理条例》等相关行政法规。

（三）部门规章

规章是行政性法律规范性文件，根据其制定机关的不同可分为部门规章和地方政府规章，在各自的权限范围内施行。为此，国家颁布了《建设行政处罚程序暂行规定》（住建部令第 66 号）、《实施工程建设强制性标准监督规定》（住建部令第 23 号）、《建筑施工企业主要负责人、项目负责人和专职安全生产管理人员安全生产考核管理暂行规定》（住建部令第17 号）、《建筑施工特种作业人员管理规定》（建质〔2008〕75 号）、《安全生产培训管理办法》（国家安全生产监督管理总局令第 44 号）、《建筑业企业资质管理规定》（住建部令第22

号)、《建筑施工企业安全生产许可证管理规定》(修订,住建部令第 23 号)、《危险性较大的分部分项工程安全管理规定》(住建部 37 号)等规章制度。

（四）规范性文件

规范性文件是各级机关、团体、组织制定的各类文件中最主要的一类,因其内容具有约束和规范人们行为的性质,故名称为规范性文件。目前我国法律法规对于规范性文件的含义、制定主体、制定程序和权限及审查机制等,尚无全面、统一的规定。

规范性文件主要用于部署工作、通知特定事项、说明具体问题。例如,《关于加强建筑意外伤害保险工作的指导意见》《关于开展建筑施工安全质量标准化工作的指导意见》《关于落实建设工程安全生产监理责任的若干意见》《关于加强重大工程安全质量保障措施的通知》《危险性较大的分部分项工程安全管理办法》《住房和城乡建设部应急管理部关于加强建筑施工安全事故责任企业人员处罚的意见》等都属于规范性文件。

（五）工程建设标准

工程建设标准是做好安全生产工作的重要技术依据,对规范建设工程活动各方责任主体的行为、保障安全生产工作具有重要意义。根据《中华人民共和国标准化法》的规定,标准包括国家标准、行业标准、地方标准和企业标准。

另外,按照《中华人民共和国标准化法》的规定,国家标准和行业标准的性质可分为强制性标准和推荐性标准。《中华人民共和国安全生产法》《建设工程质量管理条例》《建设工程勘察设计管理条例》和《建设工程安全生产管理条例》均把工程建设强制性标准的效力与法律、法规并列起来,使工程建设强制性标准在法律效力上与法律、法规同等,明确了违反工程建设强制性标准就是违法,就要依法承担法律责任。

目前,我国工程建设标准主要有《安全标志及其使用导则》(GB 2894—2008)、《用电安全导则》(GB/T 13869—2017)、《企业安全生产标准化基本规范》(GB/T 33000—2016)、《建筑基坑工程监测技术规范》(GB 50497—2019)、《施工现场临时用电安全技术规范》(JGJ 46—2019)、《建筑施工安全检查标准》(JGJ 59—2011)、《施工企业安全生产评价标准》(JGJ/T 77—2010)、《建筑施工高处作业安全技术规范》(JGJ 80—2016)、《建筑施工土石方工程安全技术规范》(JGJ 180—2021)等。

（六）国际公约

国际公约是指我国作为国际法主体同外国缔结的双边、多边协议和其他具有条约、协定性质的文件。国际惯例是指以国际法院等各种国际裁决机构的判例所体现或确认的国际法规则和国际交往中形成的共同遵守的不成文的习惯。

对于涉外民事关系的法律,适用我国民法通则第一百四十二条规定:"中华人民共和国缔结或者参加的国际条约同中华人民共和国的民事法律有不同规定的,适用国际条约的规定,但中华人民共和国声明保留的条款除外。中华人民共和国法律和中华人民共和国缔结或者参加的国际条约没有规定的,可以适用国际惯例。"

为进一步完善我国有关建筑业安全卫生的立法,建立健全建筑业安全卫生保障体系,提高我国建筑业安全卫生水平,建设部于 1996 年开始申办在我国执行第 167 号公约,于 2001 年 10 月 27 日由全国人民代表大会常务委员会通过,成为国际上实施 167 号公约的第 15 个成员国。

《建筑业安全卫生公约》也称 167 号公约,它是建设工程施工安全卫生的国际标准,共分为五章四十四条，它在实施的过程中，强调了政府、雇主、工人相结合的原则。对于任何一项标准、措施在制定、实施和奖惩时都要由三方共同商议，以三方都能接受的原则而确定三方共同执行。

五、我国建设工程安全相关法律、法规执行现状

虽然我国建设工程安全生产管理法律、法规和技术标准体系有了长足的进步与发展，但与发达国家相比，还有一些缺陷和不足，具体来说，主要表现在以下方面。

（一）法规标准条款宽泛笼统

美国职业安全与健康监察局（OSHA）《职业安全与健康法》规定，政府的检查人员发现企业有违反标准的情况发生，那么OSHA将发出整改通知书并根据违反规定可能造成后果的严重程度，结合企业的情况给予1000～7000美元的罚款。因此，企业会注重遵守安全标准。相比之下，我国的建设工程安全法律、法规缺乏严格详细的处罚条例。例如，《安全生产法》《建设工程安全生产管理条例》规定：若企业有违法行为，首先会被要求限期整改，只有当企业没有限期整改时，才会被处以罚款。法规的解释过于笼统，对违法的程度、整改的具体期限都没有进行明确的说明。可以说，违法的成本很低，这是导致我国目前建筑业安全形势严峻的最重要原因之一。

（二）安全标准尚不完善

我国的安全生产管理体系一直都在积极健康地发展完善，但是由于现代安全管理的法律法规体系发展的时间较短，因此我国的安全标准体系尚不够完善。我国目前建设工程安全方面的法规标准主要集中在现场施工方面，而且尚未涵盖现场施工的所有方面，并且重点放在劳动保护方面，对于职业健康方面的法规标准比较少。对于施工之外的其他阶段的安全管理鲜有涉及，如规划安全和设计安全等。

（三）法规标准重复或内容冲突

各部委、各地方出台的法规标准之间缺乏必要的沟通，就同一问题重复发文的情况比较严重，甚至不同部门下发的文件之间存在相互冲突之处。另一方面，建筑业企业因工作性质决定，具有很高的流动性，要在全国各地进行建设工程施工，而当前各地方的安全标准往往不统一，给施工企业带来很多不必要的麻烦。

（四）违规处罚规定有差异

一方面，现行法规对违反安全标准的处罚规定过于笼统，不够细致。很多情况下执法人员只能非常笼统地引用"企业未履行安全管理职责"来对企业违法行为进行处罚，而不能根据具体违法行为的不同处以不同的处罚；而且罚款额度的调整空间也比较大，具体如何对罚款额度进行调整尚未有明确的规定，导致执法人员的自由裁量权过大。

另一方面，目前建筑业安全违法行为的处罚规定主要在《建设工程安全生产管理条例》和《安全生产法》两部法律中。从法学角度而言，违法行为的处罚要和其可能造成的后果相一致，但是这两部法律在处罚规定存在差异。

例如：《建设工程安全生产管理条例》第六十四条与《安全生产法》第一百零二条的相关规定，对"在尚未竣工的建筑物内设置员工集体宿舍的；"根据《安全生产法》中的规定，可以对生产经营单位处五万元以下的罚款，对其直接负责的主管人员和其他直接责任人员可以处一万元以下的罚款；而根据《建设工程安全生产管理条例》中规定的，则可能会被处5万元以上10万元以下的罚款。显然这两部法律的规定并不一致。

（五）相关法律法规、规章制度更新滞后

受立法体制、机制、技术等影响，部分法律法规、标准规范实施了十几年未进行修订，更未进行废旧立新，不利于当前建设工程安全生产管理工作的进展。如 2004 年 2 月实施的《建设工程安全生产管理条例》，到目前为止未进行任何修订，建筑业经过了 15 年的快速发展，导致相关条款时效性显著降低。

（六）建设安全立法质量有待提高

（1）法律效力及严肃性有待提高。关于建设工程安全的行政法规、地方及部门规章制度过多，特别是建筑行业地方保护主义严重，使整个建设工程安全法规制度体系效力层次及严肃性降低。

（2）立法的可操作性、可执行性有待增强。例如，施工现场施行安全责任人制度，一旦发生安全事故，第一责任人应该承担何种责任及其相应执业资格的处理方式，《安全生产法》等只是笼统说明应该处罚，并未规定具体处罚标准。建设工程安全法规制度体系外延性有待加深。随着工程总承包模式的推行，建筑业企业的整合力度逐步扩大。对于事故发生后出现的企业责任划分，现行建设工程安全法规制度条款割裂严重，未对设计、施工及采购等方面安全责任做出明确规定。

（3）法律监督体系不尽完善。国家和社会监督构成了我国的法律监督体系，建设工程安全监督体系伴随建设工程安全法规制度体系的发展而形成，其构成格局应与我国法律监督体系一致。从建设项目开始施工到竣工完成的每个环节，以现有的监督机制难以做到高效及时。建设工程安全法规制度体系与施工现场作业人员的安全息息相关，但相关法律、法规对施工安全指标的规定较为粗略，且部分监管人员对安全性指标的判定与监督执行意识相对缺乏，致使建设工程安全法律监督机制不尽健全，监督方式方法缺失、落后等问题严重。

（4）建设工程安全法规制度体系的科学性、民主性有待加强。党的十八届四中全会指出"深入推进科学立法、民主立法"。近几年，"互联网＋"、BIM、智慧工地等信息技术在建筑业逐步推广，对建设工程安全法规制度要求更高。此外，项目现场作为一个系统工程，也需要相关法规制度的指导。人作为建设工程安全法规制度的核心保护对象，对相关法规中涉及自身安全的规定享有知情权，但作为安全生产第一影响人，对不安全因素上报行为意识淡薄、民主立法意识淡薄的现象普遍存在，使安全利益群体参与度弱化。

第四节　我国建设工程安全管理发展与现状

一、我国建设工程安全管理发展历史

（一）古代建设工程安全管理

我国安全科学的实践和研究历史悠久，内容丰富。长久以来，安全问题一直是人类历史的一部分。建筑业一直是一个高风险的行业。因此，为保护建筑业从业人员的人身安全而采取的措施古已有之。

我国是世界四大文明古国之一，有关建筑劳动保护的记载也有上千年的历史。如北宋初年的木工喻皓，曾在东京（今开封）建造一座高塔，他每建一层都在塔的周围安设帷幕（类似安全网）遮挡，即避免施工伤人，又便于操作。这种保护措施一直沿用至今。明朝大兴土木，南、北两京造宗庙、宫殿、王府等，征用了 30 多万建设工匠。当时，类似的安全保护已有了极大的改善，由屯土改为使用机械，主要有两种起重方式：一种是独杆螺旋式；另一种是滑轮式。这些方式显著减少了工匠的伤亡。明朝《农政全书》《本草纲目》等著作，不仅提到了"缒灯火"到井下测试毒气的方法，还详细记述了职业病和职业中毒及其预防的措施。公元 610 年，隋代方巢著的《诸病源侯论》中记载："……凡古井冢和深坑井中多有毒气，不可辄入……，必入者，先下鸡毛试之，若毛旋转不下即有毒，便不可入。"古人在生产实践中积累的许多劳动保护经验，都比较符合现代科学技术原理，只是由于当时生产力水平低下，劳动保护措施十分简陋。古代对火灾的防范也比较成熟。根据《大清会典》记载，故宫一共有 308 口大缸，每个大殿门前都有几口，这些大缸被称为"门海"，设置在宫殿前是专门为灭火准备的。每口缸可储水 3000 多升，由专人负责管理。从清康熙年间开始，紫禁城内设立了"防范火班"，在 1889 年又专门成立了一个消防队，叫武英殿激桶队，人数大约为 200 人，使用了很多当时十分先进的救火器具，包括云梯、火钩、激桶、木制抬龙等。

（二）新中国成立后的建设工程安全管理

新中国成立后，大规模的经济建设给建筑业的发展提供了机会，我国建筑业取得了突飞猛进的发展和巨大成就。党和政府十分关心建筑业企业的安全生产工作，采取了一系列有效的措施加强安全技术工作和安全立法工作。在"安全第一，预防为主"的方针和"管生产必管安全"的安全生产原则的指导下，切实地保护了劳动者的安全和健康。新中国成立 70 年来，建设工程安全管理的发展过程可以分两个阶段。

第一阶段（1949～1976）是制度的建立和发展阶段。在 20 世纪 50 年代，向苏联学习。在这一时期，中国主要借鉴苏联劳动保护的实践和研究成果。例如，中国劳动出版社（现为中国劳动社会保障出版社）1951 年编辑出版了《苏联劳动保护工作》。1953 年，重工业出版社（现为冶金工业出版社）编辑出版了《苏联安全技能学习》一书。1953 年，中华全国总工会、中华人民共和国劳动部出版了中国第一本有关安全生产与劳动保护研究的学术刊物《劳动保护通讯》（现称《劳动保障通讯》）。从三年恢复时期到"一五"期间，1956 年国务院颁布了"三大规程"，即《工厂安全卫生规程》《建筑安装工程安全技术》和《工人职员伤亡事故报告规程》。"三大规程"的制定是一个重要的里程碑，极大地推动了劳动保护工作的开展。这三个规程主要是根据三年恢复时期和"一五"期间建设的实践，同时借鉴了苏联的一些工作经验制定的。当时，安全情况最好的 1957 年，万人死亡率已经减少到了 1.67，每 10 万 m² 房屋建筑的死亡率为 0.43，劳动保护工作成绩比较显著。

1961～1966 年，全国共编制和颁布了 16 个设计、施工标准和规范。这些标准和规范是我国第一批正式颁布的国家建设标准和规范，较好地指导了建设工程领域的安全生产。

第一阶段的安全科学在我国尚未得到应用，没有大学或其他研究机构专门研究安全科学，也没有引入安全科学的理论和方法。与此相反，研究者和从业人员开始重视劳动保护，安全研究以工业安全技术为主，劳动保护科学技术得到空前发展。

第二阶段（1978 至今）是恢复、提高和快速发展阶段。在这一阶段，我国正式提出并应用了安全科学，引进了国外安全科学的理论和方法。我国学者联合呼吁在中国创建和发展安全科学，安全科学研究逐渐取代了之前的劳动保护研究。安全科学逐渐被认为是预防事故和伤害的一门独立学科。我国开始大力发展安全科学研究和教育，高等院校和其他安全科学研究机构大幅增加，建立起了中国特色的安全生产法律法规组织体系。在我国安全科学快速发展的背景下，建设领域的安全科学作为其中一个分支，对助力建筑业可持续发展是势在必行的。

改革开放之后，我国建筑业迎来蓬勃发展的黄金时期，建设领域的安全科学逐步系统发展起来。前面章节中已经介绍了建设安全领域中法规政策的发展历程，而逐渐完善的安全技术标准体系，则是建筑业法规政策的重要组成部分，从技术层面引领了建筑业的安全健康发展。例如，原国家建筑工程总局于 1980 年 5 月颁布了《建筑安装工人安全技术操作规程》，又针对高空坠落、物体打击、触电和机械伤害事故特别严重的情况，于 1981 年 4 月提出了防止高空坠落等事故的十项安全技术措施；建设部又相继颁布了《关于加强集体所有制建筑业企业安全生产的暂行规定》《国营建筑业企业安全生产条例》《施工现场临时用电安全技术规范》《建筑施工安全检查评分标准》等，使建设领域安全管理工作得到较好提高。

由于建设工程范围和规模不断扩大，所处的自然环境更加恶劣，工程技术难度也日益加大，建设工程施工安全形势仍然严峻。但是，建设工程安全管理的水平一直在提升，应用科学技术手段越来越多，特别是信息技术的发展为建筑业安全管理带来了新的契机。应用信息技术在建筑业安全领域的应用和发展主要包括：①建筑业创新研究大数据的时代；②应用研究的工业机器人和智能设备在危险的生产过程中；③自动识别高风险的工作场所的安全行为和智能安全监督检查；④随着社会经济的快速发展，"四新"的广泛应用，事故全过程的情景分析；⑤多灾害演化的动力机制与多灾害风险评价。信息技术在建设工程安全管理中得到充分应用，智慧安全管理能力不断提升。

二、我国建筑业安全生产形势

建筑业是我国国民经济的重要支柱产业之一，也是我国最具活力和规模的基础产业，其关联产业众多，社会影响较大。全国各地大型规模建设工程项目很多，基本建设投资巨大，并长期保持了快速增长的趋势。近年来，随着我国建筑业企业生产和经营规模的不断扩大，建筑业总产值持续增长。2020 年，面对严峻复杂的国内外环境特别是新冠肺炎疫情的严重冲击，在以习近平总书记为核心的党中央坚强领导下，我国建筑业攻坚克难，率先复工复产，为快速有效防控疫情提供了强大的基础设施保障，为全国人民打赢疫情防控阻击战做出了重大贡献，保证了发展质量和效益的不断提高。全国建筑业企业（指具有资质等级的总承包和专业承包建筑业企业，不含劳务分包建筑业企业，下同）完成建筑业总产值 26.4 万亿元，同比增长 6.2%；完成竣工产值 12.2 万亿元，同比下降 1.4%；签订合同总额 59.6 万亿元，同比增长 9.3%，其中新签合同额 32.5 万亿元，同比增长 12.4%；房屋施工面积 149.5 亿米^2，同比增长 3.7%；房屋竣工面积 38.5 亿米^2，同比下降 4.4%；实现利润 8303 亿元，同比增长 0.3%。截至 2020 年底，全国有施工活动的建筑业企业 11.6 万个，同比增长 12.4%；从业人数 5366.9 万人，同比下降 1.1%；按建筑业总产值计算的劳动生产率为 42.3 万元/人，同比增长 5.8%。建筑业在吸纳农村转移人口就业、推进新型城镇化建设和维护社会稳定等方面继续发挥显著作用。然而，建筑业在高速发展的同时，已经成为工矿商贸类行业事故伤亡排名第二的高危行业。建筑业伤亡事故不仅给人民群众的生命和国家财产造成了重大的损失，也给企业带来了惨重的经济和信誉损失。同时，由于建筑业事故量大面广，且大量事故发生在城市，造成了很大的社会负面影响。

近年来，尽管建设工程安全管理体系不断完善，安全监督管理工作不断深入和细化，我国建筑业安全生产事故的总量逐渐下降，但下降幅度趋缓，有时会发生波动，重特大事故时有发生，建设工程安全生产形势依然严峻。建设工程安全生产形势严峻具体表现在以下几个方面。

（一）事故数量较多

虽然近几年事故起数和死亡人数都保持下降，但事故总量仍然较大。2009～2019 年总量波动起伏（见表 1-1），2015 年出现拐点后，房屋建筑、市政工程安全生产事故起数与死亡人数"双上升"。2016 年，全国房屋建筑及市政工程安全生产事故为 634 起；2017 年，全国发生了房屋建筑、市政工程安全生产事故 692 起；2018 年，全国发生了房屋建筑、市政工程安全生产事故 734 起、死亡 840 人；2019 年，全国共发生房屋建筑、市政工程安全生产事故 773 起、死亡 904 人。2016 年的较大事故起数为 27 起，死亡人数为 94 人，比 2015 年的 22 起较大事故与死亡人数 85 人相比有所上升，2017 年与 2018 年的较大事故起数分别是 23 起和 22 起，死亡人数分别为 90 人和 87 人，2019 年较大及以上事故 23 起、死亡 107 人。由此可知，2016—2019 年，建筑业连续四年"双上升"，事故起数和死亡人数及经济损失严重，2020 年与 2021 年的数据显示出现波动下降，建设领域安全管理任重道远。

表 1-1　　　　　　　2010—2021 年房屋建筑及市政工程安全生产事故统计表

年份	2010	2011	2012	2013	2014	2015	2016	2017	2018	2019	2020	2021
事故起数	627	589	487	528	522	442	634	692	734	773	694	717
死亡人数	772	738	624	674	648	554	735	807	840	904	797	803

（二）部分地区安全生产形势不容乐观

从总体上看，随着我国城镇化的快速推进，高层建筑、超高层建筑及装配式建筑等建筑产品类型多样化发展，中小城市的建设工程施工规模呈持续高速增长姿态，而这些地区建设安全生产基础比较薄弱，建设工程安全监管力量、能力水平与大规模快速发展的势头形成极大反差。需要密切关注这个现状，高度重视这个问题，在大规模发展的同时，紧紧跟上建设工程安全监管力量和水平建设，不仅要在能力、技术方面，也在机构人员方面，更要全面保证监管力量和水平满足经济社会发展的需要。

（三）违法违规行为较多

从事故原因分析来看，目前建筑市场中的不规范行为还比较多，几乎每起事故背后都有违法、违规行为的存在。当前应更加注重完善建筑市场的良性引导机制。一些小企业在工程招投标中采取低价中标策略，对于此类情况，一经发现，一定要依法严肃查处。不但要让违法违规企业承受相应代价，更要形成一种正确的市场导向，使遵纪守法、重视安全生产的企业能够获益，违法违规、忽视安全生产的企业必然受损。

（四）事故查处需加强

近几年，我国在事故查处方面已经做了很多工作，但还存在一些问题需要解决。一方面是事故查处不及时，一些事故的前期调查时间过长。另一方面是事故处罚不到位。此外，有的地区事故调查报告不够严谨，也给事故查处工作带来了问题。党中央、国务院对安全生产工作非常重视。①政策指导力度加强，《住房和城乡建设部应急管理部关于加强建筑施工安全事故责任企业人员处罚的意见》（建质规〔2019〕9 号）的发布，严格落实了建筑业企业主要负责人、项目负责人和专职安全生产管理人员等人员的安全生产责任，有效防范安全生产风险，坚决遏制较大及以上安全生产事故。②经济环境更加有利，加快转变经济发展方式、调整经济发展结构的战略实施，特别是控制经济发展速度，这些都有利于做好安全生产工作。③舆论环境公开透明，随着互联网及信息技术的快速发展，建设工程领域中的安全生产情况随时随地都可能被公布于众，建筑业相关职能部门在定期发布安全生产事故的情况下，要充分运用好信息技术工具，积极主动地引导舆论，坚持正确导向，形成人人关注安全、人人重视安全、人人参与安全的良好氛围，让安全隐患与安全事故无藏身之处。

三、我国建设工程安全生产事故多发原因探究

建筑业之所以安全事故频发，与建筑业本身的行业特点有密切的关系。世界劳工组织（International Labor Organization，ILO）曾指出，尽管建筑业已经开始实现机械化，但仍然属于高度劳动密集型的行业。在所有行业中，该行业是施工作业人员作业时面对风险最多的行业之一。

（一）建设工程自身的不安全特性

1. 建设工程项目的复杂性

建设工程是一项庞大的人机工程，在项目建设过程中，施工作业人员与各种施工机具和材料为了完成一定的任务，既各自发挥自己的作用，又必须相互联系，相互配合。这一系统的安全性和可靠性不仅取决于施工作业人员的行为，还取决于各种施工机具、材料及建筑产品的状态。

一般来说，施工作业人员的不安全行为和事物的不安全状态是导致伤害事故的直接原因。而建设工程中的人、物及施工环境中存在的导致事故的风险因素非常多，如果不能及时发现并且排除，很容易导致伤亡事故。另外，建设主体的多元流动性造成了安全管理的复杂性，其中多元性是指建设工程项目采取不同的管理方式和承发包模式则面临不同的利益相关者，如建设单位、勘察设计企业、监理企业、项目咨询企业、施工总承包企业、供应单位等。而流动性则是建设工程项目组织的临时性所决定的，不同阶段的不同项目任务和项目目标决定了建设工程项目不同的组织构成，如在施工阶段，建设工程项目施工任务的主要承担者是施工总承包企业，施工总承包企业会根据施工任务需求对工程实施分包，这些分包商进场的时间不同，其承担的任务和离场的时间也不同。不同的建设主体具有不同的安全理念和安全文化，对安全管理有着不同的管理体系和管理措施，造成建设工程安全管理的复杂性。

2. 建设工程项目的多样性

建设工程项目的多样性，是由建设工程项目的单一性所决定的，单一性是指没有两个完全相同的建设工程项目。建设工程项目来源于不同利益相关者的需求，具有不同的功能、建设规模、建设环境（社会环境、施工作业环境、交通环境、自然环境等），以上这些因素决定了不同的建设工程项目施工作业的组织构成不同、施工工艺不同，存在着不同的危险源。不同的建设工程项目所面临的事故风险的多少和种类都是不同的，同一个建设工程项目在不同的建设阶段所面临的风险也不同。建筑业从业人员在完成每一件建筑产品的过程中，每一天所面对的都是一个几乎全新的物理工作环境，在完成一个建筑产品后，又不得不转移到新的地区参与下一个建设工程项目的施工。因此，不同的建设工程项目在不同施工阶段的事故风险类型和预防重点也各不相同，建设过程中会不断面临新的安全问题。

3. 工程建设的离散性和动态性

工程项目的离散性和动态性是指建筑产品的主要制造者——现场施工作业人员，在从事生产的过程中，分散于施工现场的各个部位，并且随着时间的进展，作业场所、作业内容、作业条件和施工作业工作的技术特点都经常、不断地发生变化，尽管有各种规章和计划，但他们面对具体生产问题时，仍旧不得不靠自己的判断来做出决定。因此，尽管部分施工作业

人员已经积累了多年的工作经验，还是必须不断适应一直在变化中的"人—机—环境"系统，并且对自己的作业行为做出决定，从而增加了建设工程生产过程中由于施工作业人员采取不安全行为或者工作环境的不安全因素导致事故的风险。

4. 施工环境的多变性

现阶段，建设工程施工大多在露天的环境中进行，施工作业人员的工作条件差，且工作环境复杂多变，所进行的活动受施工现场的地理条件和气象条件的影响很大。例如，在现场气温极高或者极低、现场照明不足、下雨或者大风等条件下施工时，容易导致施工作业人员生理或者心理的疲劳，注意力不集中，从而造成事故。由于天气环境复杂多变，工作环境较差，存在着大量的危险源，又因一般的流水施工使班组需要经常变换工作环境，造成相应的安全防护设施落后于施工进度。

5. 建设主体安全意识不足

建筑业作为一门传统的产业部门，许多相关从业人员对于安全生产和事故预防的错误观念由来已久。由于大量的事件或者操作失误并未导致人员伤害或者财产损失事故，而且同一诱因导致的事故后果差异很大，不少人认为事故完全是由于一些偶然因素引起的，因而是不可避免的。由于没有从科学的角度深入地认识事故发生的根本原因并采取积极的预防措施，因而造成了建设工程项目安全管理不力，发生事故的可能性增加。此外，传统的建设工程项目三大目标管理，即工期、质量、成本，是工程项目管理人员主要关注的对象，在施工过程中，往往为达到这些目标而忽视安全。目前，建筑市场竞争激烈，一些承包商为了节约成本，经常削减用于安全生产的支出，恶化了安全管理。

6. 从业人员安全教育培训体制不完善

目前世界各国的建筑业，尤其是在发展中国家和地区，大量没有经过全面职业培训和严格安全教育的劳动力涌向建筑业成为施工作业人员。一旦管理措施不当，这些施工作业人员往往成为建筑伤亡事故的肇事者和受害者，不仅为自己和他人的家庭带来巨大的痛苦和损失，还给建设工程项目本身和全社会造成许多不利影响。就我国的建筑业而言，大多数的施工作业人员来自农村，受到的教育培训较少，素质相对较低，安全意识较差，安全观念淡薄，从而使建设工程安全生产事故发生的可能性增加。

（二）建筑业企业自身的原因

1. 建筑业企业存在的管理问题

目前，我国建筑业企业对项目的管理方式普遍还是粗放式，建筑业企业人员的素质偏低、技术落后、信息化程度低等因素都给建筑业企业的安全管理带来了种种障碍。企业安全管理缺陷包括技术缺陷、劳动组织不合理、防范措施不当、管理责任不明确等。部分建筑业企业负责人对安全生产意识错位，重视不够，粗放的"经验型"和"事后型"管理，造成安全管理工作时松时紧，治标不治本，加之有的施工企业安全管理制度不健全，劳动纪律松懈，使事故有可乘之机。

2. 安全投入不足

许多企业对安全生产重视程度不高，借口工程造价低、资金不到位等原因，压缩安全支出，导致施工现场安全生产缺乏必要的资金投入，施工现场安全管理制度形同虚设，安全生产责任制和奖惩制度没有得到具体落实。同时，各方利益主体为了降低成本，追求经济效益，安全投入严重不足，安全防护不到位。在进行规划、图纸设计、图纸审查、施工方案的制定、材料的选用等环节上，排斥新的技术、材料、设备、工艺的推广和应用，仍然采用传统的、落后的技术、材料和工艺进行施工，使技术装备水平陈旧，安全技术措施不能完全到位，特别是一些小企业，无资质或低资质的企业，尤其如此。有些企业没有按照规范规定搭设或使用安全劳动防护用品，或使用了劣质安全劳动防护用品起不到防护作用。

3. 安全教育培训流于形式

安全教育培训的内容和方法针对性不强，流于形式。现场安全教育培训内容、三级安全教育记录卡等均无专人负责，仅仅是应付检查，满足不了现场作业人员培训的要求，个别特种作业无证、证件未复审上岗现象时时存在。

4. 安全检查不深入

未制定有效的安全检查计划，安全检查不到位、不及时，整改不及时、不到位。表现在多数项目经理不组织检查，只是口头上强调检查，发现了问题，整改不及时，整改后不复查，甚至同一个隐患问题自开工到竣工都得不到彻底整改。安全检查时间安排不恰当，忽略重点季节和关键时刻的安全检查，现场不能及时发现安全隐患，不能及时处理，由于拖延一时酿成重特大事故。

5. 建设工程项目现场管理不足

目前，建设工程施工现场安全管理还是一个比较薄弱的环节，违章违规现象时有发生，主要体现在以下几个方面：

（1）有些企业设备、装置有缺陷，仍然违章使用。例如，设备陈旧、结构不良、磨损、老化、失灵、腐蚀、安全装置不全、技术性能降低等，这些设备本应该淘汰或者维修，但施工现场却屡见不鲜。

（2）企业不配备施工作业人员个人安全劳动防护用品，或是虽配备但不符合国家安全标准；脚手架、安全网、安全围栏作业平台、模板支撑等使用材料低于标准规格，或是设置时不符合安全技术规范标准。

（3）违规堆积超重材料、物件；现场临时用电设施和操作使用不符合建筑安全用电规范要求；脚手架或物料平台不进行科学的设计计算，或不按照施工方案进行搭设，造成脚手架或物料平台整体垮塌。

（4）工程负责人为了抢时间、赶进度和降成本，违反施工安全规定，违反施工程序，在不具备安全生产条件的情况下强令施工作业人员作业或严重超时加班，导致施工作业人员疲劳作业。

（5）施工作业人员素质较低。目前，由于我国还没有形成大规模的劳动力培训市场，建筑业的施工作业人员基本来自经济相对落后的地区，文化程度普遍偏低，因而劳动力整体素质就相对较低，致使企业对施工现场一线施工作业人员的安全生产知识培训和专业技能培训效果大打折扣，现场施工作业人员对一些基本的安全技术规范和安全技术措施不理解，对于施工过程中的不安全因素不了解，缺乏安全知识，不遵守现场安全操作规程，进行违章操作。施工企业安全管理人员数量少，综合素质低，远远达不到工程管理的需要，使安全管理工作薄弱，他们不懂安全知识和技术技能，不执行强制性标准，不按照安全技术规范的要求组织施工，违章指挥，致使事故发生。

（6）应急管理能力薄弱。建筑业企业及建设工程项目应急管理能力低下，具体表现为不重视应急管理，应急管理意识不足，应急预案流于形式，即使有方案，不按方案配备充足的救援物资。没有应急预案，应急演练从根本上无从谈起。现场一旦发生安全事故，只能"等、靠、要"，自救能力不足，不能够将现场事故造成的损失降到最低，关键是事故中人员错过最佳抢救时间，导致不必要的伤亡和财务损失，扩大了给社会造成的负面影响。

　　6. 建设工程项目其他参与主体的因素

　　（1）建设单位缺乏责任意识。建设单位（业主）是建设工程项目的投资者和拥有者，对项目目标实现起主导作用，是项目建设的责任主体。在一些发达国家，安全绩效的提高需要项目参与各方的共同努力已达成共识。在法律层面上，欧盟各国政府在欧盟指示 EEC92/57 的要求下，已经普遍用法律的形式规定了业主的安全责任。此外，业主开始意识到事故损失最终要由业主承担的事实，因而在发达国家已经有部分业主开始直接介入工程项目的安全管理。

　　我国《建设工程安全生产管理条例》第五十四条规定：建设单位未提供建设工程安全生产作业环境及安全施工措施所需费用的，责令限期改正；逾期未改正的，责令该建设工程停止施工。但在执法过程中一个突出的问题是目前的市场条件下施工单位是弱势群体，监管机构无法从承包商处了解到建设单位是否及时支付了足够的安全费用。

　　尽管《建设工程安全生产管理条例》明确了建设单位的安全责任，但目前建设单位压缩工期及不及时提供必要的安全费用的情况仍然比较普遍。在招投标时建设单位通常只将企业以往的安全绩效作为评标指标的一部分（如对获得省市级文明工地的企业给予少量加分）。

　　（2）施工安全监理不到位。施工安全监理是安全管理工作的关键，但是有很多监理单位和监理人员对施工安全监理认识不到位，主要体现在：

　　1）安全监理认识模糊、态度消极，不能主动开展安全监理工作。

　　2）对安全隐患不能够及时督促企业、项目进行整改，不能及时向相关部门反映，安全监理的作用没有真正发挥。

　　3）建设工程施工过程中，安全设施、安全劳动防护用品、安全培训、安全教育、安全技术资料、安全意外伤害保险等业务，资金投入少或投入不足，导致监理工作不到位。

　　（3）设计方安全责任不明。《建设工程安全生产管理条例》明确要求，设计单位应当考虑施工安全操作和防护的需要，对涉及施工安全的重点部位和环节在设计文件中注明，并对防范安全生产事故提出指导意见。但设计单位所承担的法律责任在该条例中没有规定，这意味着即使设计单位没有考虑施工安全操作和防护的需要，即使发生事故，设计单位也不会因此承担法律责任。因此，实际上现在的设计单位的法律责任仅限于"按照法律、法规和工程建设强制性标准进行设计，防止因设计不合理导致安全生产事故的发生"，以及"采用新材料、新工艺的建设工程和特殊结构的建设工程，设计单位应当在设计中提出保障施工作业人员安全和预防安全生产事故的措施建议"。

　　我国的建设工程安全管理存在的问题较多，除了以上原因之外，全社会安全文化、人文习惯、行业整体科技水平对建设工程安全管理都在一定程度上造成了影响。虽然我国建设工程安全的形势在不断改善，但是建设工程安全的总体状况不容乐观，与发达国家相比还有一定的差距。如何在未来的发展中提高我国的建设工程安全管理水平，保护人民群众生命和财产安全，建设领域主体的责任非常重大。

　　（三）其他因素

　　1. 安全文化相对落后

　　改革开放以来，我国政府组织开展了一些旨在提升全社会安全文化意识的宣传教育和促进活动，目前全国性的安全促进活动包括"全国安全生产月"及"创建文明工地活动"等。其中前者是针对所有行业的，后者是专门针对建筑业的。

"全国安全生产月"由中共中央宣传部、国家安全生产监督管理总局、国家广播电影电视总局、中华全国总工会、共青团中央几家单位共同组成的"全国安全生产月"活动组织委员会进行组织。该活动把每年的6月定为"安全生产月"。该活动每年都有不同的活动主题。这些活动对提升我国建设领域落后的安全文化起到了一定的作用，但总体而言，目前我国建筑业的安全文化还比较落后，这主要体现在以下方面：

（1）绝大部分建筑业企业缺乏明确的安全方针政策，对安全的重视程度不够；建设单位和监理单位只重视进度和质量，忽视安全，不愿承担安全方面的责任。

（2）安全促进活动形式单一。"创建文明工地活动"针对建设工程项目的硬环境提出了具体要求，很大程度上改善了现场的工作和生活环境，但对从深层次提高全员的安全意识强调不够；而"安全生产月"是针对所有行业的，一年一度的表面宣传和检查对建筑业的影响有限。

2. 行业科技水平较低

相比发达国家，我国建筑业科技水平落后也对施工作业人员的安全和健康产生了一定的影响。这主要体现在以下两方面：

（1）建筑业仍然是劳动密集型产业，机械化程度比较低。许多工作仍高度依赖施工作业人员的体力劳动，施工作业人员往往需要全负荷甚至超负荷地工作。

（2）有毒的建筑材料对施工作业人员的健康损害巨大，同时相应的防护措施很不到位，这在目前监管力度比较弱的装修市场上尤为明显。

（3）我国建设工程领域在专项安全技术上也比较落后。以个人安全防护为例，我国建筑业企业目前只为施工作业人员配备安全帽及必要条件下的安全带，而且很多安全帽的质量比较差；安全鞋、耳塞、护目镜和口罩等防护用品很少配备给作业人员。

建筑业安全生产形势之所以如此，与建筑业的特点、施工作业人员素质、建设主体的管理水平、法律法规等因素息息相关。对于一起具体的建设工程安全生产事故来说，最终导致其发生的原因是由不同层次的上述因素相互组合、相互影响而产生的。要想采取有效的措施，改善我国的建设工程安全生产管理现状，就必须加强建设工程安全生产的科学管理、全员管理。

第二章 安全管理理论

安全管理是安全生产工作最基本的保障手段和措施，其理论和方法得到了职业安全卫生、建设工程管理等领域和有关专业的普遍重视。通过长期的安全生产活动实践和对安全科学与事故的研究，安全管理理论的发展经历了较长的岁月并形成了完整体系，人们对于防范意外事故的认识与安全管理科学技术也在不断发展，从宿命论到经验论，从经验论到系统论，从系统论到本质论；从无意识地被动承受伤害到主动寻求对策，从事后型的"亡羊补牢"到预防型的本质安全；从单因素的就事论事到安全系统工程；从事故致因理论到安全科学原理，安全管理理论体系一直在不断发展和完善。

安全管理理论对于研究事故规律、认识事故本质、指导事故预防具有重要的意义，它是人类安全生产活动实践的重要理论依据。

第一节 安全管理原理

管理学原理从管理的共性出发，对管理工作的实质内容进行科学的分析、综合、抽象与归纳后所得出的规律、理论。这些原理是根据对客观事物基本原理的认识并归纳总结而来的，需要人们共同遵守的行为规范与准则，也是指导管理活动的通用准则。

安全管理是管理学的重要组成部分，它遵循管理科学的普遍规律，服从管理的基本原理与原则，同时也有特殊性的原理与原则。安全生产管理原理是从安全生产管理的共性出发，对安全生产工作的实质内容进行科学分析、综合、抽象与概括所得出的安全生产管理规律。

安全生产原则是指在安全生产管理原理的基础上，指导安全生产活动的通用规则。

一、系统原理

系统原理是现代管理科学的一个最基本的原理。它是指人们在从事管理工作时，运用系统的观点、理论和方法对管理活动进行系统分析，以达到管理的优化目标，即从系统论的角度来认识和处理管理中出现的问题。

管理的系统原理源于系统理论，认为应将组织作为人造开放性系统来进行管理。它要求管理应从组织整体的系统性出发，按照系统特征的要求从整体上把握系统运行的规律，对管理各方面的前提做系统的分析，进行系统的优化，并按照组织活动的效果和社会环境的变化，及时调整和控制组织系统的运行，最终实现组织目标，这就是管理系统原理的本质。

建设工程安全管理系统是管理系统的一个子系统，其构成包括建筑业企业为主的施工现场的安全管理（安全管理组织、安全管理的规章制度、安全操作规程、现场的安全防护设施与装备、人员教育培训等）、安全事故应急与管理以及不同项目参与各方的安全管理。安全贯穿于生产活动的方方面面，安全管理是全方位、全过程和涉及全体人员的管理。

系统原理的原则包括整分合原则、反馈原则、封闭原则和动态相关性原则。

（一）整分合原则

现代管理活动必须从系统原理出发，把任何管理对象、问题都视为一个复杂的系统。首先，从整体上把握系统的环境，分析系统的整体性质、功能，确定出总目标；然后围绕着总目标，进行多方面的合理分解、分工，以构成系统的结构与体系；在分工之后，要对各要素、环节、部分及其活动进行系统综合，协调管理，形成合理的系统流通，以实现总目标。这种对系统的"整体把握、科学分解、组织综合"的要求，就是整分合原则。

概括地说，整分合原则是指为了实现高效率管理，在整体规划下明确分工，在分工基础上进行有效的综合。在这个原则中，整体是前提，分工是关键，综合是保证。因为，没有整体目标的指导，分工就会盲目而混乱；离开分工，整体目标就难以高效实现；如果只有分工，而离开了综合或协作，那么也就无法避免和解决分工带来的各环节的脱节及横向协作的困难，不能形成"凝聚力"。管理必须有分有合，先分后合，这是整分合原则的基本要求。

整分合原则要求建设工程项目管理者在制定项目整体目标或做出宏观决策时，必须将安全管理计划纳入其中，始终将安全生产工作作为一项重要内容考虑，在安全管理工作中做到安全管理制度健全，组织分工明确，使每个部门、每个人员都有明确的目标和责任。同时加强专职安全管理部门的职能，保证强有力的协调控制，实现有效的综合。

（二）反馈原则

管理是一种控制系统，必然存在着反馈问题。反馈是控制论的一个极其重要的概念。反馈就是由控制系统把信息输送出去，接收系统又把其作用结果返送回来，并对信息的再输出发生影响，起到控制的作用，以达到预定的目的。原因产生结果，结果又构成新的原因、新的结果，反馈在原因和结果之间架起了桥梁。这种因果关系的相互作用，不是各有目的的，而是为了完成一个共同的功能目的，所以反馈在因果性和目的性之间建立了紧密的联系。面对不断变化的客观实际，管理是否有效，关键在于是否有灵敏、准确和有力的反馈。这就是现代管理的反馈原则。

反馈原则对建设工程项目安全管理有着重要的意义。建设工程项目的内部条件和外部环境在不断地变化，为了维持系统的稳定，项目部应建立有效的反馈系统和信息系统，及时捕捉、反馈不安全信息，及时采取措施，消除或控制不安全因素，使系统的运行回到安全的轨道上来。在实际工作中，安全检查、隐患整改、事故统计分析、考核评价等都是反馈原则在建设工程项目安全管理中的应用。

（三）封闭原则

在管理系统内部，只有管理手段、管理过程构成一个连续封闭的回路，才能形成有效的管理活动，这就是封闭原则。封闭原则的实质，就是强调管理过程中管理活动与管理机构相互制约、相互促进的机制。通俗地讲，封闭原则就是利用事物间的制约关系，把管理机构、管理制度及管理者与被管理者严格地控制在有效的制约机制之内，为解决矛盾创造条件，使企业的生产经营活动有章可依，并向有利于社会和企业的方向发展而不至失控。

根据封闭原则，工程项目部要建立包括决策、执行、监督检查和反馈等具有封闭回路的组织机构，建立健全规章制度和岗位责任制。在实际工作中，执行机构要准确无误地执行决策机构的指令，监督机构要对执行机构的执行情况进行监督检查，反馈机构要对得到的信息进行处理，再返回到决策机构，决策机构据此发出新的指令，形成一个连续的封闭回路。

（四）动态相关性原则

构成系统的各个要素在外部环境的作用下是不断运动和发展的，而且是相互关联的，它们之间既相互联系又相互制约，这就是动态相关性原则。该原则是指任何企业管理系统的正常运转，不仅要受到系统本身条件的限制和制约，还要受到其他有关系统的影响和制约，并随着时间、地点以及人们的努力程度而发生变化。安全管理系统内部各部分的动态相关性是管理系统向前发展的根本原因。所以，要提高安全管理的效果，必须掌握各管理对象要素之间的动态相关特征，充分利用相关因素的作用。

对安全管理来说，动态相关性原则的应用可以从两个方面考虑：

（1）建设工程项目内部各要素处于动态之中并且相互影响和制约，才使事故的发生有了可能。如果各要素都是静止的、无关的，则事故也就无从发生。因此，系统要素的动态相关性是事故发生的根本原因。

（2）为做好安全管理工作，建设工程项目管理者必须掌握与安全有关的所有对象要素之间的动态特征，充分利用相关因素的作用。例如，掌握人与设备之间、人与作业环境之间、人与人之间、资金与设施设备之间、安全信息与使用者之间等的动态相关性，这是实现有效安全管理的前提。

二、人本原理

人本原理是指组织的各项管理活动，都应以调动和激发人的积极性、主动性和创造性为根本，追求人的全面发展的一项管理原理。其实质就是充分肯定人在管理活动中的主体地位和作用。人本原理不把人看成是脱离其他管理对象的要素而孤立存在的人，它强调在作为管理对象的整体系统中，人是其他构成要素的主宰，财、物、时间、信息等只有在为人所掌握、为人所利用时，才有管理的价值。具体地说，管理的核心和动力都来自人的作用和能动性。

管理活动的目标、组织任务的制订和完成主要取决于人的积极性、主动性及创造性的调动和发挥。没有人在组织中起作用，组织将不成为组织，各种资本物质也会因没有人去组织和使用而成为一堆无用之物。管理主要是人的管理和对人的管理。管理活动必须以人及其积极性、主动性和创造性为核心来展开，管理工作的中心任务就在于调动人的积极性，发挥人的主动性，激发人的创造性。通过人本原理，可以延伸出激励原则、能级原则和动力原则等管理原则。

（一）激励原则

激励保健因素理论是美国的行为科学家弗雷德里克·赫茨伯格（Fredrick Herzberg）提出来的，又称双因素理论。这也是激励原则的理论根源。该理论揭示满足人类各种需求产生的效果通常是不一样的。物质需求的满足是必要的，没有它会导致不满，但是仅仅满足物质需求又是远远不够的，即使获得满足，它的作用往往是有限的，不能持久。要调动人的积极性，不仅要注意物质利益和工作条件等外部因素，更重要的是要从精神上给予鼓励，使员工从内心情感上真正得到满足。

建设工程项目管理者在运用激励原则时，要采取符合人的心理活动和行为活动规律的各种有效的激励措施和手段，要善于体察和引导，要因人而异，科学合理地采取各种激励方法和激励强度，从而最大限度地发挥出建设工程项目全员安全管理的内在潜力，促进建设工程项目安全工作有效开展。

（二）能级原则

所谓能级原则是根据人的能力大小，赋予相应的权力和责任，使组织的每一个人都各司其职，以此来保持和发挥组织的整体效用。一个组织应该有不同层次的能级，这样才能构成一个相互配合、有效的系统整体。能级原则也是实现资源优化配置的重要原则。根据能级原则，在建设工程项目安全管理工作中应主要做到以下几点：

（1）在安排安全管理机构人员时，应根据人员的专业技术、工作能力、工作态度和人员配备比例，合理地安排安全管理人员。

（2）在建立全员安全责任制度时，应根据各部门和人员的级别、职责，确定不同的安全责任。

（3）在制定安全规章制度时，应明确不同能级的部门和人员的责权利，并且有一定的物质利益及奖惩措施。

总之，既要每个员工都能根据自己的能力找到合适的工作岗位，各得其所，各尽其职，又能保证组织机构科学合理，避免和减少内耗。

（三）动力原则

没有动力，事物不会运动，组织不会向前发展。组织须有强大的动力，才能使管理系统得以持续、有效地运行。现代管理学理论总结了三个方面的动力来源，即物质动力、精神动力、信息动力。物质动力是指管理系统中员工获得的经济利益及组织内部的分配机制和激励机制；精神动力包括人生的理想、事业的追求、高尚的情操、理论或学术研究、科技或目标成果的实现等，特别是人生观、道德观的动力作用，能够影响人的行为；信息动力体现在为员工提供大量的信息，通过信息资料的收集、分析与整理，得出科学成果，创造社会效益，使人产生成就感。

在建设工程项目安全管理中运用动力原则要注意以下几点：

（1）要协调配合、综合运用三种动力。要针对不同的时间、条件和对象有针对性地选择动力；要以精神激励为主、物质奖励为辅，加上信息的启发诱导，才能使安全管理工作健康发展。

（2）正确处理和认识整体与部分、个人与集体的辩证关系，因势利导，在实现安全管理目标的前提下发挥个体动力，以获取较大的、稳定的动力。

（3）要掌握好各种刺激量的界限。建设工程项目管理者要合理地使用奖励和处罚这两种刺激手段，同时要注意刺激的合理性，这样才能收到良好的效果。

三、预防原理

安全管理应当以预防为主，即通过有效的管理和技术手段，减少和防止人的不安全行为和物的不安全状态，从而使事故发生的概率降到最低，这就是预防原理。主要包括两个方面：

（1）对重复性事故的预防，即对已发生的事故进行分析，寻找原因，提出防范类似事故重复发生的措施，避免此类事故再次发生。

（2）对可能出现事故的预防，此类事故预防是只对可能将要发生的事故进行预测，对其进行评估，提出消除危险因素的办法，避免事故发生。

运用预防原理的原则包括偶然损失原则、因果关系原则、3E原则和本质安全化原则。

（一）偶然损失原则

事故发生的概率及其后果的严重程度，都是随机的、难以预测的。反复发生的同类事故，并不一定产生相同的后果，这就是事故损失的偶然性。根据事故损失的偶然性，可得到安全管理的偶然损失原则：无论事故是否造成了损失，为了防止事故损失的发生，唯一的办法就是防止事故再次发生。该原则强调，在建设工程项目安全管理实践中，一定要积极正视各类事故，预防各类事故的发生，只有这样才能真正减少事故损失，达到工程项目利益最大化。

（二）因果关系原则

事故的发生是许多因素互为因果连续发生的最终结果，只要事故的因素存在，发生事故是必然的，即事故或早或迟必然要发生。掌握了因果关系，砍断事故因素的环链，就消除了事故发生的必然性，就可能防止事故的发生。

因果关系原则要求在建设工程项目安全管理工作中，要尽可能多地收集工程事故案例，并进行深入调查、了解事故因素的因果关系，从总体上找出安全事故的规律性发生机制，为安全管理决策奠定基础，为改进安全工作指明方向，从而做到"预防为主"，实现安全生产。

（三）3E 原则

造成人的不安全行为和物的不安全状态的原因可归结为技术原因、教育原因、身体和态度原因及管理原因四个方面。针对这四个方面的原因，可以采取三种预防对策，即工程技术（Engineering）对策、教育（Education）对策和法制（Enforcement）对策，这就是 3E 原则。在运用 3E 原则预防事故时，应针对人的不安全行为和物的不安全状态的四种原因，综合、灵活地运用这三种对策，不要片面强调其中某一个对策。技术手段、教育手段及强制对策相互促进，预防事故既要采取工程技术措施，也要采取强制对策及教育手段。

（四）本质安全化原则

本质安全化原则是从一开始在本质上实现安全化，从根本上消除事故发生的可能性，从而达到预防事故发生的目的。本质安全化原则不仅可以应用于设备、设施，也可以应用于建设工程项目。本质安全化原则是安全管理预防原理的根本体现，也是安全管理的最高境界，是安全管理所应坚持的基本原则。

四、强制原理

采取强制管理的手段控制人的意愿和行为，使个人的活动、行为等受到安全生产管理要求的约束，从而实现有效的安全生产管理，这就是强制原理。一般来说，管理均带有一定的强制性。管理是管理者对被管理者施加作用和影响，并要求被管理者服从其意志，满足其要求，完成其规定的任务。不强制便不能有效地抑制被管理者的无拘个性，不能将其调动到符合整体利益和目的的轨道上来。

安全管理需要强制性是由事故损失的偶然性、人的"冒险"心理及事故损失的不可挽回性所决定的。安全强制性的实现，离不开法律、法规、标准和各级规章制度，这些法规、制度构成了安全行为的规范。同时，还要有强有力的管理和监督体系，以保证被管理者始终按照行为规范进行活动，一旦其行为超出规范的约束，就要有严厉的惩处措施。

强制原理应遵循"安全第一"的原则、监督的原则。

（一）"安全第一"原则

"安全第一"要求在进行生产和其他活动的时候把安全工作放在首要位置，树立安全高于一切的理念。当生产和其他工作与安全发生矛盾时，要以安全为主，生产和其他工作要服从安全，这就是"安全第一"原则。

"安全第一"原则可以说是安全管理的基本原则，也是我国安全生产方针的重要内容。贯彻"安全第一"原则，就是要求建设工程项目管理者、建筑业企业领导者高度重视安全，把安全工作当作头等大事来抓，把安全作为完成各项任务、做好各项工作的前提条件。在计划、布置、实施各项工作时首先想到安全，预先采取措施，防止事故发生。该原则强调，必须把安全生产作为衡量企业和建设工程项目工作好坏的一项基本内容，作为一项"否决权"的指标，不安全不准进行生产。

(二) 监督原则

为了促使各级生产管理部门严格执行安全法律、法规、标准和规章制度，保护职工的安全与健康，实现安全生产，必须授权专门的部门和人员行使监督、检查和惩罚的职责，以揭露安全工作中的问题，督促问题的解决，追究和惩戒违章失职行为，这就是安全管理的监督原则。

安全管理带有较多的强制性，如果仅要求系统自动地贯彻实施安全法律、法规，而缺乏强有力的监督系统去监督执行，则法律、法规的强制力是难以发挥的。随着市场经济的发展，企业成为自主经营、自负盈亏的独立法人，国家与企业、企业经营者与职工之间的利益差别，在安全管理方面也有所体现。它表现为生产与安全、效益与安全、局部效益与社会效益、眼前利益与长远利益的矛盾。建筑业企业经营者往往容易片面追求利润与产量，而忽视职工的安全与健康。在这种情况下，必须设立安全生产监督管理部门，配备合格的监督人员，赋予必要的强制权力，以保证其履行监督职责，保证安全工作落到实处。

第二节　事故致因理论

为了对建设工程安全生产事故采取有效的预防措施，必须深入探析和认识事故发生的原因。在生产力发展的不同阶段，存在的安全问题也不同。为了解决这些问题，人们对事故进行分析研究，对事故发生的原因、演变规律和事故发生模式的认识不断深入，形成了带有时代特征的事故致因理论。

千百年来，人类主要是"从事故学习事故"。特别是工业革命以后，工业事故频繁发生，而事故致因理论就是在这样的时代背景下发展起来的。事故致因理论是指导事故预防工作的基本理论。它阐明事故为什么会发生，事故是以怎样方式发生的，以及如何防止事故发生。由于这些理论着重解释事故发生的原因，以及针对事故致因因素如何采取措施防止事故，因此被称为"事故致因理论。"目前，比较成熟的事故致因理论主要有事故因果连锁理论、能量意外释放理论、轨迹交叉理论等。

一、事故因果连锁理论

(一) 海因里希事故因果连锁理论

二十世纪二三十年代，海因里希（W. H. Heinrich）通过对美国安全实际经验进行总结、概括，在 1941 年出版的《工业事故预防》一书中阐述了工业安全理论，论述了事故发生的因果连锁理论，其核心思想是：伤害事故的发生不是一个孤立事件，而是一系列原因事件相继发生的结果，即尽管伤害事故可能在某时间突然发生却是一系列事件相继发生的结果。

1. 伤害事故的连锁构成

海因里希把工业伤害事故的发生发展过程描述为具有一定因果关系的事件的连锁：

(1) 人员发生伤亡是事故的结果。

(2) 事故发生的原因是人的不安全行为或物的不安全状态。

（3）人的不安全行为或物的不安全状态是由于人的缺点造成的。

（4）人的缺点是由于不良环境诱发或者是由先天的遗传因素造成的。

2. 海因里希事故因果连锁关系过程

海因里希事故因果连锁关系过程包括下列五种因素：

（1）遗传及社会环境（M）。遗传及社会环境是造成人的缺点的原因。遗传因素可能使人具有鲁莽、固执、粗心等不良性格；社会环境可能妨碍教育，助长不良性格的发展。这是事故因果链上最基本的因素。

（2）人的缺点（P）。人的缺点由遗传和社会环境因素所造成，是使人产生不安全行为或使物产生不安全状态的主要原因。这些缺点既包括各类不良性格，也包括缺乏安全生产知识和技能等后天的不足。

（3）人的不安全行为和物的不安全状态（H）。所谓人的不安全行为或物的不安全状态是指曾经引起过事故，或可能引起事故的人的行为，或机械、物质的状态，它们是造成事故的直接原因。例如，在起重机吊物时停留、不发信号就启动机器、工作时间打闹或拆除安全防护装置等都属于人的不安全行为；没有防护的传动齿轮、裸露的带电体或照明不良等属于物的不安全状态。

（4）事故（D）。事故是指由物体、物质或放射线等对人体发生作用使人体受到伤害的、出乎意料的、失去控制的事件。例如，坠落、物体打击等使人员受到伤害的事件是典型的事故。

（5）伤害（A）。直接由于事故而产生的人身伤害。

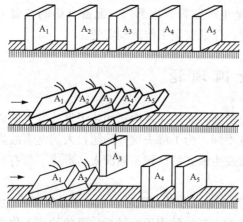

图 2-1　多米诺骨牌图

上述五个连锁因素，可用著名的多米诺骨牌形象地描述事故因果连锁关系，如图 2-1 所示。在多米诺骨牌系列中，一块骨牌被碰倒了，则将发生连锁反应，其余的几块骨牌相继被碰倒。如果移去连锁中的一块骨牌，则连锁被破坏，事故过程被中止。海因里希认为，企业事故预防工作的中心就是防止人的不安全行为，消除机械的或物质的不安全状态，中断事故连锁的进程而避免事故的发生。

海因里希的工业安全理论主要阐述了工业事故发生的因果连锁论与他在生产安全问题中人与物的关系、事故发生频率与伤害严重度之间的关系、不安全行为的原因等工业安全中最基本的问题，曾一起被称作"工业安全公理"，得到世界上许多国家安全领域工作学者的赞同。

海因里希事故因果连锁理论，提出了人的不安全行为和物的不安全状态是导致事故的直接原因，以及在事故过程中实施干预的重要性。但是，海因里希事故因果连锁理论把大多数工业事故的责任都归因于人的缺点，主要从人的角度去考虑事故起因，表现了时代的局限性。

海因里希曾经调查了美国的 75000 起工业伤害事故，发现 98% 的事故是可以预防的，只有 2% 的事故超出了人的能力能够达到的范围，是不可预防的。在可预防的工业事故中，以人的不安全行为为主要原因的事故占88%，以物的不安全状态为主要原因的事故占10%。海因里希认为事故的主要原因是人的不安全行为或者物的不稳定状态造成的，但是两者为孤立的原因，没有一起事故是由于人的不安全行为及物的不安全状态共同引起的。因此，研究的结论是：几乎所有的工业伤害事故都是由于人的不安全行为造成的。后来，这种观点受到了许多研究人员的批评。

（二）博德事故因果连锁理论

1.博德事故因果连锁理论的提出

与早期的事故频发、海因里希事故因果连锁理论强调人的性格、遗传特征等不同。第二次世界大战后，人们逐渐认识到管理因素作为背后原因在事故致因中的重要作用。人的不安全行为或物的不安全状态是工业事故的直接原因，必须加以追究。但是，它们只不过是其背后的深层原因的征兆和管理缺陷的反映。只有找出深层次的、背后的原因，改进企业管理，才能有效地防止事故。

博德（Frank Bird）在海因里希事故因果连锁理论的基础上，提出了现代事故因果连锁理论，其事故连锁过程影响因素为：管理失误→个人原因及工作条件→不安全行为及不安全状态→事故→伤亡，如图2-2所示。

2.博德事故因果连锁理论的主要观点

博德事故因果连锁理论的主要观点包括以下五个方面：

图2-2 博德事故因果连锁理论

（1）控制不足——管理。事故因果连锁中一个最重要的因素是安全管理。安全管理人员应该充分认识到，他们的工作要以得到广泛承认的企业管理原则为基础，即安全管理者应该懂得管理的基本理论和原则。控制是管理职能中的一种机能。安全管理中的控制是指损失控制，包括对人的不安全行为和物的不安全状态的控制，这也是安全管理的核心。

大多数企业中，由于各种原因，完全依靠工程技术上的改进来预防事故既不经济，也不现实。只有通过提高安全管理工作水平，经过长时间的努力才能防止事故的发生。管理者必须认识到只要生产没有实现高度安全化，就有发生事故及伤害的可能性，因而他们的安全活动中必须包含有针对事故因果连锁中所有要因的控制对策。管理系统是随着生产的发展而不断发展完善的，但是十全十美的管理系统并不存在。由于管理上的缺欠，使能够导致事故的基本原因出现。

（2）基本原因——起源论。为了从根本上预防事故，必须查明事故的基本原因，并针对查明的基本原因采取对策。

基本原因包括个人原因及与工作有关的原因。只有找出这些基本原因，才能有效地预防事故的发生。所谓起源论是在于找出问题的基本的、背后的原因，而不仅停留在表面的现象上。只有这样，才能实现有效的控制。

（3）直接原因——征兆。人的不安全行为和物的不安全状态是事故的直接原因，这一直是必须加以探究的原因。但是，直接原因不过是基本原因的征兆，是一种表面现象。在实际工作中，如果只抓住作为表明现象的直接原因而不追究其背后隐藏的深层次原因，就不能从根本上杜绝事故的发生。另外，安全管理人员应该能够预测及发现这些作为管理欠缺的征兆的直接原因，采取恰当的措施；同时，为了在实际可能的情况下采取长期的控制对策，必须努力找出其基本原因。

(4) 事故——接触。从实用的目的出发，往往把事故定义为最终导致人员身体损伤、死亡、财产损失的不希望发生的事件。但是，越来越多的学者从能量的观点把事故看作人的身体或构筑物、设备与超过其阈值的能量接触或人体与妨碍正常生活活动的物质接触。于是，防止事故就是防止接触。为了防止接触，可以通过改进装置、材料及设施，防止能量释放，通过训练、提高工人识别危险的能力，佩戴个人劳动保护用品等来实现。

(5) 受伤、损坏——损失。博德模型中的伤害包括了工伤、职业病以及对人员精神方面、神经方面或全身性的不良影响。人员伤害及财物损坏统称为损失。

在许多情况下，可以采取恰当的措施使事故造成的损失最大限度地减少。如对受伤人员迅速抢救，对设备进行抢修，以及平日对人员进行安全应急训练等。

(三) 亚当斯事故因果连锁理论

亚当斯（Edward Adams）提出了与博德事故因果连锁理论类似的理论，他把事故的直接原因、人的不安全行为及物的不安全状态称作现场失误。本来，不安全行为和不安全状态是操作者在生产过程中的错误行为及生产条件方面的问题。采取"现场失误"这一术语，其主要目的在于提醒人们注意不安全行为及不安全状态的性质。

现代事故因果连锁理论的核心在于对"现场失误"的背后原因进行了深入研究。操作者的不安全行为及生产作业中的不安全状态等现场失误是由于企业领导者及安全工作人员的管理失误造成的。管理人员在管理工作中的差错或疏忽、企业领导者决策错误或没有做出决策等失误对企业经营管理及安全工作具有决定性的影响。管理失误反映企业管理系统中的问题，它涉及管理体制，即如何有组织地进行管理工作，确定怎样的管理目标，如何计划、实现确定的目标等方面的问题。管理体制反映作为决策中心的领导者的信念、目标及范围，决定着各级管理人员安排工作的轻重缓急、工作基准及指导方针等重大问题。

(四) 北川彻三事故连锁理论

海因里希因果连锁论、博德事故因果连锁理论、亚当斯的事故因果连锁理论把考察的范围局限在企业内部。日本的北川彻三认为，工业伤害事故发生的原因是很复杂的，企业是社会的一部分，一个国家、一个地区的政治、经济、文化、科技发展水平等诸多社会因素，对企业内部伤害事故的发生和预防有着重要的影响。当然，作为基础的原因因素的解决，已经超出了安全工作，甚至安全学科的研究范围。但是，充分认识这些原因因素，综合利用可能的科学技术、管理手段，改善间接原因因素，达到预防伤害事故的目的，却是非常重要的。

北川彻三认为事故的基本原因应该包括三个方面：第一，管理原因。企业领导者不够重视安全，作业标准不明确，维修保养制度方面存在缺陷，人员安排不当，员工积极性不高等。第二，学校教育原因。小学、中学、大学等教育机构的安全教育不充分。第三，社会或历史原因。社会安全观念落后，安全法规或安全管理、监督机构不完备等。导致事故发生的间接原因则包含以下几个方面的内容：

(1) 技术原因。机械、装置、建筑物等的设计、建造、维护等技术方面的缺陷。

(2) 教育原因。由于缺乏安全知识及操作经验，不知道、轻视操作过程中的危险性和安全操作方法，或操作不熟练、习惯操作等。

(3) 身体原因。身体状态不佳，如头痛、昏迷、癫痫等疾病，或近视、耳聋等生理缺陷，或疲劳、睡眠不足等。

（4）精神原因。消极、抵触、不满等不良态度，焦躁、紧张、恐惧、偏激等精神不安定，狭隘、顽固等不良性格，以及智力方面的障碍。

在上述 4 个间接原因中，前两个原因比较普遍，后两种原因较少出现。

二、能量意外释放理论

（一）能量意外释放理论的提出

随着科学技术的飞跃进步，新技术、新工艺、新能源、新材料、新产品的不断出现，人们的生活面貌发生了巨大的变化，同时也给人类带来了更多的危险。为了有效地采取安全技术措施控制危险源，人们对事故发生的物理本质进行了深入地探讨。

1961 年，吉布森（Gibson）提出，事故是一种不正常的或不希望的能量释放，意外释放的各种形式的能量是构成伤害的直接原因。在吉布森的研究基础上，美国运输部安全局局长哈登（Haddon）于 1966 年完善了能量意外释放理论，提出"人受伤害的原因只能是某种能量的转移"，并提出了能量逆流于人体造成伤害的分类方法，将伤害分为两类：第一类伤害是由于施加了超过局部或全身性损伤阈值的能量引起的；第二类伤害是由于影响了局部或全身性能量交换引起的，主要指中毒窒息和冻伤。

哈登认为，在一定条件下某种形式的能量能否产生伤害造成人员伤亡事故，取决于能量大小、接触能量的时间长短和频率，以及力的集中程度。根据能量意外释放论，可以利用各种屏蔽来防止意外的能量转移，从而防止事故的发生。

（二）事故的致因和表现

1. 事故的致因

能量在生产过程中是不可缺少的，人类利用能量做功以实现生产目的。在正常生产过程中，能量受到种种约束和限制，按照人们的意志流动、转换和做功。如果由于某种原因，能量失去了控制，超越了人们设置的约束或限制，就会发生能量违背人的意愿而意外地溢出或释放。如果失去控制的、意外释放的能量达及人体，并且能量的作用超过了人们的承受能力，人体必将受到伤害。如果意外释放的能量作用于设备、建筑物、物体等，并且能量的作用超过它们的抵抗力——强度，则将造成设备、建筑物、物体的损坏。这种对事故发生机理的解释被称为能量意外释放理论，如图 2-3 所示。

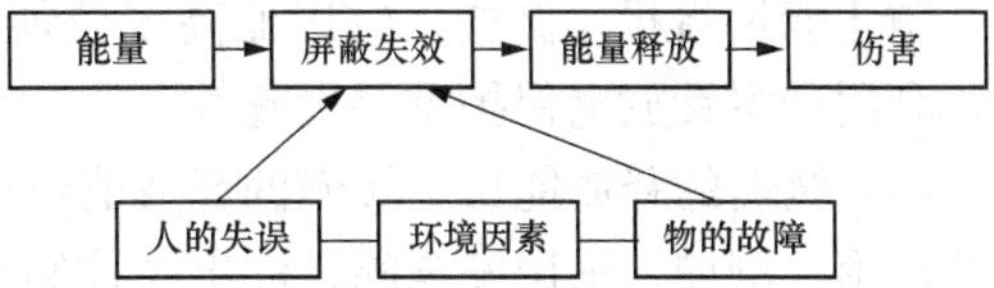

图 2-3　能量意外释放示意图

根据能量意外释放理论，导致伤害事故的原因是：①接触了超过机体组织（或结构）抵抗力的某种形式的过量的能量。②有机体与周围环境的正常能量交换受到了干扰（如窒息、淹溺等）。因而，各种形式的能量是构成伤害的直接原因。因此，应该通过控制能量或控制能量载体（能量达及人体的媒介）来预防安全事故的发生。

2. 能量转移造成事故的表现

机械能（动能和势能统称为机械能）、电能、热能、化学能、电离及非电离辐射、声能和生物能等形式的能量，都可能导致人员受到伤害，其中前四种形式的能量引起的伤害最为常见。意外释放的机械能是造成工业伤害事故的主要能量形式。处于高处的人员或物体具有较高的势能，当作业人员具有的势能意外释放时，就会发生坠落或跌落事故；当物体具有的势能意外释放时，将发生物体打击等事故。除了势能外，动能是另一种形式的机械能，各种运输车辆和各种机械设备的运动部分都具有较大的动能，工作人员一旦与之接触，将发生车辆伤害事故或机械伤害事故。

现代化工业生产中广泛利用电能，当人们意外地接近或接触带电体时，可能发生触电事故而受到伤害；生产中利用的电能、机械能或人体在热能的作用下，可能遭受烧灼或发生烫伤；有毒有害的化学物质使人员中毒，是化学能引起的典型伤害事故。

研究表明，人体对每一种形式能量的作用都有一定的抵抗力，或者说有一定的伤害阈值。当人体与某种形式的能量接触时，能否产生伤害及伤害的严重程度如何，主要取决于作用于人体的能量的大小。作用于人体的能量越大，造成严重伤害的可能性越大。此外，人体接触能量的时间长短和频率、能量的集中程度及身体接触能量的部位等，也影响人员的伤害程度。

3. 防范对策

能量意外释放理论揭示了事故发生的物理本质，为人们设计及采取安全技术措施提供了理论依据。根据这种理论，人们就要经常注意生产过程中能量的流动、转换，以及不同形式能量的相互作用，防止能量的意外逸出或释放。

在建筑生产中经常采用防止能量意外释放的措施主要有以下几种：

（1）用安全的能源代替不安全的能源。有时被利用的能源危险性较高，这时可以考虑用较安全的能源代替。例如，在容易发生触电的作业场所，用压缩空气动力代替电力，可以防止发生触电事故。但是压缩空气管路破裂、脱落的软管抽打等也会带来新的危害。因此，绝对安全的事物是没有的。

（2）限制能量。限制能量即限制能量的大小和速度，规定安全极限量，在生产工艺中尽量采用低能量的工艺或设备，这样，即使发生了意外的能量释放，也不致发生严重伤害事故。例如，利用低电压设备防止电击，限制设备运转速度以防止机械伤害事故，限制露天爆破装药量以防止飞石伤人事故等。

（3）防止能量蓄积。能量的大量蓄积会导致能量突然释放，因此，要及时泄放多余能量，防止能量蓄积。例如，应用低高度位能，控制爆炸性气体浓度，通过接地消除静电蓄积，利用避雷针放电保护重要设施等。

（4）缓慢的释放能量。缓慢的释放能量可以降低单位时间内释放的能量，减轻能量对人体的作用。例如，采用安全阀、溢出阀控制高压气体；用各种减振装置吸收冲击能量，防止人员受到伤害等。

（5）设置能量屏蔽设施。屏蔽设施是一些防止人员与能量接触的物理实体，即狭义的屏蔽。屏蔽设施可以被设置在能源上，如安装在机械转动部分外面的防护罩；也可以被设置在人员与能源之间，如安全围栏等。人员佩戴的个体劳动防护用品，可以被看作设置在人员身上的能量屏蔽设施。

（6）在时间或空间上把能量与人隔离。在生产过程中有两种或两种以上的能量相互作用引起事故的情况，例如，一台起重机移动的机械能作用于化工装置，使化工装置破裂而有毒物质泄漏，引起人员中毒。针对两种能量相互作用的情况，应该考虑设置两组屏蔽设施：一组设置于两种能量之间，防止能量间的相互作用；另一组设置于人之间，防止能量达及人体，如防火门、防火密闭等。

（7）提高防护措施的标准。采用双重绝缘工具防止高压电能触电事故；对气体连续监测和遥控遥测及增强对伤害的抵抗力，如用耐高温、耐高寒、高强度材料制作的个体劳动防护用具等。

（8）改变工艺流程。如改变不安全流程为安全流程，用无毒、少毒的物质代替剧毒有害的物质等。

许多学者逐渐认识到生产条件和技术设备的潜在危险在事故中的作用，而不应把事故简单地归因于操作者的性格等自身固有的缺陷。能量意外释放论相比早期事故致因理论已经有了较大进步，它明确提出了事故因素间的关系特征，促进了对事故因素的调查、研究，揭示了事故发生的物理本质。

三、人因失误理论

在各类事故致因理论中，有学者对事故发生的直接原因进行调查，其中海因里希的调查结果最为典型，海因里希通过对 7.5 万起伤亡事故的调查，得出 88％的事故是人的不安全行为造成的，10％的事故是物的不安全状态引起的，2％的事故是上帝的旨意。美国杜邦公司通过为期 10 年的统计表明，人的不安全行为导致 96％的事故发生，物的不安全状态导致了 4％的事故发生。

通过减少或者控制人的不安全行为来降低安全事故的发生，已经得到了普遍的认可。随着心理学、管理学、行为科学等相关学科的发展，人的不安全行为的防范成为安全管理中的重点，不少学者开始研究个体不安全行为发生的机制，并认为人的不安全行为是对外部环境的刺激没有做出正确的响应。

（1）S-O-R（Simulation；Organization；Response）模型。人为失误是指人行为的失误。因此，必须对人的行为进行研究。S-O-R 模型是心理学界占统治地位的人的认知模型。它将人的认知响应过程分为三大部分：通过感知系统接收外界输入的刺激信号（Simulation）；解释和决策（Organization），是指在被接收的物理刺激信号 S 后器官的全部活动，即记忆、决策和解释；向外界输出动作或其他响应行为（Response），指对于器官的物理反应，如交谈、按键和压下阀门都是输出反应。这三大部分的支持功能为记忆。

1966 年，Meister 认为，所有人的行为都是 S-O-R 这三种要素的联合，复杂的行为被认为是许多 S-O-R 环节的交织并且同时进行。当一个事件环节中的任一要素断裂，即发生人的失误。例如，感知刺激过程中发生故障，没有能力鉴别各种类型的刺激、错误解释刺激的意义、反应顺序混乱等。

（2）人因失误一般模型。1972 年，威格里斯沃思提出，人的失误构成了所有类型事故的基础。他把人的失误定义为"错误地或不适当地响应一个外界刺激。"他认为，在生产操作过程中，各种各样的信息不断作用于操作者的感官，给操作者以"刺激"。若操作者能对刺激做出正确的响应，事故就不会发生；反之，如果错误或者不恰当地响应了一个刺激，就可能会出现危险。危险是否出现还取决于其他一些随机因素。

根据前人的研究成果，威格里斯沃思提出了人因失误理论模型，并认为人因失误归结为心理压力、不正确的响应和不正确的行为，如图 2-4 所示。

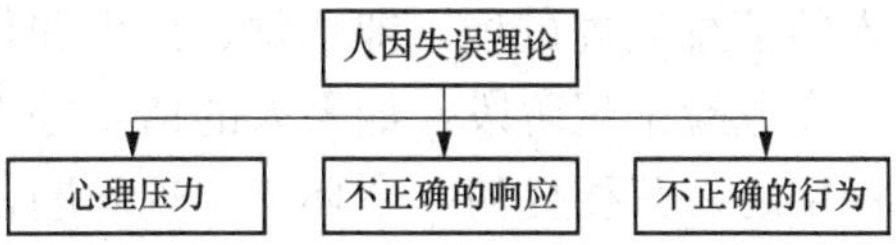

图 2-4 人因失误理论模型

一个人的能力是其天性、后天的训练、心理状态和身体状态等多种因素的综合产物。心理压力来自个体的责任或增加的来自外部因素（如噪声或者干扰），内部因素（如个人问题、紧张及担心），情景因素（如风险的程度或者不清晰的指示）所造成的负担。当个体的能力与之不能平衡时，便形成了较大的心理压力。

人们在给定的情境中不同做法的后果是截然不同的，如果一个人发现了危险的情况，却不知道如何消除这一情况，这就是响应不正确。如果一个人错误地看待已经建立起来的安全程序，则不能响应正确，这些做法都会导致事故发生。这种不能正确的响应还反映在工具或者设备不能正确地使用，或者工作场所中没有正确地考虑工作场所的大小、外力、实施任务的方法等都可能会造成事故发生。

人因失误是不正确行为的结果。典型的例子就是一个承担任务的人不知道如何去做这件事情，或者一个人错误地估计了他在工作中所面临的风险导致做出错误的决策。这些不正确的行为都会导致事故的发生。

（3）皮特森（Petersen）的人因失误模型。根据人的行为原理，群体动力理论的创始人德国心理学家勒温（Kurt Lewin）把人的行为看成是个体特征和环境特征的函数

$$B = f(PE) \tag{2-1}$$

式中　B——人的行为；

P——个体特征；

E——环境特征。

由式（2-1）可知，在外界环境的刺激和影响下，依据个体特征进行行为模式的选择。其中外界环境特征包括外界环境因素和信息刺激来源等，个体特征包括人的因素、内部感觉、工作经验、心理背景、生理状态、技术水平和安全素质等。

勒温指出人的失误主要表现在：人感知环境信息方面的失误；信息刺激人脑，人脑处理信息并做出决策的失误；行为输出时的失误等方面。针对这三方面，皮特森又把人失误的原因归结为过负荷、决策错误和人机学三个方面。过负荷是指人在某种心理状态下承受能力与负荷不相适应，包括身体负荷、生理负荷和心理负荷。人的能力则指身体、生理和心理等方面的承受能力（人本身的自然属性），当前的心理状态、工作相关的知识和技术水平及生理机能状态等。决策错误是指在某些情况下，个体选择不安全行为比选择安全行为更加合乎逻辑。人机学原因主要包括两个方面：当前的工作条件与他的体格不适应；工作平台的设计使人容易失误。由此可知，减少人的失误的主要措施应为加强教育培训、改进管理方法和改善工作环境。

（4）瑟利事故模型。1969 年，瑟利（J. Surry）以人对信息的处理过程为基础描述事故发生的因果关系，并认为，人在信息处理过程中出现失误，从而导致人的行为失误，进而引发事故。这一理论称为瑟利事故模型（Surry's accident model），如图 2-5 所示。

瑟利把事故的发生过程分为危险出现和危险释放两个阶段，这两个阶段各自包括一组类似人的信息处理过程，即感觉、认识和行为响应过程。

在危险出现阶段，如果人的信息处理过程的每个环节都正确，危险就能被消除或得到控制；反之，只要任何一个环节出现问题，就会使操作者直接面临危险。

在危险释放阶段，如果人的信息处理过程的各个环节都是正确的，虽然面临着已经显现出来的危险，但仍然可以避免释放的危险带来的伤害或损害；反之，只要任何一个环节出错，危险就会转化为伤害或损害。

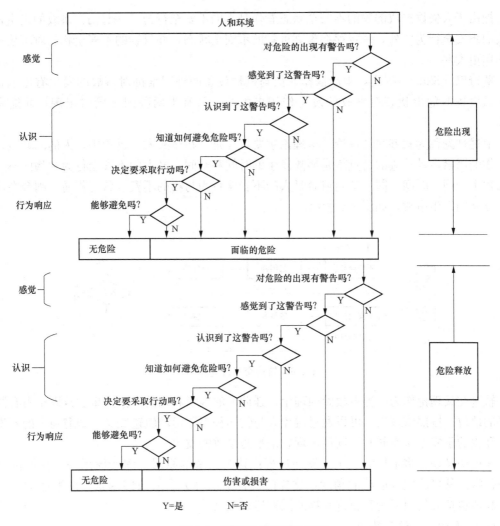

图 2-5 瑟利事故模型示意图

从人的特性与机器性能和环境状态之间是否匹配和协调的观点出发，认为机械和环境信息不断地通过人的感官反映到大脑，人若能正确地认识、理解、判断并做出正确决策和采取正确的行动，就能化险为夷，避免事故和伤亡；反之，如果人未能察觉、认识所面临的危险，或判断不准确而未采取正确的行动，就会发生事故和伤亡。这些理论把人、机、环境作为一个整体（系统）看待，研究人、机、环境之间的相互作用、反馈和调整，从中发现事故的致因，揭示出预防事故发生的途径。

四、轨迹交叉理论

随着生产技术的提高及事故致因理论的发展和完善，人们对人和物两种因素在事故致因中的地位的认识发生了很大变化。一方面是由于生产技术进步的同时，生产装置、生产条件不安全的问题越来越引起了人们的重视；另一方面是人们对人的因素研究的深入，能够正确地区分人的不安全行为和物的不安全状态。

约翰逊（W. G. Jonson）认为，判断到底是人的不安全行为还是物的不安全状态，受研究者主观因素的影响，取决于其认识问题的深刻程度。许多人由于缺乏有关失误方面的知识，把由于人失误造成的物的不安全状态看作是人的不安全行为。一起伤亡事故的发生，除了人的不安全行为之外，一定存在着某种物的不安全状态，并且物的不安全状态对事故的发生作用更大些。

斯奇巴（Skiba）提出，生产操作人员与机械设备两种因素都对事故的发生有影响，并且机械设备的危险状态对事故的发生作用更大些，只有当两种因素同时出现，才能发生事故。

上述理论称为轨迹交叉理论。该理论主要观点是，在事故发展进程中，人的因素运动轨迹与物的因素运动轨迹的交点就是事故发生的时间和空间，既人的不安全行为和物的不安全状态发生于同一时间、同一空间或者是人的不安全行为与物的不安全状态相通，则会在此时间、此空间发生事故，如图 2-6 所示。

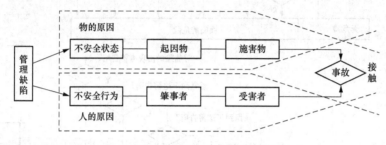

图 2-6　轨迹交叉理论示意

轨迹交叉理论作为一种事故致因理论，强调人的因素和物的因素在事故致因中占有同样重要的地位。按照该理论，可以通过避免人与物两种因素运动轨迹交叉，即避免人的不安全行为和物的不安全状态同时、同地出现，来预防事故的发生。

轨迹交叉理论将事故的发生、发展过程描述为：基本原因→间接原因→直接原因→事故→伤害。从事故发展运动的角度，这样的过程被形容为事故致因因素导致事故的运动轨迹，具体包括人的因素运动轨迹和物的因素运动轨迹。

（一）人的因素运动轨迹

人的不安全行为基于生理、心理、环境、行为几个方面而产生：

（1）生理、先天身心缺陷。

（2）社会环境、企业管理上的缺陷。

（3）后天的心理缺陷。

（4）视、听、嗅、味、触五种感官能量分配上的差异。

（5）行为失误。

（二）物的因素运动轨迹

在物的因素运动轨迹中，在生产过程各阶段都可能产生不安全状态：

（1）设计上的缺陷，如用材不当、强度计算错误、结构完整性差等。

（2）制造、工艺流程上的缺陷。

（3）维修保养上的缺陷，降低了可靠性。

（4）使用上的缺陷。

（5）作业场所环境上的缺陷。

在生产过程中，人的因素运动轨迹按其（1）→（2）→（3）→（4）→（5）的方向顺序进行，物的因素运动轨迹按其（1）→（2）→（3）→（4）→（5）的方向进行。人、物两轨迹相交的时间与地点，就是发生伤亡事故"时空"，从而导致了事故的发生。

值得注意的是，许多情况下人与物又互为因果。例如，有时物的不安全状态诱发了人的不安全行为，而人的不安全行为又促进了物的不安全状态的发展或导致新的不安全状态出现。因而，实际的事故并非简单地按照上述的人、物的因素两条运动轨迹进行，而是呈现非常复杂的因果关系。

若设法排除机械设备或处理危险物质过程中的隐患或者消除人为失误和不安全行为，使两事件链连锁中断，则两系列运动轨迹不能相交，危险就不会出现，则可避免事故发生。

对人的因素而言，强调业务考核，加强安全教育和技术培训，进行科学的安全管理，从生理、心理和操作管理上控制人的不安全行为的产生，就等于砍断了事故产生的人的因素轨迹。但是，对自由度很大且身心性格气质差异较大的人是难以控制的，偶然失误很难避免。

在多数情况下，由于建筑业企业管理不善，工人缺乏教育和训练或者机械设备缺乏维护检修及安全装置不完备，导致了人的不安全行为或物的不安全状态。

轨迹交叉理论突出强调的是切断物的事件链，提倡采用可靠性高、结构完整性强的系统和设备，大力推广保险系统、防护系统和信号系统及高度自动化和遥控装置。这样，即使人为失误，构成人的不安全行为的因素，也会因安全闭锁等可靠性高的安全系统作用而避免事故发生；同时，控制住物的不安全状态的因素，可完全避免伤亡事故的发生。

一些企业领导者和管理人员总是错误地把一切伤亡事故归咎于操作人员违章作业或违反劳动纪律。实际上，人的不安全行为也是由于教育培训不足等管理缺陷造成的。轨迹交叉理论认为管理的重点应放在控制物的不安全状态上，即消除"起因物"，当然就不会出现"施害物"，"砍断"物的因素运动轨迹，使人与物的轨迹不能交叉，事故即可避免。

轨迹交叉理论的事故防范措施通过消除人的不安全行为或物的不安全状态或避免两者运动轨迹交叉均可避免事故的发生，而且对调查事故发生的原因也是一种较好的指导。但是，在人与物两大系列的运动中，两者往往是相互关联、互为因果、相互转换的。因此，事故的发生可能是更为复杂的因果关系。另外，没有体现出导致人的不安全行为和物的不安全状态的深层次原因。

五、系统安全理论

20 世纪 50 年代以来，科学技术进步的一个显著特征是设备、工艺及产品越来越复杂。战略武器研制、核电站等使大规模复杂系统相继问世，人们在研制、开发、使用及维护这些大规模复杂系统的过程中，逐渐萌发了系统安全的基本思想。最终，通过不断总结和研究，在保留工业安全原有的概念和方法中正确内容的前提下，吸收其他领域科学技术和管理方法的情况下，形成了系统安全理论。

（一）系统安全

系统安全是指在系统生命周期内应用系统安全工程和系统安全管理方法，辨识系统中的危险源，并采取有效的控制措施使其危险性最小，从而使系统在规定的性能、时间和成本范围内达到最佳的安全程度。系统安全是人们为解决复杂系统的安全性问题而开发、研究出来的安全理论、方法体系。系统安全的基本原则就是在一个新系统的构思阶段就必须考虑其安全性的问题，制定并执行安全工作规划（系统安全活动），并把系统安全活动贯穿于整个系统生命周期，直到系统报废为止。

（二）系统安全管理

系统安全管理是管理工作的重要组成部分，其主要目的在于建立系统安全程序要求，保证系统安全任务和活动计划的实施和完成，使之与全面的系统程序要求相一致，取得最大程度的安全，并保证管理部门在进行试验、制造、运行的决策之前能充分了解剩余风险，从而在决策时予以重视。

系统安全管理综合考虑各方面的安全问题，全面分析整个系统，并对系统中各子系统的交界面给予特别的强调，在系统生命周期的早期阶段应用系统安全管理，会得到最大的效益。系统安全管理主要在给定条件下，最大限度地减少事件损失，并且尽可能地减少因安全问题对运行中系统进行的修改。系统安全管理通过制定并实施系统安全程序计划进行记录，交流和完成管理部门确定的任务，以达到预定的安全目标。

系统安全管理包括计划阶段、组织阶段、指导阶段和控制阶段四个主要阶段。

1. 计划阶段

确定系统目标和系统安全任务，决定达到目标的方法，根据系统特征、硬件部分的复杂性、单位成本、发展过程、程序管理结构、硬件部分对安全的重要性等信息，适当地拟定系统安全程序计划，并在运行中对其进行周期性检查和必要修改。

2. 组织阶段

确定执行任务的人选，进行任务和活动的管理分配，这些任务包括：确定及评价潜在的关键安全领域；建立安全要求；控制、消除有关危险和风险评定的决策；危险和风险信息的交流和记录；安全程序复查和审核等。

3. 指导阶段

在进行权力分配时，主要考虑各部门的不同责任，基层管理部门主要负责并及时完成安全任务的大多数，系统安全管理部门则负责系统安全任务及使高层管理部门认识剩余风险等。明智的管理决策应建立在对风险的充分认识之上，因此，风险评价应是关键点检查的一个重要组成部分，建立系统安全管理与日常安全管理程序和直接的安全问题之间的联系，也是指导阶段的重要工作。

4. 控制阶段

该阶段主要有四个部分工作，即测量系统输出、将其与理想输出做对比、当有重大差异时加以矫正、符合要求时继续正常工作。如果系统输出与实际输出有重大差异，应确定采用何种安全技术措施加以矫正并实施。

（三）系统安全理论主要观点

（1）在事故致因理论方面，改变了人们只注重人员的不安全行为而忽略硬件的故障在事故致因作用中的传统观念，开始考虑如何通过改善物的系统可靠性来提高复杂系统的安全性，从而避免事故。

（2）没有任何一种事物是绝对安全的。任何事物中都潜伏着危险因素，通常所说的安全或危险只不过是一种主观的判断。

（3）不可能根除一切危险源和危险，可以减少来自现有危险源的危险性，宁可减少总的危险性，而不是彻底消除几种选定的危险。

（4）由于人的认识能力有限，有时不能完全认识危险源和危险。即使认识了现有的危险源，随着生产技术的发展，新技术、新工艺、新材料和新能源的出现，又会产生新的危险源。

六、本质安全理论

（一）本质安全定义

1976 年，英国化工安全专家特雷弗·克雷兹（Trevor Kletz）首次提出，预防事故的最佳方法不是依靠更加可靠的附加安全设施，而是通过消除危险或降低危险程度以取代那些不安全装置，从而降低事故发生的可能性和严重性，并称该理念为本质安全（inherent safety）。2010 年，A. M. Heikkil 在前人研究的基础上对本质安全的内涵进行了总结和提炼，认为本质安全是指在化工和制造业中，通过设计等手段使生产设备或生产系统本身具有安全性，即使在误操作或发生故障的情况下也不会造成事故的功能。

本质安全是相对于传统的危险防控手段而提出的。传统的安全防控理念是发现危险后增加防控措施来抑制危险的发生，减少事故发生的可能性，降低事故发生后的危害程度。而本质安全的目的是要避免危险的存在，减少危险原料和工艺的使用，而不是在发现危险后进行防控。因此，如果说传统防控手段是加法，那么本质安全就是减法。

（二）本质安全管理的原则

西方国家的本质安全理论和实践主要体现在工业、制造业等行业的全生命周期设计上。美国化工工程安全研究中心（CCPS）开展本质安全专题研究，旨在寻找消除危险源、降低事故后果、降低事故发生频率的方法和工作原理，最后形成了实现本质安全的"四原则"：

（1）最小化原则（minimization）。减少危险物质库存量，不使用或使用最少量的危险物质。具有危险性的设备（如高温、高压等）设计时尽量减小其尺寸和使用数量。

（2）替代原则（substitution）。用安全的或危险性小的原料、设备或工艺替代或置换危险的物质或工艺。该措施可以减少附加的安全防护装置，减少设备的复杂性和成本。

（3）缓和原则（attenuation）。通过改变过程条件降低温度、压力或流动性来减少操作的危险性。主要指采用相对安全的过程操作条件，以降低危险物质的危险性。

（4）简化原则（simplification）。指消除不必要的复杂性，以减少错误和误操作发生的概率。简单的单元相对于复杂单元的本质安全性更高，因为前者导致人员发生误操作及设备出错的概率要明显低于后者。因此，要求设计更简单和更友好以降低错误操作的系统或产品。

随后，其他学者又研究、发展出容错（tolerance）、避免组装错误（makingincorrectassembly impossible）、避免多米诺效应（avoiding Knock-On effects）等工作原则。

本质安全在我国的发展与西方国家有所差异，各行业也未形成统一的认知。例如，在我国电力行业中，认为本质安全可以分解为两大目标，即"零工时损失，零责任事故，零安全违章"的长远目标与"人、设备、环境和谐统一"的终极目标。我国石油行业对本质安全最具有代表性的定义是：所谓本质安全是指通过追求人、机、环境的和谐统一，实现系统无缺陷、管理无漏洞、设备无故障。

本质安全是指运用组织架构设计、技术、管理、规范及文化等手段在保障人、物及环境的可靠前提下，通过合理配置系统在运行过程中的基本交互作用、规范交互作用及文化交互作用的耦合关系，实现系统的内外和谐性，从而达到设备可靠、管理全面、系统安全及安全文化深入人心，最终实现对可控事故的长效预防。

（三）本质安全管理特征

本质安全管理强调对事故的根源控制和提前预防，其主要特征如下：

1. 追求绝对安全与长期稳定的理念

按照马斯洛的需求理论，安全是保障人们生存和正常生活与工作的基础。追求以人为本和安全第一的理念，通过理念带动行为，保障企业安全管理的各项工作在良好理念的推动下，在长期的生产作业中能够落实落地。本质安全目标的实现，是在一点一滴的落实中，明确安全管理的基本职能和建立安全保障系统，在履行安全职能的过程中逐步建立起来安全系统与保障机制，而不仅仅是日常人员的安全行为和状态。

2. 重在建立系统预防事故与内在控制体系

以往的安全管理大都为事后补救型或者事后惩罚型，没有把"隐患险于明火，防范胜于救灾"的理念贯彻下去。本质安全强调从原因链条分析不安全行为背后的诸多原因，明确安全影响要素并考虑在前，建立安全事故识别、分类和深入的知识挖掘。确定事故的调查程序，利用数据挖掘和知识发现，把大、中、小事故发生的根本原因"知识共享化"，最终消除管理体系的缺陷。

3. 持续改进逐步形成科学安全管理体制与机制

以往的安全管理方法侧重于控制事故发生的频率来减少事故，本质安全强调通过分析事故的发生频率和事故的严重程度，对风险进行评估，制定风险控制措施，建立起科学的安全管理体制和具体运行保障机制，从而真正降低或消除风险。

现实中安全管理者往往对领导和政府负责，而不是通过建立安全管理体制和保障机制。本质安全管理体制要求面向员工的身心安全，主要包括安全主体、关系、结构和功能。安全管理机制主要包括安全管理目标要素、流程和基本原则。现实安全管理中专职安全员和兼职安全员结合的方式，往往最有效。这也是为什么本质安全最强调人的作用和保护人的安全是根本举措。

4. 培育安全文化与环境

本质安全相对于传统安全管理，更注重员工安全行为与心理状态如何与环境协同，期望从根本上提高员工的安全意识，减少员工的不安全行为，杜绝事故的发生。改善那些使员工产生不安全行为的自然环境和心理环境是本质安全管理的一项任务。如普遍使用的"现场5S"管理中就强调，安全管理可以通过分析导致人的不安全行为的原因，开发制定控制措施或系统，并把这些系统及要求传达给业务部门和每位员工并进行监测和持续改进实施，做到向本质安全目标逼近。

本质安全的理论和本质安全化的思想方法需要进一步与现代职业安全健康管理体系相结合，这样才可能建立健全以人为本的本质安全管理制度，才有可能发挥好人的作用和保护好人的身心安全，才有可能实现方法与目的的统一。本质安全追求绝对安全的理念与系统安全预防保障机制相辅相成。在目标的引导下，企业安全管理就有可能提升境界，就有可能真正地为员工建立起安全屏障和安全环境，就有可能发动全体员工从自身身心安全和企业安全相结合起来并认真思考安全问题，逐步形成"安全第一"的认知和理性安全行为。长此以往，也会培育出企业独特的安全文化，并促进企业安全生产，稳健经营和基业长青。

七、各类安全管理理论比较分析

通过上述各类安全管理理论的梳理、总结，对各不同安全管理理论有了深刻认识。在此，对以上安全管理理论进行比较分析，具体见表2-1。

表 2-1　　　　　　　　　　　　　安全管理理论比较分析

安全管理理论	优点	缺点
事故因果连锁理论	提出了人的不安全行为和物的不安全状态是导致事故的直接原因，以及在事故因果链发展过程中实施干预，可以有效地防止事故链发展为安全事故	把大多数工业事故的责任都归因于人的缺点，主要从人的角度去考虑事故起因，而没有考虑物的不安全状态
能量释放理论	从能量的视角揭示了事故发生的物理本质，以及事故因素间的关系特征，促进了事故因素的调查、研究	没有挖掘出隐藏的深层次的管理缺陷
人因失误理论	提出了人的不安全行为是对外部环境的非正确响应，解释了人的不安全行为发生的机制，促进从行为角度对安全事故的防范和控制	忽视了人的不安全行为与环境的互相作用，缺乏对其他因素的考虑
轨迹交叉理论	指出在事故是人的因素与物的因素相互作用的结果，则会发生安全事故，因此事故的防范可以通过消除人的不安全行为或物的不安全状态或避免二者运动轨迹交叉	事故的发生可能是更为复杂的因果关系。另外，没有体现出导致人的不安全行为和物的不安全状态的深层次原因
系统安全理论	综合考虑各方面的安全问题，全面分析整个系统，并对系统中各子系统的界面给予特别的强调，在系统生命周期的早期阶段应用系统安全管理，最大限度地减少事件损失，并尽可能减少因安全问题对运行中系统进行的修改	系统安全理论处于初步发展时期，分析过程及影响因素较简单，主要是从人的失误对事故进行考虑的，由于人的失误很难全面分析清楚
本质安全理论	系统中的各子系统在运行过程中的基本交互作用、规范交互作用及文化交互作用的耦合关系，实现系统的内外和谐性，从而达到设备可靠、管理全面、系统安全及安全文化深入人心，最终实现对可控安全事故的长效预防	理论处于初步发展阶段，基于系统理论的进一步发展，考虑了系统内部各子系统之间的相互耦合作用，和谐共处才能有效实现安全防控

　　随着社会、经济的不断发展，安全管理理论也在不断地发展和完善。无论从理论还是从实践的角度来说，大胆创新、探索性地运用安全管理的理论与方法，对于提升建设安全管理水平、加强安全保障、创造更好的经济与社会效益具有十分重要的现实意义。

第三章　建设工程项目安全管理

第一节　建设工程项目危险源识别

一、建设工程项目危险源的定义

（一）危险源的定义

英国标准协会-职业安全卫生管理体系（BSI-OHSAS 18001：2007）对危险源的定义是"有可能造成人员伤害或健康损害的因素来源（source）、情形（situation）或行为（act）或其组合"。

我国颁布的《职业健康安全管理体系　要求及使用指南》（GB/T 45001—2020）给出的危险源定义是"可能导致伤害或疾病、财产损失、工作环境破坏或这些情况组合的根源或状态"。危险源识别时，除了考虑物理危险源以外，还应考虑工作程序或标准改变、生产工艺发生重大改变时带来的危险状态。

美国国防部颁布的《系统安全军用标准》（MIL-STD-882E）将危险源定义为"可能导致伤亡、疾病，或财产损失，或环境破坏的事故（事件）的现实或者潜在条件"。危险源识别时应考虑系统的硬件和软件，系统对人的界面、人对系统的反应因素等。

国际标准化组织颁布的《职业健康安全管理体系——要求》（ISO/DIS 45001）将危险源定义为"有可能导致受伤或者疾病的现实的或者潜在的因素来源（source）或者情形（situation）"。危险源识别时，除了考虑物理危险源以外，还应考虑人因、工作方式、适合员工的设计、超出组织控制的因素、组织与操作过程等各种变化、知识与信息方面、社会因素、工作负荷与工作时间、领导力与组织文化等因素。

综合以上对危险源的定义可知，危险源是导致安全事故发生的直接因素和间接因素的总和，危险源不仅包含了物理危险源，还包含了个体行为及组织行为等更为复杂的因素。

（二）建设工程项目危险源的分类

1. 按发生作用分类

根据上述对危险源的定义及能量释放原理，在实际生活和生产过程中，危险源是以多种形式存在的，危险源导致的事故可归结为能量的意外释放和有害物质的泄漏。根据危险源在事故发生过程中的作用，可分为第一类危险源和第二类危险源。

（1）第一类危险源。指可能发生意外释放能量的载体或危险物质。通常，把产生能量的能量源或拥有能量的能量载体作为第一类危险源来处理。常见的第一类危险源如下：

1）产生、供给能量的装置、设备。

2）使人体或物体具有较高势能的装置、设备、场所。

3）能量载体。

4）一旦失控可能产生能量蓄积或突然释放的装置、设备、场所，如各种压力容器等。

5）一旦失控可能产生巨大能量的装置、设备、场所，如强烈放热反应的化工装置等。

6）危险物质，如各种有毒、有害、可燃烧爆炸的物质等。

7）生产、加工、储存危险物质的装置、设备、场所。

8）人体一旦与之接触将导致人体能量意外释放的物体。

第一类危险源危险性大小主要取决于以下几方面情况：

1）能量或危险物质的量。第一类危险源导致事故的后果严重程度主要取决于发生事故时意外释放的能量或危险物质的多少。一般地，第一类危险源拥有的能量或危险物质越多，则发生事故时可能意外释放的量也就越多。当然，也会有例外的情况，有些第一类危险源拥有的能量或危险物质只能部分地意外释放。

2）能量或危险物质意外释放的强度。能量或危险物质意外释放的强度是指事故发生时单位时间内释放的量。在意外释放的能量或危险物质的总量相同的情况下，释放强度越大，能量或危险物质对人员或物体的作用越强烈，造成的后果也越严重。

3）能量的种类和危险物质的危险性质。不同种类的能量造成人员伤害、财物破坏的机理不同，其后果也不同。危险物质的危险性主要取决于自身的物理、化学性质。燃烧爆炸性物质的物理、化学性质决定其导致火灾、爆炸事故的难易程度及事故后果的严重程度。工业毒物的危险性主要取决于其自身的毒性大小。

4）意外释放的能量或危险物质的影响范围。事故发生时意外释放的能量或危险物质的影响范围越大，可能遭受其作用的人或物越多，事故造成的损失越大。例如，有毒有害气体泄漏时可能影响到下风侧的很大范围。

（2）第二类危险源。指造成约束、限制能量措施失效或破坏的各种不安全因素。生产过程中的能量或危险物质受到约束或限制，在正常情况下不会发生意外释放，即不会发生事故。但是，一旦约束或限制能量或危险物质的措施受到破坏或失效（故障），则将发生事故。第二类危险源包括人的不安全行为、物的不安全状态和不利环境条件三个方面，如机械设备、装置、原件、部件等性能低下而不能实现预定功能；人的行为结果偏离被要求的标准；现场作业环境处在高温状态下。

事故的发生是两类危险源共同作用的结果。第一类危险源是事故的前提，是事故的主体，决定事故的严重程度；第二类危险源的出现是第一类危险源导致事故的必要条件，决定事故发生的可能性大小。

2. 按引起的事故类型分类

根据《企业职工伤亡事故分类》（GB/T 6441—1986），综合考虑事故的起因物、致害物、伤害方式等特点，将危险源及危险源造成的事故分为 20 类。施工现场危险源识别时，对危险源或其造成伤害的分类多采用此分类法，具体分为物体打击、车辆伤害、机械伤害、起重伤害、触电、淹溺、灼烫、火灾、高处坠落、坍塌、冒顶片帮、透水、放炮、火药爆炸、瓦斯爆炸、锅炉爆炸、容器爆炸、其他爆炸（化学爆炸、炉膛爆炸、钢水爆炸等）、中毒和窒息、其他伤害（扭伤、跌伤、野兽咬伤等）。在建设工程施工生产中，最主要的事故类型是高处坠落、物体打击、触电事故、机械伤害、坍塌、火灾和爆炸等。

二、建设工程项目危险源特征分析

施工现场是涉及人员—机械—材料—环境相互交融的复杂的开放系统，系统元素之间的关系相互交错、不断变化。认识施工现场这个大系统中的各种元素及其之间的复杂关系和系统动态变化规律，可确定事故发生的可能性，有助于提高危险源辨识的有效性。

施工现场人员、机械、环境、材料元素及其之间的复杂关系和系统动态变化规律是一种信息获取过程。建筑施工现场存在多家施工单位同时进行多种任务的密切协作的情况，可能造成组织之间的信息障碍，导致危险的发生。施工现场作业环境复杂，人、机流动性大，生产条件恶劣，人员、机械、环境、材料之间的信息可能发生错误传递，导致危险源复杂多变，存在大量不确定性，这种不确定性来源于危险源的动态性和复杂性，给安全施工带来极大的困难。要根据危险源的这些特性对施工现场的作业活动展开研究，寻求危险源辨识的有效途径。

（一）动态性

1. 工作性质的动态性

施工现场危险源随着工作性质的不同而改变。每个工程项目由于其用途、结构及施工工艺的不同，危险源也各不相同；同类型工程项目，由于不同的施工工艺和施工方法，危险源也存在很大的区别；在同一个工程项目中，由于从基础到主体到装修的每道工序不同，危险源也不尽相同；同一道工序也会由于施工工艺和施工方法的不同而存在不同的危险源。随着新技术、新工艺、新材料的不断应用，危险源的变化更是千差万别。

2. 人员的动态性

人员流动性大是施工现场最大的特点。任何一个建设工程项目一旦选定地址，破土动工后就固定了下来，但施工作业人员则要围绕着它进行施工活动直到工程结束。一般情况下，建设工程项目施工周期较长，短则需要几个月或一年，长则需要三五年或更长的时间，这就形成了大量的施工作业人员、施工机具、建筑材料等集中在有限的场地上进行作业的场面，与其他产业的产品流动、人员固定的生产特点完全不同。施工现场人员的动态性，不仅体现在同一个建设工程项目施工中的人员的流动，还与整个施工队伍的人员的流动有关。施工作业一线人员绝大多数是临时用工，其数量随着季节变化进行流动，造成施工队伍整体素质参差不齐，给安全管理带来很大的难度。

3. 危险源的数量及其潜在危险性的动态性

施工现场中一个具体的危险源，会随着施工的展开而消亡或者产生。因此，在施工过程中，危险源的数量会随着工程进展、工作性质、施工环境的变化而变化。在不同施工阶段，危险源的数量、性质会不同，如危险源相互独立，在建设工程项目实施过程中不能相互转化，只表现出数量不同；如危险源之间存在一定的相关性，在建设工程项目实施过程中，风险因素还会表现出相互转化、新增或减少的现象。因此，随着施工条件的变化，危险源的存在、分布及其潜在的危险性也千变万化。由于工作性质的变化、人员的变动及其数量和潜在危险性的变化，危险源存在时间和空间上的动态特征。首先，施工现场的危险源随时间变化而改变，随着时间的推移，条件发生了改变，如设备、机器等系统的老化，人的知识和技能的退化，同一事物在建设工程的不同阶段出现的危险概率各异，其对同一个工程项目或者作业活动影响程度不同，随时发生变化。例如，施工现场以繁重的体力劳动为主，随着时间的推移，施工作业人员容易疲劳、注意力分散，从而出现错误操作。其次，施工现场以露天作业为主，一个建设工程项目从地基基础、主体结构、屋面工程到室外装修，露天作业约占整个工程的70%以上，作业环境容易受到光线、风霜、雨雪、雷电等环境因素的影响。随着施工过程有序快速地推进，各类工序的开展使工程现场瞬息万变，而流水施工使施工作业人员需要经常更换工作环境，环境的不断变化使危险源各不相同。施工现场的周边环境、作业条件等不断发生变化，相应的防护措施也会发生变化，这就对危险源辨识提出了更高的要求。

（二）复杂性

复杂性是事物客观存在和自身特有的规定性。施工现场危险源的复杂性是由系统的实际情况及作业活动的复杂性决定的。在由人员、机械、材料、环境组成的建设工程施工生产系统中，存在着物的故障或能量载体、组织管理因素、物理性环境因素等各种类型的危险源。在同一个施工作业中，也会由于施工作业的场合地点、参加施工作业的人员、所使用的作业工具及所采取的作业方法的不同，导致其可能存在的危险源发生变化。同理，相同的危险源也可能在不同的施工过程中出现。

1. 施工环境的复杂多变性

施工现场工作环境复杂多变，施工作业人员经常处于不良的工作环境当中，如高耗能、高强度施工作业携带的热辐射、噪声、有毒有害气体和粉尘，以及大风大雨、高温、低温等的露天作业环境。由于工程项目具有临时性和一次性的特征，施工现场的人员、设备、材料、机具等也有很强的临时性，系统不断地与其环境进行人流、物流、信息流的交换，相互之间的影响使作业环境变得复杂难以掌控，使施工很难按照同一图纸、同一施工工艺、同一生产设备重复进行。只有综合考虑各个因素，才能有效地分析出环境中的危险因素，展开系统地防范和控制，确保安全施工。

2. 作业过程复杂

现代建设工程项目的工艺繁多，施工条件复杂，在施工中，施工作业人员还要随时关注周围环境的变化，以便随时进行作业调整，稍一疏忽就可能发生安全事故。此外，大大小小的施工机械设备被普遍地使用于施工过程当中，大多施工机械设备需要施工作业人员的配合，产生人机混合作业，增大施工作业劳动复杂程度和施工的危险性。每一个建设工程项目都需要在有特定的工期和有限的场地内，汇集许多的人员、材料和机械等进行施工，且多个施工班组同时作业交叉施工，系统的复杂程度增大，安全度衰减。

3. 现场安全生产关系的复杂性

建设工程项目的责任单位众多，组织关系复杂多变，有勘察、设计、建设、监理和施工等单位。虽然施工安全主要是由施工单位负责的，但是其他单位的安全工作效果也能影响整个施工安全。目前，主流分包模式包括专业分包和劳务分包，其队伍的稳定性难以确定，使施工现场的人员经常变化，生产关系变化多端。多个施工主体存在的同时及他们之间的复杂关系造成了施工安全管理的难度较大。

（三）不确定性

事故是系统及其环境中的人流、物流、信息流不协同作用所导致的系统突变。危险源的不确定性导致了事故的不确定性，危险源的不确定性具体表现在以下几个方面：

1. 危险源本身的不确定性

一方面，人们的知识和技能随时间的推移产生了老化，系统硬件随时间的变化而磨损和疲劳；另一方面，施工现场系统中的人流、物流和信息流相互作用、错综复杂。这些变化和复杂性很难在施工活动中进行掌握，导致了危险源的不确定性。

2. 危险源辨识的不确定性

危险源辨识通常采用直观经验法和系统安全分析方法。无论是哪种方法，都是建立在某一确定系统之上的，但实际上危险源辨识系统是不确定的。安全管理人员凭借本身的经验和直觉进行危险源辨识往往有局限性，因此，危险源辨识结果缺乏可靠性，即存在不确定性。

3. 危险源可控的不确定性

因为施工现场是一个复杂的系统,其要素之间的相互作用非常复杂,对危险源的控制只是某一层面上的,如而对物流和信息流的可控性较好,对人流可控性就较差。因此,危险源的可控性难以把握。危险源的不确定性就要求在实践中加大力度进行危险源辨识。

(四) 隐蔽性

危险源隐蔽性体现在两个方面:一个是危险源贯穿于整个施工的过程中,是依附于施工过程中潜在的危险源,因此,危险源在施工过程中不容易被人们发现,具有非常明显的隐蔽性。另一个是在施工过程中危险源虽然有所暴露,但有时并未给人员及物体带来伤害,因此这部分的危险源很容易被人们忽略,事实上这同样是造成事故的一个重要的方面。

(五) 连锁性

施工中涉及的化学及物理物质比较多,当事故发生时,这些物质会牵连其他区域事故的发生。所以事故一旦发生后,第一时间建立事故处理指挥系统及协调当事人之间的关系会不容易处理,在短时间之内组织救灾难度大,应急处置过程中产生的不当行为等情形都极有可能导致连锁安全事故的发生,并诱发现场其他危险源的产生。

三、危险源识别方法

(一) 安全检查表法

1. 方法概述

安全检查表 (safety inspection checklist, SIA) 是依据相关的标准、规范,对工程、系统中已知的危险类别、设计缺陷,以及与一般工艺设备、操作、管理有关的潜在危险性和有害性进行判别检查。为了避免检查项目遗漏,事先把检查对象分割成若干系统,以提问或打分的形式,将检查项目列表,这种表就称为安全检查表。它是系统安全工程的一种最基础、最简便、应用最广泛的系统危险性评价方法。目前,安全检查表在我国不仅用于查找系统中各种潜在的事故隐患,还对各检查项目给予量化,用于进行系统安全评价。

2. 安全检查表的编制依据

(1) 国家、地方的相关安全法规、规定、规程、规范和标准,行业、企业的规章制度、标准及企业安全生产操作规程。

(2) 国内外行业、企业事故统计案例,经验教训。

(3) 行业及企业安全生产的经验,特别是本企业安全生产的实践经验,引发事故的各种潜在的不安全因素及成功杜绝或减少事故发生的成功经验。

(4) 系统安全分析的结果,即是为防止重大事故的发生而采用事故树分析方法,对系统进行分析得出能引发事故的各种不安全因素的基本事件,作为防止事故控制点 (源) 而列入检查表。

3. 安全检查表的编制步骤

编制一个符合客观实际、能全面识别、分析系统危险性的安全检查表,首先要建立一个编制小组,其成员应包括熟悉系统各方面的专业人员。其主要步骤有:

(1) 熟悉系统。包括系统的结构、功能、工艺流程、主要设备、操作条件、布置和已有的安全消防设施。

(2) 搜集资料。搜集有关的安全法规、标准、制度及本系统过去发生事故的资料,作为编制安全检查表的重要依据。

（3）划分单元。按功能或结构将系统划分成若干个子系统或单元，逐个分析潜在的危险因素。

（4）编制安全检查表。针对危险因素，依据有关法规、标准规定，参考过去事故的教训和本单位的经验确定安全检查表的检查要点、内容和为达到安全指标应在设计中采取的措施，然后按照一定的要求编制检查表。

1）按系统、单元的特点和预评价的要求，列出检查要点、检查项目清单，以便全面查出存在的危险、有害因素。

2）针对各检查项目、可能出现的危险、有害因素，依据有关标准、法规列出安全指标的要求和应设计的对策措施。

（5）编制复查表。其内容应包括危险、有害因素明细，是否落实了设计的对策措施，能否达到预期的安全指标要求，遗留问题及解决办法和复查人等。

4. 编制安全检查表应注意的事项

编制安全检查表力求系统完整，不漏掉任何能引发事故的危险关键因素。因此，编制安全检查表应注意如下问题：

（1）安全检查表内容要重点突出，简繁适当，有启发性。

（2）各类安全检查表的项目、内容，应针对不同被检查对象有所侧重，分清各自职责内容，尽量避免重复。

（3）安全检查表的每项内容要定义明确，便于操作。

（4）安全检查表的项目、内容能随工艺的改造、设备的更新、环境的变化和生产异常情况的出现而不断修订、变更和完善。

（5）凡能导致事故的一切不安全因素都应列出，以确保各种不安全因素能及时被发现或消除。

5. 应用安全检查表应注意的事项

为了取得预期安全检查的目的，应用安全检查表时，应注意以下几个问题：

（1）各类安全检查表都有适用对象，专业安全检查表与日常定期安全检查表要有区别。专业安全检查表应详细、突出专业设施安全参数的定量界限，而日常定期安全检查表，尤其是岗位安全检查表应简明扼要，突出关键和重点部位。

（2）应用安全检查表进行检查时，应分级落实安全检查职责。企业级日常安全检查，可由安全管理部门管理人员会同有关部门联合进行。建设工程项目的安全检查，可由项目主管安全的负责人或指定施工现场安全员检查。岗位安全检查一般指定专人进行。检查后应签字并提出处理意见备查。

（3）为保证检查的有效定期实施，应将安全检查表列入相关安全检查管理制度，或制定安全检查表的实施办法。

（4）应用安全检查表检查，必须注意信息的反馈及整改。对查出的问题，凡是检查者当时能督促整改和解决的应立即解决，当时不能整改和解决的应进行反馈登记、汇总分析，由有关部门列入计划安排解决。

（5）应用安全检查表检查，必须按编制的内容，逐项逐点地检查，有问必答，有点必检，按规定填写清楚，为系统分析及安全评价提供可靠准确的依据。

（二）专家评议法

1. 专家评议法内涵

专家评议法是一种组织专家参加，根据事物的过去、现在及发展趋势，进行积极的创造性思维活动，对事物的未来进行分析、预测的方法。

2. 专家评议法内容

专家评议法的工作可以分为两个部分，专家评议和专家质疑：

（1）专家评议。根据一定的规则，组织相关专家进行积极的创造性思维，对具体问题共同探讨、集思广益的一种专家评价方法。

（2）专家质疑。该法需要进行两次会议。第一次会议是专家对具体的问题进行直接谈论；第二次会议则是专家对第一次会议提出的设想进行质疑，主要做以下工作：

1）研究讨论有碍设想实现的问题。

2）论证已提出设想的实现可能性。

3）讨论设想的限制因素及提出排除限制因素的建议。

4）在质疑过程中，对出现的新的建设性的设想进行讨论。

3. 专家评议法步骤

采用专家评议法应遵循以下步骤：

（1）明确具体分析、预测的问题。

（2）组成专家评议分析、预测小组，小组应由预测专家、专业领域的专家、推断思维能力强的专家等组成。

（3）举行专家会议，对提出的问题进行分析、讨论和预测。

（4）分析、归纳专家会议的结果。

（三）预先危险分析法

1. 方法概述

预先危险分析（preliminary hazard analysis，PHA）又称初步危险分析。预先危险分析是系统设计期间危险分析的最初工作，也可运用它做运行系统的最初安全状态检查，是系统进行的第一次危险分析。通过这种分析找出系统中的主要危险，对这些危险要作估算，或要求安全工程师能够控制它们，从而达到可接受的系统安全状态。最初 PHA 的目的不是控制危险，而是认识与系统有关的所有状态。PHA 的另一用处是确定在系统安全分析的最后阶段采用怎样的故障树。当开始进行安全评价时，为了便于应用商业贸易研究中的这种研究成果（在系统研制的初期或在运行系统情况中都非常重要）及安全状态的早期确定，在系统概念形成的初期，或在系统安全运行的情况下，就应当开始危险分析工作。所得到的结果可用来建立系统安全要求，供编制性能和设计说明书等。另外，预先危险分析还是建立其他危险分析的基础，是基本的危险分析。英国 ICI 公司就是在工艺概念设计阶段，或工厂选址阶段或项目建设初期，用这种方法来分析可能存在的危险性。

在预先危险分析中，应该考虑工艺特点，列出系统基本单元的可能性和危险状态。这些是概念设计阶段所确定的，包括原料、中间物、催化剂、三废、最终产品的危险特性及其反应活性，装置设备，设备布置，操作环境，操作及其操作规程，各单元之间的联系，防火及安全设备。当识别出危险情况后，列出可能的原因、后果及可能的改正或防范措施。

2. 分析步骤

（1）通过经验判断、技术诊断或其他方法调查确定危险源（即危险因素存在于哪个子系统中），对所需分析系统的生产目的、物料、装置及设备、工艺过程、操作条件和周围环境等，进行充分详细地了解。

（2）根据过去的经验教训及同类行业生产中发生的事故或灾害情况，对系统的影响、损坏程度，类比判断所要分析的系统中可能出现的情况，查找能够造成系统故障、物质损失和人员伤害的危险性，分析事故或灾害的可能类型。

（3）对确定的危险源进行分类，制成预先危险分析表。

（4）转化条件，即研究危险因素转变为危险状态的触发条件和危险状态转变为事故（或灾害）的必要条件，并进一步寻求对策措施，检验对策措施的有效性。

（5）进行危险性分级，排列出轻、重、缓、急次序，以便处理。

（6）制定事故或灾害的预防性对策措施。

3. 等级划分

为了评判危险、有害因素的危害等级，以及它们对系统破坏性的影响大小，预先危险分析法给出了各类危险性的划分标准。该法将危险性划分为 4 个等级，见表 3-1。

表 3-1　　　　　　　　　　　　　　危 险 性 等 级 划 分

级别	危险程度	可能导致的后果
Ⅰ	安全的	不会造成人员伤亡及系统损坏
Ⅱ	临界的	处于事故的边缘状态，暂时还不至于造成人员伤亡
Ⅲ	危险的	会造成人员伤亡和系统损坏，要立即采取防范措施
Ⅳ	灾难性的	造成人员重大伤亡及系统严重破坏的灾难性事故，必须予以果断排除并进行重点防范

4. 分析结果

预先危险分析的结果一般采用表格的形式列出。表格的格式和内容可根据实际情况确定。

5. 分析注意事项

（1）应考虑生产工艺的特点，列出其危险性和状态。

1）原料、中间产品、衍生产品和成品的危害特性。

2）作业环境。

3）设备、设施和装置。

4）操作过程。

5）各系统之间的联系。

6）各单元之间的联系。

7）消防和其他安全设施。

（2）预先危险分析法分析过程中应考虑的因素。

1）危险设备和物料，如燃料、高反应活动性物质、有毒物质、爆炸高压系统、其他储运系统。

2）设备与物料之间与安全有关的隔离装置，如物料的相互作用、火灾、爆炸的产生和发展、控制、停车系统。

3）影响设备与物料的环境因素，如地震、洪水、振动、静电、湿度等。

4）操作、测试、维修及紧急处置规定。

5）辅助设施，如储槽、测试设备等。

6）与安全有关的设施设备，如调节系统、备用设备等。

（四）故障假设分析法

1. 方法概述

故障假设分析法是对某一生产过程或工艺过程的创造性分析方法。使用该方法时，要求人员应对工艺熟悉，通过提出一系列"如果……怎么办？"的问题，来发现可能和潜在的事故隐患，从而对系统进行彻底检查的一种方法。

故障假设分析通常对工艺过程进行审查，一般要求评价人员用"What…If"，作为开头对有关问题进行考虑，从进料开始沿着流程直到工艺过程结束。任何与工艺有关的问题，即使与之不太相关也可以提出加以讨论。故障假设分析结果将找出分析组所提出的问题和争论中的可能事故情况。这些问题和争论常常指出了故障发生的原因。通常要将所有的问题记录下来，然后进行分类。

该方法包括检查设计、安装、技术改造或操作过程中可能产生的偏差。要求评价人员对工艺规程熟知，并对可能导致事故的设计偏差进行整合。

2. 分析步骤

故障假设分析很简单，它首先提出一系列问题，然后回答这些问题。评价结果一般以表格的形式显示，主要内容包括提出的问题、回答可能的后果、降低或消除危险性的安全措施。

故障假设分析由三个步骤组成，即分析准备、完成分析、编制分析结果文件。

（1）分析准备。

1）人员组成。由 2~3 名专业人员组成小组，小组成员要熟悉生产工艺，有评价危险的经验。

2）确定分析目标。首先要考虑的是取什么样的结果作为目标，目标又可以进一步加以限定。目标确定后要确定分析哪些系统。在分析某一系统时应注意与其他系统的相互作用，避免漏掉危险因素。

3）资料准备。进行分析时，要充分把有关项目的资料准备齐全，并且要保证资料真实、有效，特别是数据要翔实、准确。

（2）完成分析。

1）了解情况，准备故障假设问题。分析会议开始应该首先由熟悉整个装置和工艺的人员阐述生产情况和工艺过程，包括原有的安全设备及措施。参加人员还应该说明装置的安全防范、安全设备、卫生控制规程。

分析人员要向现场操作人员提问，然后对所分析的过程提出有关安全方面的问题。有两种会议方式可以采用：一种是列出所有的安全项目和问题，然后进行分析；另一种是提出一个问题讨论一个问题，即对所提出的某个问题的各个方面进行分析后，再对提出的下一个问题（分析对象）进行讨论。两种方式都可以，但是最好在分析之前列出所有问题，以免打断分析组的"创造性思维"。

2）按照准备好的问题，从工艺进料开始，一直进行到成品产出为止，逐一提出"如果发生那种情况，操作人员应该怎么办？"，分别得出正确的答案和做法。

（五）故障树分析法

1. 方法概述

故障树分析（fault tree analysis，FTA）是 20 世纪 60 年代以来迅速发展的系统可靠性分析方法，它采用逻辑方法将事故因果关系形象地描述为一种有方向的"树"。把系统可能发生或已发生的事故（称为顶上事件）作为分析起点，将导致事故原因的事件按因果逻辑关系逐层列出，用树形图表示出来，构成一种逻辑模型，然后定性或定量地分析事件发生的各种可能途径及发生的概率，找出避免事故发生的各种方案并优先选出最佳安全对策。故障树分析法形象、清晰，逻辑性强，它能对各种系统的危险性进行识别评价，既适用于定性分析，又能进行定量分析。

顶上事件通常是由故障假设、预先性分析等方法识别出来的。故障树模型是原因事件（故障）的组合，称为故障模式或失效模式，这种组合导致顶上事件的发生。而这些故障模式称为割集，最小割集是原因事件的最小组合。若要使顶事件发生，则要求最小割集中的所有事件必须全部发生。

2. 分析步骤

（1）熟悉分析系统。首先详细了解要分析的对象，包括工艺流程、设备构造、操作条件、环境状况及控制系统和安全装置等，同时还可以广泛收集同类系统发生的事故。

（2）确定分析对象系统和分析的对象事件（顶上事件）。通过实验分析、事故分析及故障类型和影响分析确定顶上事件；明确对象系统的边界、分析深度、初始条件、前提条件和不予考虑的条件。

（3）确定分析边界。在分析之前要明确分析的范围和边界，系统内包含哪些内容。特别是化工、石油化工生产过程都具有连续化、大型化的特点，各工序、设备之间相互连接，如果不划定界限，得到的故障树将会非常庞大，不利于研究。

（4）确定系统事故发生概率、事故损失的目标值。

（5）调查原因事件。顶上事件确定之后，就要分析与之有关的原因事件，也就是找出系统的所有潜在危险因素的薄弱环节，包括设备元件等硬件故障、软件故障、人为差错及环境因素。凡是与事故有关的原因都要找出来，作为故障树的原因事件。

（6）确定不予考虑的事件。与事故有关的原因各种各样，但是有些原因根本不可能发生或发生的概率很小，如雷电、飓风、地震等，编制故障树时一般都不予考虑，但要事先说明。

（7）确定分析的深度。在分析原因事件时，需要事先确定分析到哪一层为止。分析得太浅可能发生遗漏；分析得太深，则事故树会过于庞大繁琐。具体分析深度应视研究对象而定。

（8）编制故障树。从顶上事件起，一级一级往下找出所有原因事件直到最基本的事件为止，按其逻辑关系画出故障树。每一个顶上事件对应一株故障树。

（9）定量分析。按事故结构进行简化，求出最小割集和最小径集，得出概率重要度和临界重要度。

（10）结论。当事故发生概率超过预定目标值时，从最小割集着手研究降低事故发生概率的所有可能方案，利用最小径集找出消除事故的最佳方案；通过重要度分析确定采取对策措施的重点和先后顺序，从而得出分析、评价的结论。

（六）事件树分析法

1. 方法概述

事件树分析（event tree analysis，ETA）的理论基础是决策论。它是一种从原因到结果的自上而下的分析方法。从一个初始事件开始，交替考虑成功与失败的两种可能性，然后以这两种可能性作为新的初始事件，如此继续分析下去，直到找到最后的结果。因此，ETA是一种归纳逻辑树图，能够看到事故发生的动态发展过程，提供事故后果。

事故的发生是若干事件按时间顺序相继出现的结果，每一个初始事件都可能导致灾难性的后果，但不一定是必然的后果。因为事件向前发展的每一步都会受到安全防护措施、操作人员的工作方式、安全管理及其他条件的制约。因此每一阶段都有两种可能性结果，即达到既定目标的"成功"和达不到目标的"失败"。

ETA 从事故的初始事件开始，途经原因事件到结果事件为止，每一事件都按成功和失败两种状态进行分析。成功或失败的分叉称为歧点，用树枝的上分支作为成功事件，下分支作为失败事件，按照事件发展顺序不断延续分析直至最后结果，最终形成一个在水平方向横向展开的树形图。

2. 分析步骤

（1）确定初始事件。初始事件一般指系统故障、设备失效、工艺异常、人的失误等，它们都是由事先设想或估计的。初始事件一般依靠分析人员的经验和有关运行、故障、事故统计资料来确定；对于新开发系统或复杂系统，往往先应用其他分析、评价方法从分析的因素中选定，再用事件树分析法做进一步的重点分析。

（2）判定安全功能。在所研究的系统中包含许多能消除、预防、减弱初始事件影响的安全功能。常见的安全功能有自动控制装置、报警系统、安全装置、屏蔽装置和操作人员采取措施等。

（3）发展事件树和简化事件树。从初始事件开始，自左向右发展事件树。首先把初始事件一旦发生时起作用的安全功能状态画在上面的分支，不能发挥安全功能的状态画在下面的分支。然后依次考虑每种安全功能分支的两种状态，层层分解直至系统发生事故或故障为止。简化事件树就是在发展事件树的过程中，将与初始事件、事故无关的安全功能和与安全功能不协调、矛盾的情况省略、删除，达到简化分析的目的。

（4）分析事件树。

1）找出事故连锁和最小割集。事件树每个分支代表初始事件一旦发生后其可能的发展途径，其中导致系统事故的途径即为事故连锁。一般导致系统事故的发展途径有多条，即存在多条事故连锁。

2）找出预防事故的途径。事件树中最终达到安全的途径指导人们如何采取措施预防事故发生。在达到安全的途径中，安全功能发挥作用的事件构成事件树的最小径集。一般事件树中包含多个最小径集，即可以通过若干途径防止事故发生。

由于事件树表现了事件间的时间顺序，所以应尽可能地从最先发挥作用的安全功能着手。

（5）事件树的定量分析。由各事件发生的概率计算系统事故或故障发生的概率。通过发生概率的大小来确定系统事故性质及其潜在的危害性，以便采取有效措施。

（七）工作安全性分析法

1. 方法概述

工作安全性分析（job safety analysis，JSA）是一种定性分析方法，由美国葛玛利教授于 1947 年提出。工作安全性分析能有序地对存在的危害进行识别、评估和制定控制措施的过程。工作安全性分析是将所要分析系统中的工作步骤进行分解，识别每一个工作步骤中存在的危害因素，并采取必要的控制措施。该方法由于需要对工作系统进行步骤划分，因此要求相关管理人员对工作系统相当了解。但对于未接触的项目或新技术、新工艺，首次使用该方法时并不是特别适用。

2. 分析步骤

(1) 成立 JSA 小组。小组成员可以包含管理、技术、安全及具体的操作人员，JSA 小组成员需要熟悉 JSA 的工作方法、工作任务、区域环境及相关设备，对作业规程等熟知。

(2) 收集相关资料，现场勘查。这是进行 JSA 之前必须要做的辅助工作，资料收集及现场勘察的重点主要涉及以下几方面：曾经出现过的安全问题和事故；现场有没有进入新设备、新材料、新员工、新工艺；现场环境、空间、光线及空气流动情况、出口、入口等现场作业的关键环节；实施人员的技能和素质；是否存在交叉作业等。

(3) 系统分析，选择作业活动，然后把作业活动分解为若干相连的工作步骤，工作步骤的分解不可过于笼统，也不可太细，每一个作业步骤应该是"做什么"，而不是"如何做什么"。工作步骤的分解可由小组成员讨论确认。

(4) 讨论观察作业流程，从中识别工作步骤中所存在的危险源。对危险源进行评估，根据评估结果制定相应的防范措施和应对措施。

通过上述梳理研究，对以上具体的危险源识别方法进行对比分析，见表 3-2。

表 3-2　　　　　　　　　危险源识别方法对比分析

方法	应用领域	优点	缺点
安全检查表法	建筑业	操作简单、直观，易于企业的同步管理	只能作为安全管理辅助的分析方法，不能单独作为安全评价方法；主观和经验的局限性；无法做出系统整体的动态安全评价
专家评议法	类比工程项目、系统和装置的安全评价、专项安全评价	专家评议法简单易行，比较客观，结论比较全面、正确。分析问题更深入、更全面和透彻，所形成的结论性意见更科学、合理	由于要求参加评价的专家有较高的水平，并不是所有的工程项目都适用该方法，其应用范围较窄
预先危险性分析	项目初期的安全评价及粗略的危险和潜在事故分析	简单易行、经济、有效，为项目开发组分析和设计提供指南，能识别可能的危险，费用较少	只能做出宏观初步的安全分析，无法做出系统整体详细的动态的安全评价
工作安全性分析	适用范围很广，可以用于工程项目、系统的任何实施阶段	简单易行，投入成本较低，客观实际、操作性强，能够系统识别工作任务中存在的危险	要求参与分析的小组成员对现场的活动有清楚的认知
故障假设分析法	适用范围很广，可以用于工程、系统的任何阶段	它弥补了基于经验的安全检查表编制时经验的不足	缺乏安全检查表的系统化，缺乏系统的安全评价
故障树分析法	航天工程等	直观明了，思路清晰，逻辑性强	只能分析事故发生的直接原因，而没有对事故发生的深层次原因进行分析
事件树分析法	社会经济及科学管理等领域	概率可按照路径从基础分到节点；整个结果的范围可以在整个树中得到改善；事件树从原因到结果，比较明了；依赖于时间	只分析了单个系统中特定的问题，不适用于详细分析；缺少像ETA中的数学混合应用

四、危险源的风险评价与方法

（一）危险源的风险评价

危险源的风险评价是对危险源会引发安全事故的可能性，以及造成事故后果的危险性程度进行科学估算，并作为后续安全管理应对措施制定的依据。

（二）危险源评价方法

危险源评价方法（LEC法，也称为格雷厄姆评价法）是对具有潜在危险性作业环境中的危险源进行半定量的安全评价方法，用于评价操作人员在具有潜在危险性环境中作业时的危险性、危害性。该方法应用与风险有关的三种因素指标值的乘积来评价操作人员伤亡风险的大小，这三种因素分别是事故发生的可能性、人员暴露于危险环境中的频繁程度和事故一旦发生可能造成的后果。该方法由于其简单易通、易于操作和掌握而被广泛推广与应用，其公式表达为

$$D = LEC \tag{3-1}$$

式中　D——危险程度；

　　　L——事故发生的可能性，取值见表 3-3；

　　　E——人员暴露于危险环境中的频繁程度，取值见表 3-4；

　　　C——事故一旦发生可能造成的后果，取值见表 3-5。

表 3-3　　　　　　　　　　　　　L 取 值 表

分数值	L 值
10	完全可以预料
6	相当可能
3	可能，但不经常
1	可能性小，完全意外
0.5	很不可能，可以设想
0.2	极不可能
0.1	实际不可能

表 3-4　　　　　　　　　　　　　E 取 值 表

分数值	E 值
10	连续暴露
6	每天工作时间内暴露
3	每周一次或偶然暴露
2	每月一次暴露
1	每年几次暴露
0.5	非常罕见暴露

表 3-5　　　　　　　　　　　　　C 取 值 表

分数值	C 值	分数值	C 值
7	严重	100	10 人以上死亡
3	重大，伤残	40	3～9 人死亡
1	引人注意	15	1～2 人死亡

D 值越大，说明该系统危险性越大，需要增加安全措施，或改变发生事故的可能性，或减少人体暴露于危险环境中的频繁程度，或减轻事故损失，直至调整到允许范围内。具体评价结果等级见表3-6。

表 3-6　　　　　　　　　　　　　　　　D 值 评 价 表

D 值	危险程度
>320	极其危险，不能继续作业
160～320	高度危险，要立即整改
70～160	显著危险，需要整改
20～70	一般危险，需要注意
<20	稍有危险，可以接受

根据经验，总分在 20 以下是低危险状态。这样的危险比日常生活中骑自行车去上班还要安全些；如果危险分值为 70～160，是显著危险状态，需要及时整改；如果危险分值为 160～320，这是一种必须立即采取措施进行整改的高度危险状态；分值在 320 以上表示环境非常危险，应立即停止作业直到环境得到改善为止。

第二节　建设工程项目安全管理体系

一、建设工程项目安全管理体系的概述

安全管理体系是在安全方针的指导下制定安全管理目标，以及实现安全管理目标的过程所需的一系列相互关联或相互作用的要素。安全管理体系包括软件和硬件方面。软件方面涉及文化、思想、制度、教育、组织、策划、管理、绩效评价等；硬件包括安全投入、设备、技术、运行维护等。构建安全管理体系的最终目标是实现企业安全、高效运行。建设工程项目安全管理体系是在建筑业企业安全生产方针的指导下制定工程项目安全管理目标，为实现安全管理目标的过程所构建的组织（组织结构、岗位和职责、安全管理制度）、安全管理计划与运行、安全管理过程控制、绩效评价、安全投入（经济、安全设施）、安全环境的维护等要素组合。

二、建设工程项目安全管理目标

建设工程项目安全生产管理必须坚持"以人为本，坚持人民至上，坚持生命至上"；"安全第一、预防为主、综合治理"的方针，建立健全安全生产责任制和群防群治制度，项目部应该按照建筑业企业安全作业规程和标准采取有效措施，消除事故隐患，防止伤亡和其他事故发生，达到保护每个工人安全和健康的目的。建设工程项目安全管理目标不仅是工程项目目标系统的组成部分，同时也是建筑业企业安全生产目标的重要构成，是项目经理部安全生产职责的具体表现，也是项目经理与项目经理部考核的重要指标。

（一）建设工程项目安全管理目标的制定依据

（1）国家的安全生产方针、政策和法律、法规的规定。

（2）行业主管部门和项目所在地政府确定的安全生产管理目标和有关规定、要求。

（3）企业的情况和中长期规划，企业的年度安全生产目标体系。

（4）项目和项目部的基本情况：施工项目的特点、施工任务复杂程度、项目部技术装

备、人员、项目部的管理体制等。项目部应根据建设工程项目的生产实际情况，结合建设工程项目安全生产目标责任书中的安全生产目标自行制订项目的安全生产目标。

（二）建设工程项目安全管理目标的组成

1. 安全生产事故控制目标

建设工程项目安全生产事故控制目标应实现重大伤亡事故为零的目标，以及其他安全管理目标指标，即控制伤亡事故的指标（死亡率、重伤率、千人负伤率、经济损失额等）和尘毒治理要求达到的指标、控制火灾发生等的指标。

2. 安全达标目标

安全达标目标常用来描述施工现场安全生产准备条件的情况，如作业人员参与现场安全教育的程度，即安全教育百分比；现场的安全防护水平及作业人员持证上岗情况等。

3. 文明施工实现目标

项目部应根据当地主管部门的工作部署，制定创建省级、市级安全文明工地的总体目标。

4. 其他安全管理目标

包括项目安全教育培训目标、行业主管部门要求达到的其他安全管理目标。

（三）建设工程项目安全管理目标的管理

建设工程项目安全管理目标是建筑施工企业根据建筑业企业的战略规划及本项目所面临的内外部形势需要，制订出在项目施工过程中所要达到的安全目标，然后由项目部根据总目标确定各自的分目标，并在获得适当资源配置和授权的前提下积极主动为各自的分目标而奋斗，从而使总目标得以实现，并把目标完成情况作为考核的依据。建设工程项目安全管理目标的管理是以目标的设置和分解、目标的实施及完成情况的检查、奖惩为手段，通过建筑业企业的监督管理和项目部的自我管理来实现企业经营目标的一种管理方法。

三、建设工程项目安全管理计划

在"以人为本，坚持安全发展，坚持安全第一、预防为主、综合治理"等方针、理念的指导下，结合建筑业企业安全管理方针和建设工程项目安全管理目标，制定适合建设工程项目的安全管理计划。安全管理计划是建设工程项目安全管理目标实现的方式和途径，安全管理目标是方向，用来引导安全管理计划的制定和实施。

1. 建设工程项目安全管理计划的制定依据

（1）依据国家有关建设工程项目安全管理的标准规范等，如《中华人民共和国建筑法》《建设工程安全管理条例》《建筑施工安全技术统一规范》（GB 50870—2013）等。

（2）建设工程所在地的地理环境、天气情况、水文地质情况及交通运输情况。

（3）工程合同文件及建设工程项目其他利益相关者对建设工程项目安全管理等方面的要求，建筑业企业年度及中长期安全管理的方针和目标。

（4）建筑业企业已建立的《危险源辨识与风险评价程序》和建筑业企业建立起来的已完成类似工程项目的风险清单。

（5）承担建设工程项目的建筑业企业配置的技术、机械装备水平和管理力量水平，工程的施工方案设计中将采用的工艺流程，以及新工艺、新技术、新材料、新设备等使用情况。

2. 建设工程项目安全管理计划的主要内容

《建筑施工组织设计规范》（GB/T 50502—2009）对建筑工程施工项目的安全管理计划内容规定如下：

（1）确定建设工程项目重要危险源，制定项目职业健康安全管理目标。根据建设工程项目一次性的特点，不同的建设工程项目具有不同的危险源，每一个建设工程项目在作业实施之前都必须进行危险源的识别。只有在危险源识别的基础上，才能够依据原有的经验知识，合理地制定建设工程项目的安全管理目标。

（2）建立有管理层次的项目安全管理组织机构并明确职责。建设工程项目的安全管理是全员参与的分级负责制，根据建设工程项目安全管理目标，建立合适的项目安全管理组织结构，明确岗位职责，岗位职责的界定应当明确职责边界，既不能出现重叠交叉，也不能出现空白区域，才能保证安全管理计划各项任务的落实和实施。

（3）根据项目特点进行职业健康安全方面的资源配置。建设工程项目安全管理目标的实现需要各类资源保障，如施工现场安全防护的物资器材的保障、应急管理的物质准备等。

（4）建立具有针对性的安全生产管理制度和职工安全教育培训制度。

（5）针对建设工程项目重要危险源，制定相应的安全技术措施；对达到一定规模的危险性较大的分部分项工程和特殊工种的作业应编制专项安全技术措施。

（6）根据季节、气候的变化，制定相应的季节性安全施工措施。

（7）建立现场安全检查制度，并对安全事故的处理做出相应规定。

四、建设工程项目安全生产责任制

全员安全生产责任制来源于企业岗位责任制，是企业中最基本的一项安全制度，也是企业安全生产、劳动保护管理制度的核心。全员安全生产责任制的四个基本要素是：企业必须建立独立的安全管理机构，企业负责人必须是第一责任人，企业必须建立健全的全员安全管理制度，企业生产经营安全是人人参与的共同结果。

建筑业企业安全生产责任制是明确建筑业企业各级负责人、各类工程技术人员、各职能部门和职工在生产中应负的安全职责的制度。安全生产责任制的内容，概括地讲就是：建筑业企业各级生产领导，应对本单位的安全工作负总的组织领导责任；各级工程技术人员、职能科室和技术工人，在各自的职责范围内应对安全工作负起相应的责任。至于具体的安全生产的职责范围，应根据建筑业企业的生产特点和具体情况不同分别确定。安全生产是渗透到建筑业企业各个部门和各层次的工作。只有明确分工，各司其职、各负其责，协调一致，才可能实现。

建设工程项目作为是建筑业企业生产经营的平台和载体，建设工程项目现场的安全管理应该以安全生产责任制建设为根本，项目部应制定各级人员的安全生产责任制。项目部各级人员的安全生产责任制，不应仅仅是企业各级人员安全生产责任制的翻版，而且还是对企业各级人员的安全生产责任制的补充和完善，并按安全生产责任制和目标管理要求，检查责任制的建立、执行及考核情况，每个责任人都应当明确自己的安全生产责任，以及为实现建设工程项目安全管理目标，自己所承担的安全责任。

（一）安全生产责任制的主要内容

我国在 1998 年开始实施的《中华人民共和国建筑法》中明确规定了有关部门和单位的安全生产责任。2003 年，国务院通过并在 2004 年开始实施的《建筑工程安全生产管理条例》中对各级部门和建设工程有关单位的安全生产责任有了更明确的规定。在项目现场，安全生产责任主要包括项目负责人（项目经理）的安全生产责任，生产、技术、材料等各职能管理负责人及其工作人员的安全生产责任、技术负责人的安全生产责任、专职安全生产管理人员的安全生产责任、作业人员的安全生产责任、班组长的安全生产责任和岗位人员的安全生产责任。下面将各级主要安全管理人员的安全责任总结如下：

（1）项目经理的安全生产责任。项目经理是由建筑业企业委派到项目现场的最高管理者，是企业在项目上的代表人。项目经理必须认真贯彻执行国家及建筑业企业的安全生产方针政策，制定项目现场的安全生产管理办法，建立和健全安全生产责任制，明确项目部各级人员的安全生产责任目标，健全安全保证体系。在项目施工过程中认真实施安全管理制度，有效监督和控制安全行为及隐患，积极营造项目安全生产氛围，创建项目组织安全生产文化。

（2）专职安全生产管理人员的安全生产责任。建设工程项目中专职安全生产管理人员主要负责巡视检查施工现场的安全状况，并负责对新进场人员进行安全教育及安全交底；所有在施工现场内发现的安全隐患，安全生产管理人员应该立即向项目经理或相关领导汇报并有权停止施工作业；安全生产管理人员有权检查与安全相关的内业资料、日志、记录等文件并督促相关人员完善改进。安全生产管理人员还应负责落实安全设施的设置，对安全生产进行现场监督检查，监督检查劳动保护用品的质量和正确使用。安全生产管理人员的行为主要是发现安全事故隐患，及时发现和制止人的不安全行为、消除物的不安全状态，协助项目经理督促员工养成良好的安全行为，确保安全管理的有效实施。

（3）班组长的安全生产责任。各班组长负责向本工种作业人员进行安全技术交底，严格执行本工种安全技术操作规程，拒绝违章指挥；组织实施安全技术措施；作业前应对本次作业所使用的机具、设备、防护用具、设施及作业环境进行安全检查，消除安全隐患，检查安全标示牌是否按规定设置，标示方法和内容是否正确、完整；组织班组开展安全活动，对作业人员进行安全操作规程培训，提高作业人员的安全意识，召开上岗前安全生产会议；每周应实行安全讲评。当发生重大或恶性工伤事故时，应保护现场，立即上报并参与事故调查处理。

（4）作业人员的安全生产责任。作业人员是项目安全行为的直接贯彻者、执行者与受益者，作业人员的行为直接决定了整个项目安全计划的实施，是安全行为管理的核心。作业人员在项目施工过程中的安全行为首先要有好的安全意识，认真学习执行安全技术操作规程，自觉遵守安全生产规章制度，不违章作业，服从安全监督人员的指导，积极参加安全培训教育活动；在安全生产中充分发挥主观能动性，确保自身安全，进而配合管理者实施安全生产计划。

此外，项目部安全生产责任制还包括：

（1）项目对各级、各部门安全生产责任制应规定检查和考核办法，并按规定期限进行考核，对考核结果及整改情况应做记录。

（2）项目独立承包的工程在签订承包合同中必须有安全生产工作的具体指标和要求。建设工程项目由多单位施工时，总承包单位和分包单位在签订分包合同的同时要签订安全生产合同（协议），签订合同前要检查分包单位的营业执照、企业资质证、安全资格证等。分包队伍的资质应与工程要求相符，在安全合同中应明确总承包单位和分包单位各自的安全职责，原则上，实行总承包的由总承包单位负责，分包单位向总承包单位负责，服从总承包单位对施工现场的安全管理。分包单位在分包范围内建立施工现场安全生产管理制度，并组织实施。

（3）项目的主要工种应有相应的安全技术操作规程，一般应包括砌筑、拌灰、混凝土、木制、钢筋、机械、电气焊、起重司索、信号、塔司、架子、水暖、油漆等工种，其他特种作业应另行补充。应将安全技术操作规程列为日常安全活动和安全教育的主要内容悬挂在操作岗位前。

（4）施工现场应按工程项目大小配备专（兼）职安全生产管理人员。项目的专职安全员负责建设工程施工现场安全生产日常检查并做好检查记录，监督现场危险性较大工程安全专项施工方案实施情况，对作业人员违规违章行为有权予以纠正或查处；发现施工现场存在的安全隐患有权责令立即整改；对于发现的重大安全隐患，有权向企业安全生产管理机构报告；依法报告安全生产事故情况。

（二）全员安全生产责任制的基本要求

项目部全员安全生产责任制的总要求是横向到底，纵向到边。具体要求是：项目部应根据国家安全生产法律、法规和政策文件的要求，制定并落实全员安全生产责任制，有交底签字手续；全员安全生产责任制应与建筑业企业的管理体制协调一致；要根据本企业、部门、班级、岗位的实际情况制定，既明确、具体，又具有可操作性，防止形式主义；有专门的人员与机构制定和落实，并应适时修订；应有配套的监督、检查制度，责任追究措施，定期考核办法，以保证全员安全生产责任制得到真正落实。

（三）专职安全生产管理人员配置要求

根据《建筑施工企业安全生产管理机构设置及专职安全生产管理人员配备办法》（建质〔2008〕91号）的规定：

第八条　建筑施工企业安全生产管理机构专职安全生产管理人员的配备应满足下列要求，并应根据企业经营规模、设备管理和生产需要予以增加：

（1）建筑施工总承包资质序列企业：特级资质不少于6人；一级资质不少于4人；二级和二级以下资质企业不少于3人。

（2）建筑施工专业承包资质序列企业：一级资质不少于3人；二级和二级以下资质企业不少于2人。

（3）建筑施工企业的分公司、区域公司等较大的分支机构应依据实际生产情况配备不少于2人的专职安全生产管理人员。

第十三条　总承包单位配备项目专职安全生产管理人员应当满足下列要求：

（1）建筑工程、装修工程按照建筑面积配备：

1）1万 m^2 以下的工程不少于1人；

2）1万~5万 m^2 的工程不少于2人；

3）5万 m^2 及以上的工程不少于3人，且按专业配备专职安全生产管理人员。

（2）土木工程、线路管道、设备安装工程按照工程合同价配备：

1）5000万元以下的工程不少于1人；

2）5000万~1亿元的工程不少于2人；

3）1亿元及以上的工程不少于3人，且按专业配备专职安全生产管理人员。

第十四条　分包单位配备项目专职安全生产管理人员应当满足下列要求：

（1）专业承包单位应当配置至少1人，并根据所承担的分部分项工程的工程量和施工危险程度增加。

（2）劳务分包单位施工作业人员在 50 人以下的，应当配备 1 名专职安全生产管理人员；50～200 人的，应当配备 2 名专职安全生产管理人员；200 人及以上的，应当配备 3 名及以上专职安全生产管理人员，并根据所承担的分部分项工程施工危险实际情况增加，不得少于工程施工作业人员总人数的 0.5%。

第十五条　采用新技术、新工艺、新材料或致害因素多、施工作业难度大的工程项目，项目专职安全生产管理人员的数量应当根据施工实际情况，在第十三条、第十四条规定的配备标准上适当增加。可按建筑面积 1 万 m² 以下的工程项目施工现场至少有一名专职安全生产管理人员；1 万 m² 以上的工地设 2～3 名专职安全生产管理人员，5 万 m² 以上的大型工地，按不同专业组成安全生产管理组进行安全监督检查。

第三节　建设工程项目重大危险源管理

一、重大危险源概述

（一）重大危险源的定义

根据《中华人民共和国安全生产法》第七章附则中第九十六条的规定，重大危险源是指长期的或者临时的生产、搬运、使用或者储存危险物品，且危险物品的数量等于或者超过临界量的单元（包括场所和设施）。从这一规定看，重大危险源的概念有三个层次的含义：

（1）重大危险源是一类场所或者设施（合称单元）。

（2）重大危险源是生产、搬运、使用或者储存危险物品的场所或者设施。

（3）重大危险源是生产、搬运、使用或者储存危险品的数量等于或者超过临界量的场所或者设施。确定重大危险源的核心因素是危险物品的数量是否等于或者超过临界量。所谓临界量，是指对某种或某类危险物品规定的数量，若单元中的危险物品数量等于或者超过该数量，则该单元应定为重大危险源。具体危险物质的临界量，由危险物品的性质决定。

（二）建设工程项目重大危险源

建设工程项目重大危险源是指在建设工程项目的施工过程中，可能导致死亡及伤害、财产损失、环境破坏和这些情况组合的根源或者状态，预后危害严重。其因素包括物的不安全状态与能量、不良的环境影响、人的不安全行为及管理上存在的缺陷。建设工程项目重大危险源可能会导致伤亡人数较多、经济损失严重或者对企业和社会造成较大的负面影响，做好施工现场的重大危险源管理对于抑制重大、特大安全事故的发生有非常重要和积极的作用，对于地区经济和社会健康稳定发展都有着重要的意义。

对重大危险源的管理在许多国家都已经上升到国家层面上，欧共体于 1982 年颁布了《工业活动中重大事故危险法令》，同时美国、加拿大、印度、泰国等也都发布相应的标准，澳大利亚于 1996 年颁布了《重大危险源控制》（NOHSC：1014—1996）。我国从 20 世纪 80 年代后期引入，于 1993 年开始实施危险源管理标准《生产过程危险和有害因素分类与代码》。现行危险源管理的国家标准为《危险化学品重大危险源辨识》（GB 18218—2018）、《生产过程危险和有害因素分类与代码》（GB/T 13861—2022）。

二、重大危险源管理的内容

在对建设工程项目的危险源识别与评价过程中，将其危险性到达一定程度的危险源视为重大危险源，并形成评估报告。根据识别的重大危险源，还需要具体分析重大危险源的转化条件和危害程度，预估重大危险源的发展路径。项目部根据重大危险源的危险程度及发展路径，制定重大危险源的控制措施和应急预案，并建立重大危险源档案，档案内容应该包括重大危险源的名称、性质、位置、管理人员、安全规章制度、评估报告及检测报告等。项目部将项目形成报告上报建筑业企业，上报内容包括重大危险源的详细情况、可能会导致的事故类型、安全控制措施、预防措施及应急预案。

对照重大危险源档案跟踪、监控，掌握重大危险源状况，分析评价重大危险源控制效果，反馈重大危险源监控信息，调整或者改进相关措施，动态跟踪监控，确认重大危险源受控直至重大危险源消除，进而周而复始形成重大危险源识别、分析、监控的闭环系统。具体流程如图 3-1 所示。

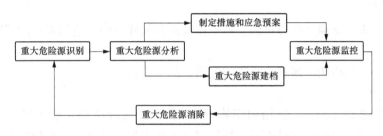

图 3-1　重大危险源管理流程图

三、危险性较大的分部分项工程

危险性较大的分部分项工程（简称"危大工程"），是指房屋建筑和市政基础设施工程在施工过程中，容易导致人员群死群伤或造成重大经济损失的分部分项工程。根据重大危险源的定义，危险性较大的分部分项工程符合重大危险源的内涵，但是危险性较大的分部分项工程的范围中主要涵盖了施工现场中存在的物理危险源，对施工作业过程中人的不安全行为和管理中存在的问题涉及较少。依据法规中的规定，将建设工程中所包含的危险性较大的分部分项工程分为一般规模的危险性较大的分部分项工程和超过一定规模的危险性较大的分部分项工程两部分。

（一）一般规模的危险性较大的分部分项工程

1. 基坑工程

（1）开挖深度超过 3m（含 3m）的基坑（槽）的土方开挖、支护、降水工程。

（2）开挖深度虽未超过 3m，但地质条件、周围环境和地下管线复杂，或影响毗邻建（构）筑物安全的基坑（槽）的土方开挖、支护、降水工程。

2. 模板工程及支撑体系

（1）各类工具式模板工程。包括滑模、爬模、飞模、隧道模等工程。

（2）混凝土模板支撑工程。搭设高度在 5m 及以上，或搭设跨度在 10m 及以上，或施工总荷载（荷载效应基本组合的设计值，以下简称设计值）在 $10kN/m^2$ 及以上，或集中线荷载（设计值）在 15kN/m 及以上，或高度大于支撑水平投影宽度且相对独立无联系构件的混凝土模板支撑工程。

（3）承重支撑体系。用于钢结构安装等满堂支撑体系。

3. 起重吊装及起重机械安装拆卸工程

（1）采用非常规起重设备、方法，且单件起重量在 10kN 及以上的起重吊装工程。

（2）采用起重机械进行安装的工程。

（3）起重机械安装和拆卸工程。

4. 脚手架工程

（1）搭设高度在 24m 及以上的落地式钢管脚手架工程（包括采光井、电梯井脚手架）。

（2）附着式升降脚手架工程。

（3）悬挑式脚手架工程。

（4）高处作业吊篮。

（5）卸料平台、操作平台工程。

（6）异型脚手架工程。

5. 拆除工程

可能影响行人、交通、电力设施、通信设施或其他建（构）筑物安全的拆除工程。

6. 暗挖工程

采用矿山法、盾构法、顶管法施工的隧道、洞室工程。

7. 其他工程

包括建筑幕墙安装工程、钢结构安装工程、网架和索膜结构安装工程、人工挖孔桩工程、水下作业工程、装配式建筑混凝土预制构件安装工程，以及采用新技术、新工艺、新材料、新设备可能影响工程施工安全，尚无国家、行业及地方技术标准的分部分项工程。

（二）超过一定规模的危险性较大的分部分项工程

1. 深基坑工程

开挖深度超过 5m（含 5m）的基坑（槽）的土方开挖、支护、降水工程。

2. 模板工程及支撑体系

（1）各类工具式模板工程。包括滑模、爬模、飞模、隧道模等工程。

（2）混凝土模板支撑工程。搭设高度在 8m 及以上，或搭设跨度在 18m 及以上，或施工总荷载（设计值）在 $15kN/m^2$ 及以上，或集中线荷载（设计值）在 20kN/m 及以上的混凝土模板支撑工程。

（3）承重支撑体系。用于钢结构安装等满堂支撑体系，承受单点集中荷载在 7kN 及以上。

3. 起重吊装及起重机械安装拆卸工程

（1）采用非常规起重设备、方法，且单件起重量在 100kN 及以上的起重吊装工程。

（2）起重量在 300kN 及以上，或搭设总高度在 200m 及以上，或搭设基础标高在 200m 及以上的起重机械安装和拆卸工程。

4. 脚手架工程

（1）搭设高度在 50m 及以上的落地式钢管脚手架工程。

（2）提升高度在 150m 及以上的附着式升降脚手架工程或附着式升降操作平台工程。

（3）分段架体搭设高度在 20m 及以上的悬挑式脚手架工程。

5. 拆除工程

（1）码头、桥梁、高架、烟囱、水塔或拆除中容易引起有毒有害气（液）体或粉尘扩散、易燃易爆事故发生的特殊建（构）筑物的拆除工程。

（2）文物保护建筑、优秀历史建筑或历史文化风貌区影响范围内的拆除工程。

6. 暗挖工程

采用矿山法、盾构法、顶管法施工的隧道、洞室工程。

7. 其他工程

（1）施工高度在 50m 及以上的建筑幕墙安装工程。

（2）跨度在 36m 及以上的钢结构安装工程，或跨度在 60m 及以上的网架和索膜结构安装工程。

（3）开挖深度在 16m 及以上的人工挖孔桩工程。

（4）水下作业工程。

（5）重量在 1000kN 及以上的大型结构整体顶升、平移、转体等施工工艺。

（6）采用新技术、新工艺、新材料、新设备可能影响工程施工安全，尚无国家、行业及地方技术标准的分部分项工程。

四、危险性较大的分部分项工程的安全管理

（一）专项施工方案的编制

对于达到一定规模的危险性较大的分部分项工程，以及涉及新技术、新工艺、新设备、新材料的工程，因其复杂性和危险性，在施工过程中易发生人身伤亡事故，施工单位应当根据各分部分项工程的特点，有针对性地编制专项施工方案。危大工程专项施工方案的主要内容应当包括：

（1）工程概况。危大工程概况和特点、施工平面布置、施工要求和技术保证条件。

（2）编制依据。相关法律、法规、规范性文件、标准、规范及施工图设计文件、施工组织设计等。

（3）施工计划。包括施工进度计划、材料与设备计划。

（4）施工工艺技术。技术参数、工艺流程、施工方法、操作要求、检查要求等。

（5）施工安全保证措施。组织保障措施、技术措施、监测监控措施等。

（6）施工管理及作业人员配备和分工。施工管理人员、专职安全生产管理人员、特种作业人员、其他作业人员等。

（7）验收要求。验收标准、验收程序、验收内容、验收人员等。

（8）应急处置措施。

（9）计算书及相关施工图纸。

（二）专家论证会人员构成

超过一定规模的危大工程专项施工方案，专家论证会的参会人员应当包括：

（1）相关专家。

（2）建设单位项目负责人。

（3）有关勘察、设计单位项目技术负责人及相关人员。

（4）总承包单位和分包单位技术负责人或授权委派的专业技术人员、项目负责人、项目技术负责人、专项施工方案编制人员、项目专职安全生产管理人员及相关人员。

（5）监理单位项目总监理工程师及专业监理工程师。

（三）专家论证内容

对于超过一定规模的危大工程专项施工方案，专家论证的主要内容应当包括：

（1）专项施工方案内容是否完整、可行。

（2）专项施工方案计算书和验算依据、施工图是否符合有关标准规范。

（3）专项施工方案是否满足现场实际情况，并能够确保施工安全。

（四）专项施工方案的修改

超过一定规模的危大工程专项施工方案经专家论证后结论为"通过"的，施工单位可参考专家意见自行修改完善；结论为"修改后通过"的，专家意见要明确具体修改内容，施工单位应当按照专家意见进行修改，并履行有关审核和审查手续后方可实施，修改情况应及时告知专家。

（五）监测方案内容

进行第三方监测的危大工程监测方案的主要内容应当包括工程概况、监测依据、监测内容、监测方法、人员及设备、测点布置与保护、监测频次、预警标准及监测成果报送等。

（六）验收人员组成

（1）总承包单位和分包单位技术负责人或授权委派的专业技术人员、项目负责人、项目技术负责人、专项施工方案编制人员、项目专职安全生产管理人员及相关人员。

（2）监理单位项目总监理工程师及专业监理工程师。

（3）有关勘察、设计和监测单位项目技术负责人。

第四节　建设工程项目施工中发生的主要安全事故及案例

一、地基与基础工程的坍塌事故

建设工程施工中土方工程量很大，土方工程施工的对象和条件比较复杂，如土质、地下水、气候、施工现场与设备，对于不同的工程水文地质的条件差异很大。近年来，土方工程中伤亡事故占到了建设工程安全生产伤亡事故的15%，其中大部分事故是基坑土方的坍塌造成的，除此之外，还有中毒、触电、爆炸和火灾等事故的发生。基坑坍塌事故是指基坑土方工程或者基础工程作业过程中，由于设计或者施工不合理造成的土方、岩石等发生塌陷的事故。虽然基坑坍塌事故在历年建筑工程安全事故中发生频率不是最高的，但是在较大及以上严重的安全事故中却一直保持一定的比重，这些数据足以说明基坑坍塌事故给社会及项目参与主体带来的危害性。

（一）基坑坍塌对人的伤害

坍塌的土方自重比较大，1t土方产生的自重约是1000kg，相当于一辆小型汽车的重量。如果塌方体量较大，土体下的人会被压伤，被掩埋深层次人员受到的挤压是比较复杂的。再者，土体中的空气非常有限，氧气不足就会导致缺氧。脑细胞在没有氧气4～6min后就会被摧毁。如果大脑中的氧气循环彻底被切断，人会在10s内失去意识；轻度脑缺氧的症状包括漫不经心、犹豫不决和协调性降低等；严重缺氧时还会导致无意识昏迷、停止呼吸，以及对光失去反应等。如果只有血压和心跳，可能意味着脑死亡。大脑氧气缺乏还可以造成植物人状态，虽然患者呼吸仍然存在，但人却没有意识。每年除了建设施工场地上发生土方坍塌事故，在挖土或者填土的土方运输过程，由于车辆超载导致的交通事故中，也常有人因大量土体掩埋而受到严重的伤害甚至导致其死亡。

（二）基坑坍塌对施工项目及邻近建筑物的损害

土体坍塌常常导致地面的变形和下陷，对周围已建成的建筑物和基础设施带来不同程度的损毁，轻则导致路面和建筑物的开裂，重则导致建筑物发生倾斜，甚至导致建筑物和基础设施的坍塌。土体坍塌还会威胁建设施工场地附近的市政基础设施，如燃气管道、给排水管道、光缆电缆等。我国多个城市的燃气管道爆炸与土方施工作业都有关系，如土方坍塌将管道挤压变形，燃气泄漏引发爆炸；城市道路上突现"天坑"也和基础作业有着密切的关联，如给水管道或者排水管道变形破裂，大量水冲刷导致流沙，路基被掏空后导致路面出现塌陷；或者基坑作业过程中将光缆、电缆挖断，致使局部地区的通信等出现中断，给相关企业或者个体生产、生活等带来各种负面的影响。

基坑坍塌导致现场施工的重复性工作，恢复施工需要对基础进行加固和二次处理，导致建设工程项目的工期、成本等受到不同程度的影响，较严重的基坑坍塌事故还会对现场作业人员的心理和健康带来负面影响，严重影响现场作业人员的工作效率。

（三）基坑坍塌事故发生原理

土方作业主要是指通过人工或机械施工挖出基坑或基槽及土方回填的过程。基坑是指底面积在 27m² 以内，且底长边小于 3 倍短边。基槽是指槽底宽度在 3m 以内，且槽长大于 3 倍槽宽。大开挖是指整个基坑满挖，如基坑比较大或者筏板基础采用大面积的满堂开挖。

在土方作业过程中，土体受到了扰动，原有的平衡状态被打破，当土体受到荷载作用后，一部分土体相对于另一部分土体发生滑动，继而发生塌方。而这种滑动之所以会发生是因为土体滑动面上的剪应力超过了其极限抵抗能力。

土方开挖作业使土体的三向受力的平衡状态发生改变，开挖的土方使一方卸载，根据土体的压应力计算可知，开挖高度越大，基坑最底部的土体所受的压应力就越大。当压应力大于土体的抗剪应力时，则基坑底部的土体开始产生位移，底部的土体由于位移开始变得松动，而此时上部的土体犹如一个悬臂结构而受到拉应力；当拉应力大于土体之间的黏结力时，则上部土体开始产生裂隙，如图 3-2 所示。如果此时能够在外部施加压力，如进行基坑支护或者其他加固方法，则可以阻止土体失稳的发展；反之，则土体失稳继续发展直到达到新的土体平衡状态。

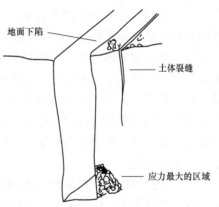

图 3-2　土体开挖应变图

（四）基坑坍塌的直接原因分析

通过上述分析，在土方工程作业过程中，土体受力增大，或者土的抗剪强度降低，或者两者同时发生的情况，都会导致土体发生坍塌；土体遭遇水浸泡，在水的作用下，土颗粒之间的作用力减小，土的抗剪强度降低，容易发生坍塌；人工开挖方式不当、开挖过程中支护方式不当或者支护延迟，基坑四周有较大的堆载或土体受到了动力机械设备的扰动等因素，超过土体抗剪强度或者降低土颗粒之间的作用力都可能会发生坍塌。以上这些是造成基坑坍塌的主要直接因素，直接原因掩盖的是管理上存在的种种不足。

1. 基坑坑壁的形式选用不合理

基础施工时，基坑坑壁的形式主要有两种：一种是自然放坡；另一种是采用支护结构。实践证明，基坑坑壁的形式直接影响基坑的安全性，若选用不当会为基坑施工埋下安全隐患。许多施工单位在进行施工组织设计时，过多考虑节省投资和缩短工期，忽视对基坑坑壁形式的正确选用，从而出现基坑坑壁形式选用不当的情况。在大多数工程中，由于自然放坡比采用支护结构节省投资，因此常被施工单位作为基坑施工的首选形式。但自然放坡只能在工程条件许可时才能采用，如果施工场地有限不能满足规范所要求的坡率或者地下水丰富、土质稳定性差，一般不能考虑自然放坡，否则，容易出现安全隐患，造成基坑坑壁坍塌。当不具备采用自然放坡时，应对基坑采用支护措施。常用的支护结构有土钉墙支护、喷锚支护、混凝土灌注桩支护等。施工前，应根据工程所处周边环境、地质、水文条件及工程施工工艺要求对支护形式进行合理地选择和设计，若为节省资金仅凭经验确定支护形式，很可能达不到支护的目的，同样容易出现基坑坑壁坍塌的情况，造成安全事故。

例如，某施工场地喷锚护壁发生坍塌事故，坍塌范围长13m、宽2.5m、高6m，造成紧邻该施工现场的某大楼汽车通道中断，基坑周边一地下供水管漏水，排水沟破裂，基坑周围民房围墙及道路开裂严重。究其原因，就是因为该处基坑与某大楼地下室仅相隔一条汽车通道，采用喷锚护壁，锚杆的长度受到限制。因此，对这种基坑坑壁，采用混凝土灌注桩效果更为理想，安全性更高。

2. 基坑坑壁土方施工不规范

一些施工单位在基坑施工过程中，不重视施工管理控制，随意更改施工方案，违反技术规范要求，也是造成基坑施工安全隐患、基坑坍塌的主要原因。具体表现在：

(1) 采用自然放坡时坡率值不足。当工程条件许可时，基坑施工一般采用自然放坡。但采用自然放坡必须严格按照技术规范的要求，搞好基坑施工的坡率控制。然而，在实际工作中，施工单位常常因为土方开挖时坡率控制不好或地质勘察资料不准确，造成开挖深度大于预计深度，出现基坑坑壁坡率小于设计值的情况，使基坑坑壁处于不稳定状态，最容易出现基坑坑壁坍塌。例如，某施工场地基坑施工，依据地质勘察报告设计开挖深度为2.7m，开挖后发现土质情况与地质勘察报告不符，需要超挖2.1m。由于场地所限，无法满足设计放坡系数，造成基坑坑壁坡率小于设计值，施工过程中基坑出现坍塌，在对基坑坑壁采取支护措施后才继续施工。

(2) 支护结构施工时未按要求进行土方开挖。在进行土钉墙支护或喷锚支护结构施工时，按照规范要求，应根据土钉或锚杆的排距分层开挖，开挖一层土方后立即进行支护，待支护结构达到设计要求后再开挖下一层土方。但现场施工时，常因土方开挖作业与护壁施工未紧密配合，土方挖运速度过快，使基坑坑壁直立土方大面积长时间裸露，为基坑坍塌创造了条件。例如，2004年8月，某施工场地进行土钉墙支护施工时，一次性开挖深度近5m，未能及时进行土钉墙支护，土方大面积坍塌，致使基坑周边的一层砖木结构房屋基础裸露下沉，墙体开裂，不得不将此段砖墙拆除。基坑内用重力式挡土墙作为支护结构，回填土方，平整夯实后重新砌筑砖墙。

3. 对地表水的处理不重视

基坑施工的"水患"一个是地下水，另一个是地表水。由于地下水处理不好将直接影响基础工程的施工并对基坑坑壁的稳定性造成威胁，因此建设工程相关各方都需要重视对地下水的处理，从勘察设计和资金投入等方面均能得到保证。地表水对基坑坑壁稳定性的作用同样影响很大，地表水可分为"一明一暗"两种情况。"明"主要是指施工现场内地面上可能出现的地表水，如雨水、施工用水、从降水井中抽出的地下水等。"暗"主要是指基坑周边地面以下的管网渗漏、爆管等产生的地表水，这两种情况若不及时处理都会对基坑坑壁的稳定性产生威胁，有可能造成基坑坑壁坍塌。特别是地下管网产生的地表水，因其不易被发现，造成的后果往往更为严重。例如，2019年6月，某地区受天气影响普降大雨，该地区某施工场地土钉墙护壁突然发生坍塌。事后分析原因，发现坍塌部位有一漏水的消防水管，致使基坑坑壁侧土体含水饱和，雨量大时，直接流入护壁内侧土方，导致护壁整体下坠，发生坍塌。

4. 支护结构施工质量不符合设计要求

因基坑支护结构是建设工程施工过程中的一项临时设施，目前许多施工单位对其施工质量重视不够，护壁施工单位的施工行为没有得到有效的约束，不按设计方案施工的现象时有发生，造成支护结构的施工质量达不到设计要求，存在基坑坑壁坍塌隐患。例如，某工程采用土钉墙作基坑支护，设计土钉间距为1.2m，施工单位施工时却将土钉间距扩大至1.8m，降低了支护结构的强度，护壁开裂，出现了坍塌的先兆。

（五）防止基坑坍塌的措施

1. 选择适合的基坑坑壁形式

基坑施工前，首先应按照规范的要求，依据基坑坑壁破坏后可能造成后果的严重性确定基坑坑壁的安全等级，然后根据基坑坑壁安全等级、基坑周边环境、开挖深度、工程地质与水文地质、施工作业设备和施工季节的条件等因素选择基坑坑壁的形式。

当基坑顶部无重要建（构）筑物，场地有放坡条件，且基坑深度小于或等于10m时，可以优先采用自然放坡。采用自然放坡时，关键是要确定正确的坡率允许值。一般基坑坑壁的坡率允许值可按工程类比的原则并结合已有稳定边坡的坡率值分析确定。例如，土质均匀良好的硬塑黏性土，当坡高小于5m时，坡率允许值可确定为1：1.00～1：1.25。若基坑坑壁土质较软或基坑顶部边缘附近有较大荷载，坡率允许值还必须采用圆弧滑动法进行稳定性分析确定。

当施工场地不能满足设计坡率值的要求时，应对基坑坑壁采取支护措施。选择支护结构，首先要确定基坑坑壁的安全等级。按照规范的要求，基坑坑壁的安全等级按其损坏后可能造成的破坏后果的严重性和基坑深度等因素，确定为一、二、三级。一、二级适合采用挖孔灌注桩护壁，二、三级适合采用土钉墙护壁。

2. 加强对土方开挖的监控

基坑土方一般采用机械挖运，开挖前，应根据基坑坑壁形式、降排水要求等制定开挖方案，并对机械操作人员进行交底。开挖时，应有技术人员在场。对基坑坑壁开挖深度、坡率进行监控，防止超挖。对采用土钉墙支护的基坑，土方开挖深度应严格控制，不应在上一段土钉墙护壁未施工完毕前开挖下一段土方，软土基坑必须分层均衡开挖，层高不宜超过1m。对采用自然放坡的基坑，基坑坑壁坡率是监控的重点。当出现基坑实际深度大于设计深度时，应及时调整基坑顶部开挖线，保证基坑坑壁坡率满足要求。

3. 加强对支护结构施工质量的监督

建立健全施工企业内部支护结构施工质量检验制度，是保证支护结构施工质量的重要手段。质量检验的对象包括支护结构所用材料和支护结构本身，对支护结构原材料及半成品应遵照有关施工验收标准进行检验，主要内容有：①材料出厂合格证检查；②材料现场抽检；③锚杆浆体和混凝土的配合比试验、强度等级检验。对支护结构本身的检验要根据支护结构的形式进行选择，例如，土钉墙应对土钉采用抗拉试验检测承载力，对混凝土灌注桩应检测桩身完整性等。

4. 加强对地表水的控制

在基坑施工前应摸清基坑周边的管网情况，避免在施工过程中对管网造成损害而出现爆管或渗漏现象。同时，为减少地表水渗入基坑坑壁土体，基坑顶部四周应用混凝土进行封闭，施工现场内应设地表排水系统对雨水、施工用水、从降水井中抽出的地下水等进行有组织排放，对基坑周边的积水坑、降水沉砂池应做防水处理，防止出现渗漏。对采用支护结构的基坑坑壁应设置泄水孔，保证护壁内侧土体内水压力能及时消除，减小土体含水率，也便于观察基坑周边土体内地表水的情况，及时采取措施。泄水孔外倾坡度不宜小于 5%，间距宜为 2～3m，并宜按梅花形布置。

5. 做好支护结构的现场监测

做好支护结构的现场监测是防止支护结构发生坍塌的重要手段。在支护结构设计时应提出监测要求，由具备资质的监测单位编制监测方案，经设计单位和监理单位认可后实施。监测方案应包括监测目的、监测项目、测试方法、测点布置、监测周期、监测项目报警值、信息反馈制度和现场原始状态资料记录等内容。监测项目的内容有基坑支护结构的顶部水平位移和竖向位移以及基坑顶部周围建（构）筑物变形、沉降等。监测项目的选择应考虑基坑的安全等级、支护结构变形控制要求、地质和支护结构的特点。监测方案可根据设计要求、基坑坑壁稳定性、周边环境和施工进程等因素确定。监测单位应定期向施工单位和监理单位通报监测情况，当监测值超过报警值时，应立即通知设计单位、施工单位和监理单位分析原因并采取措施，防止事故的发生。

（六）典型案例分析——见链接二维码

二、高处坠落与物体打击事故

从房屋建筑工程的安全事故统计可以看到，在安全事故中占有比例最大的是高处坠落和物体打击。虽然这两类事故不像坍塌事故那样会造成群死群伤的严重后果，但是由于发生频率较高，也时刻干扰着建设工程项目施工现场人员的安全。

（一）高处坠落和物体打击相关概念

1. 基本概念

（1）高处作业。所谓高处作业是指人在一定位置为基准的高处进行的作业。《高处作业分级》（GB/T 3608—2008）规定："凡在坠落高度基准面 2m 以上（含 2m）有可能坠落的高处进行作业，都称为高处作业。"根据这一规定，在建筑业中涉及高处作业的范围是相当广泛的。例如，在建筑物内作业时，若在 2m 以上的架子上进行操作，即为高处作业；基坑挖深超过 2m，以基坑为基准面，地表作业也是高处作业。

（2）坠落高度基准面。通过可能坠落范围内最低处的水平面称为坠落高度基准面。

（3）可能坠落范围半径。为确定可能坠落范围而规定的相对于作业位置的一段水平距离称为可能坠落范围半径。

（4）高处作业高度。作业区各作业位置至相应坠落高度基准面的垂直距离中的最大值，称为该作业区的高处作业高度，简称作业高度。

（5）高处作业等级。人体在高处坠落时，受到重力的影响，初速度随着坠落高度的增加而增大，当其他条件相同时，高度越高，坠落后损伤的程度就越严重，说明高度是危险性重要程度的一个指标。所以高处作业等级是按照坠落高度来划分的。

根据《高处作业分级》（GB/T 3608—2008）的规定，作业高度在2～5m时，称为一级高处作业；作业高度在5～15m时，称为二级高处作业；作业高度在15～30m时，称为三级高处作业；作业高度在30m以上时，称为特级高处作业。

2. 高处坠落和物体打击的定义

在施工现场高处作业过程中，如果未防护、防护不好或作业不当都可能发生人或物的坠落。人从高处坠落，势能失控而导致人员伤亡及财产损失的事故，称为高处坠落事故。物体打击是指失控的物体在惯性力或重力等其他外力的作用下产生运动，打击人体而造成人身伤亡事故。物体打击会对建设工程施工作业人员的人身安全造成威胁、伤害，甚至造成人员死亡。特别是在施工周期短、人员密集、施工机具多、物料投入较多、交叉作业多时，易发生对人身的物体打击伤害。由于施工现场的作业多为高处作业，因此，对高处坠落和物体打击的安全防范工作就比较突出。

（二）建设工程项目高处作业分类

建设工程项目高处作业可分为临边作业、洞口作业、攀爬作业、悬空作业、操作平台作业和交叉作业。

（1）临边作业。临边作业是指施工现场中，工作面边沿无围护设施或围护设施高度低于80cm时的高处作业。下列作业条件属于临边作业，主要有五个方面，即常说的"五临边"：

1）基坑周边，无防护的阳台、料台与挑平台等临边。

2）无防护的楼层、楼面周边。

3）无防护的楼梯口和梯段口临边。

4）井架、施工电梯和脚手架等的通道两侧面。

5）各种垂直运输卸料平台的周边。

（2）洞口作业。洞口作业是指在孔、洞口旁边的作业，包括施工现场及通道旁深度在2m及2m以上的桩孔、人孔、沟槽与管道、孔洞等边沿上的作业。施工现场因工程和工序需要而产生洞口，常见的有楼梯口、电梯井口、预留洞口、井架通道口，即常说的"四口"。在水平方向的楼面、屋面、平台等面上，短边长度小于25cm（大于2.5cm）的称为孔，等于或大于25cm的称为洞。在垂直方向的楼面、地面等面上，高度小于75cm的称为孔，高度等于或大于75cm、宽度大于45cm的均称为洞。凡深度在2m及2m以上的桩孔、人孔、沟槽与管道、孔洞等边沿上的高处作业都属于洞口作业。

（3）攀爬作业。攀爬作业是指借助建筑结构或脚手架上的登高设施或采用梯子或其他登高设施在攀登条件下进行的高处作业。在建（构）筑物周围搭拆脚手架、张挂安全网，装拆塔机、龙门架、井字架、施工电梯、桩架，登高安装钢结构构件等作业都属于这种作业。

（4）悬空作业。悬空作业是指在周边临空状态下进行的高处作业。其特点是在操作者无立足点或无牢靠立足点条件下进行高处作业。

（5）操作平台作业。操作平台是指施工现场中用以载人、载物，并可进行操作的平台，主要有移动式操作平台、悬挑式钢平台及落地式操作平台。

（6）交叉作业。交叉作业是指在施工现场的上下不同层次，于空间贯通状态下同时进行的高处作业。施工现场上部搭设脚手架、吊运物料、地面上的人员搬运材料、制作钢筋，或外墙装修下面打底抹灰、上面进行面层装饰等，都是施工现场的交叉作业。

（三）高处坠落和物体打击的危害

高处坠落形成的冲击力对人体或者物质的伤害是毁灭性的、不可逆转的。很多人对高处坠落造成的危害认知并不清晰，通过式（3-2）～式（3-4），可以计算高处坠落产生的冲击力、下坠时间和速度，即

$$v = u + g\tau \tag{3-2}$$

$$s = u\tau + \frac{1}{2}g\tau^2 \tag{3-3}$$

$$pt = m(v - u) \tag{3-4}$$

式中　v——最终速度；

　　　u——初始速度；

　　　g——重力加速度；

　　　τ——运动时间；

　　　s——运动路程；

　　　p——作用力；

　　　t——作用力的作用时间；

　　　m——物体的质量。

通过式（3-2）～式（3-4），可以计算一个体重为90kg的人从2m的高处落下产生的作用力，在初始速度为0的情况下，下坠的时间为0.64s，砸到地面或基准面会马上变为静止。假设作用距离为1cm，也就是 s 则为0.01m，着地时承受的力量为56450N的力。同样，体重为90kg的人从高处为6m的高处坠落形成冲击力为97900N及下坠的时间为1.11s。通过上面计算，可见人或者物从高处坠落的时间是十分短暂的，而整个过程中人对坠落这一事件的大脑反应时间仅为0.6s，加之人在坠落过程中产生的恐惧，坠落者在坠落过程中根本没有自救的能力和时间。巨大的冲击力对人体伤害是毁灭性的、不可逆转的。根据相关医学文献的统计，高处坠落根据人体下落的姿势会对身体的骨骼和脏器带来不同程度的损伤，上肢、下肢、骨盆、头骨、脊椎都有可能会发生骨折，而且常常是多处骨折，造成体内脏器的严重损伤与出血，严重将会导致坠落者或者被打击者的直接死亡，部分受伤者即便是进行医治，大多数人也是面临终身残疾。同样，物体从高处落下产生的冲击力也是常人想象不到的，一个重200g的苹果从24层楼坠落，如果假设该处距离地面72m，苹果坠落到地面产生的冲击力为75.132N，这个力度足以把一个成人的头骨砸碎。

（四）高处坠落事故原因分析

1. 物的不安全状态

（1）高处作业的安全防护设施的材质强度不够、安装不良、磨损老化等。主要表现有：

1）用作防护栏杆的钢管、扣件等材料因壁厚不足、腐蚀、扣件不合格而折断、变形失去防护作用。

2）吊篮脚手架钢丝绳因摩擦、锈蚀而破断导致吊篮倾斜、坠落而引起人员坠落。

3）施工脚手板因强度不够而弯曲变形、折断等导致其上面的人员坠落。

4）因其他设施设备（电动葫芦等）破坏而导致相关人员坠落。

（2）安全防护设施不合格、装置失灵。主要表现有：

1）临边、洞口、操作平台周边的防护设施不合格而导致事故。

2）整体提升脚手架、施工电梯等设施设备的防坠装置失灵而导致脚手架、施工电梯坠落。

（3）劳动防护用品缺陷。主要表现为高处作业人员的安全帽、安全带、安全绳、防滑鞋等用品因内在缺陷而破损、断裂、失去防滑功能等引起的高处坠落事故。

2．人的不安全行为

（1）违章指挥、违章作业、违反劳动纪律的"三违"行为。主要表现有：

1）指派无登高架设作业操作资格的人员从事登高架设作业，脚手架安装、拆除人员属特种作业人员，根据国家法规要求，特种作业人员需要具备岗位执业资格才能从事作业。

2）不具备高处作业资格（条件）的人员擅自从事高处作业，根据《建筑安装工人安全技术操作规程》（建工劳字〔1980〕第24号）有关规定，从事高处作业的人员要定期体检，凡患高血压、心脏病、贫血病、癫痫病，以及其他不适合从事高处作业的人员不得从事高处作业。

3）未经现场安全人员同意擅自拆除安全防护设施，例如，砌体作业班组在做楼层周边砌体作业时擅自拆除楼层周边防护栏杆即为违章作业。

4）不按规定的通道上下进入作业面，而是随意攀爬阳台、吊车臂架等非规定通道。

5）拆除脚手架、井字架、塔吊或模板支撑系统时无专人监护，且未按规定设置可靠的防护措施。

6）高处作业时不按劳动纪律规定穿戴好个人劳动防护用品（安全帽、安全带、防滑鞋）等。

（2）人员操作失误。主要表现有：

1）在洞口、临边作业时因踩空、踩滑而坠落。

2）在转移作业地点时因没有及时系好安全带或安全带系挂不牢而坠落。

3）在安装建筑构件时，因作业人员配合失误而导致相关作业人员坠落。

（3）注意力不集中，安全意识薄弱。主要表现为作业人员在作业或行动前不注意观察周围环境是否安全而轻率行动，例如，没有看到脚下的脚手板是探头板或已腐朽的板而踩上去坠落造成伤害事故，或者误入危险部位而造成伤害事故。

3．作业环境中的不良因素

（1）阵风风力在5级（风速8.0m/s）以上。

（2）高温作业。

（3）平均气温等于或低于5℃的作业环境。

（4）接触冷水温度等于或低于12℃的作业。

（5）作业场地有冰、雪、霜、水、油等易滑物。

（6）作业场所光线不足，能见度差。

（五）物体打击事故原因分析

1．物的不安全状态

（1）个人劳动保护措施不全面。

1）作业人员进入施工现场没有按照要求佩戴安全帽，或者安全帽不合格。

2）平网、密目网防护不严，不能很好地封住坠落物体。

3）脚手板未满铺或铺设不规范，作业面缺少踢脚板。

4）拆除工程未设警示标志，周围未设护栏或未搭设防护棚。

（2）安全技术及管理措施不到位，使用不规范的施工方法，造成物体处于不安全状态。

1）物料堆放在临边及洞口附近，堆垛超过规定高度、不稳固。

2）不及时清理高处的边角余料等垃圾，导致其由于振动、碰撞等原因而坠落。

3）设备带病运转，各种碎屑、碎片飞溅对人体造成伤害或在设备运转中违章操作，导致器具部件飞出对人体造成伤害。

2. 人的不安全行为

（1）工作过程中的一般常用工具没有放在工具袋内，随手乱放。

（2）拆除的物料随意乱丢、乱堆放，甚至直接向地面抛扔建筑材料、杂物、建筑垃圾，而不是使用吊车吊下来或用麻绳装袋溜放。

（3）随意穿越警戒区，不在规定的安全通道内行走。

3. 作业环境中的不利因素

（1）作业平台的施工环境复杂，其上堆放物品杂乱无章。

（2）易发生物体打击事故的危险作业区未设置安全标志。

（3）施工时，突遇大风、暴雨等恶劣天气。

（六）高处坠落和物体打击事故的根本原因分析

1. 施工管理、安全监督管理不到位

（1）在施工组织管理上，施工负责人对交叉作业重视不足，安排两组或以上的施工作业人员在同一作业点的上下方同时作业，造成交叉作业。

（2）片面追求进度，不合理地安排作业时间，不合理地组织施工，要求施工作业人员加班加点，导致安全监管缺失；安全监护不到位。

2. 项目实施中有各类违法行为

违法对工程进行分包、转包，违法对工程进行招标投标，如在招标投标过程中存在资质挂靠、串标、陪标等违法现场，导致承接分部分项工程的相关施工作业组织不具备相应的资质，或者作业人员不具备相应的执业资格。

（七）典型案例分析——见链接二维码

三、脚手架体系坍塌事故

（一）脚手架体系坍塌的内涵

脚手架体系是建设工程施工必备的重要设施，它是保证高处施工而搭设的工作平台或者作业通道。脚手架体系坍塌事故是指脚手架体系在荷载作用下受力不均衡，产生局部的变形或者位移，导致脚手架体系从不可变体系成为可变体系继而导致脚手架体系整体失稳而发生倒塌，造成作业人员伤亡或者其他财产损失的安全事故。脚手架坍塌体系事故可以分为操作脚手架坍塌和支撑脚手架体系坍塌，操作脚手架主要是为建筑施工作业人员提供作业平台的脚手架体系，支撑脚手架体系主要为了满足现浇混凝土构件作业的支撑体系。无论是哪种类型的脚手架，如果在作业过程中发生坍塌，都容易造成群死群伤事件，因此，在每年的较大事故统计数据中，坍塌事故中的脚手架坍塌都占有一定的比例。

（二）脚手架体系坍塌事故的原因分析

1. 物的不安全状态

（1）脚手架搭设不符合规范要求。在部分建筑施工现场，脚手架搭设不规范的现象比较普遍：①脚手架操作层防护不规范；②密目网、水平兜网系结不牢固，未按规定设置随层水平兜网和层间网；③脚手板设置不规范；④悬挑架设置不规范，由此可能导致伤亡事故的发生。

（2）脚手架设计不合理。基于对以往事故案例的总结，脚手架坍塌事故多是由于局部立杆的稳定性不足而发生。以下将对与脚手架设计相关的四种因素进行分析：①脚手架立杆地基不坚实。脚手架的地基与基础是脚手架中最主要的受力部位，关系到脚手架的安全和稳定。②水平杆设置不合理。③立杆设置不合理。立杆是脚手架的主要受力杆件，立杆各向间距及水平杆件的连接方式、接头位置、主节点处和脚手架阴阳转角处的构造，必须符合要求。④连墙件设置不当。连墙件是将脚手架架体与建筑主体结构连接，能够传递拉力和压力的构件，对于加强脚手架的整体稳定性起着重要作用。

（3）整体或局部超载。为抢工期、赶进度，多层同时作业，造成脚手架整体严重超载或脚手架堆料过多造成局部超载，导致脚手架坍塌。为了方便故意在脚手架和模板上集中堆放建筑材料、预制构件或施工设备等，造成局部杆件超载，引起脚手架整体倒塌。

（4）脚手架材质不符合施工要求。目前正在使用的脚手架，经调查发现，其中劣质、超期使用的不合格钢管占80％以上，扣件90％以上为不合格产品。其主要原因是为了市场竞争，小企业和家庭式作坊不得不靠压低成本、降低价格来抢占市场，低价竞争的结果必然导致产品质量越来越差。

（5）脚手架违规拆除。不按规定拆除脚手架，如违规上、下层同时拆除；或先拆除整层或数层连墙件，脚手架容易坍塌。在脚手架拆除过程中，不按要求去做，而是随心所欲地胡乱拆除，造成脚手架倾倒垮塌和局部垮架的事故；或拆除过程中将拆下的材料从高处抛下，造成落物伤人和物体打击事故。

除上述主要原因外，设计不合理、指挥不当或操作不当、自然因素或外来因素均存在一定的危险性，情形严重的会引发脚手架体系坍塌事故。

2.人的不安全行为和环境因素

脚手架体系坍塌事故发生的根本原因主要在人的不安全行为和环境因素两方面。

（1）人的不安全行为。在建设工程施工过程中，各级管理人员的违章指挥是造成事故的原因之一。此外，操作者本人的违章作业，也会造成大量的事故。尤其是脚手架的搭设和拆除缺少规范的施工组织设计文件；从事脚手架的架子工不是持证上岗，从事脚手架搭设与拆除时，未按规定正确操作；采购或者租赁的脚手架构件入场不加强质量检查，让强度不足的脚手架构件流入现场；作业过程中局部承受较大荷载，或者交叉作业过程中蛮力施工作业，对脚手架有较大力度的碰撞，也会导致事故的发生。还有施工现场监管不力，发生在脚手架搭设过程中的事故，与施工现场监管不力、施工方和监理方均未能履行职责直接相关。

（2）环境因素。①自然因素对地基的影响，模板支架是以地基为基础而搭设的临时体系，由于地下水位升高、河水冲刷、雨水浸泡等原因造成地基软化或漏空，承载力下降时，支架坍塌事故发生的概率就会大大增加。②自然因素对支架施加荷载的影响，考虑降雨或者降雪的情况，加载荷载超出支架稳定的极限荷载，从而导致支架坍塌事故。此外，支架外挂密目网时，还要考虑风荷载的作用。

（三）典型事故案例分析——见链接二维码

四、起重伤害事故

（一）起重伤害事故概述

1.起重作业的定义

起重作业是借助各种吊具、设备，根据起重物的不同结构、形状、重量和起重要求，采用不同的方法将重物放到指定位置。施工现场的起重作业比较多，采用的设备多种多样，如塔式起重机、悬臂起重机、桅杆起重机、桥式起重机、龙门起重机、门座起重机、汽车吊、电动葫芦、千斤顶等。

2. 起重伤害事故的定义

起重伤害事故是指在进行各种起重作业（包括吊运、安装、检修、试验）中发生的重物（包括吊具、吊重或吊臂）坠落、夹挤、物体打击、起重机倾翻等事故。

（二）起重伤害事故的分类与发生机理

起重作业过程中发生的安全事故可分为五种情况，即起重机挤压事故；起重作业高处坠落事故；起重机械吊具或吊物坠落事故；起重机倾翻、折断倒塌事故；起重机械事故。

1. 起重机挤压事故

起重机挤压事故的发生有以下三种情况：

第一种情况，起重机机体与固定物、建（构）筑物之间的挤压。这种事故多是发生在运行起重机或旋转起重机与周围固定物之间。例如，桥式起重机的端梁与周围建（构）筑物的立柱、墙之间，塔式起重机、流动式起重机旋转时其尾部与其他设施之间发生的挤压事故。事故多数由于空间较小，受到伤害者位于起重机司机视野的死角，或是起重机司机缺乏观察而造成的。因此，在起重机与固定物之间至少要有0.5m的间距，作业时禁止有人通过。

第二种情况，吊具、吊装重物与周围固定物、建（构）筑物之间的挤压。对此，首先应合理布置场地、堆放重物。货物的堆放应有适当间隙，巨大构件和容易滚动及翻倒的货物要码放合理，便于搬运。其次，应选择适合吊装货物的吊具和索具，合理地捆绑与吊挂，避免在空中旋转或脱落。禁止直接用手拖拉旋转的重物，信号指挥人员要按原定的吊装方案指挥。

第三种情况，起重机、升降机自身结构之间的挤压事故。如检查维修人员在汽车起重机转台与其他构件之间发生的挤压事故。物料升降机中以建筑升降机问题较多，主要是防护装置不全，如无上升限位器、无防护栏杆或无防护门等。防护措施：操纵卷扬机的位置要得当；没有封闭的吊笼，其通道应该封闭，不准过人；通道入口应设防护栏杆；检修接近上极限装置时，要注意防止撞头；底坑工作时，要注意桥箱和配重落下，避免事故发生。

2. 起重作业高处坠落事故

起重机的操纵、检查、维修工作多是高处作业。梯子、栏杆、平台是起重机上的工作装置和安全防护设施。在上述操作地点，都必须按规定装设护圈、栏杆的平台，防止人员坠落；桥箱、吊笼运行时，要注意不准超载；制动器和承重构件，必须符合安全要求；防坠落装置必须可靠；电气设备要有熔断器装置，并要定期检查，防止事故发生。

3. 起重机械吊具或吊物坠落事故

吊物或吊具坠落是起重伤害中数量较多的一种。这类事故的发生，主要是由于绑、挂方法不当，起重机司机操作不良，吊具、索具选择不当，起升高度限位器、超载限制器失灵等原因造成的。因此，必须加强预防措施：首先，起升高度限位器要保证有效，避免过卷扬事故发生，起重机司机在作业前要检查起升高度限位器是否有效，失效时应不准启动；其次，要注意检查吊钩，是否有磨损或有无裂纹变形，该报废的不准使用；第三，要检查钢丝绳的状况，每班操作前都必须将钢丝绳从头到尾地细致检查一遍，是否有磨损、断丝、断脱，有无显著变形、扭结、弯折等，不符合的要及时更换。

4. 起重机倾翻、折断倒塌事故

倾翻事故多数发生在流动式起重机和沿轨道运行的塔式起重机。造成事故的原因主要是超载，支护不当，在基础不稳固状态下起吊重物，或负载转弯、超速运行等。预防措施：起重机司机应该严格执行操作规程，防止麻痹大意；塔式起重机除防止超载外，还要注意按要求配重、压重、铺设轨道和安装验收合格。

折断倒塌事故包括结构折断和零部件折断，如吊臂折断、主轴断裂等，这种事故主要是由于超载、机构及零部件的缺陷、违章操作和自然灾害等原因造成的。每次使用都要对各主要部件和安全装置进行检查，防止由于机械部件的损坏而发生折断倒塌事故。此外，在作业过程中，当风速超过 20m/s 时，要停止作业。在安装中如果遇到 13m/s 的风、下雨、下雪等恶劣天气，应停止作业。

5. 起重机械事故

起重机发生触电事故比较多。一种情况是维修、保养人员在起重机上发生的触电事故，造成事故的原因主要是违章带电作业，碰到滑线或线路漏电，或者是保养人员在作业过程中，其他人员不知起重机上有人作业，误拉电闸。因此，在维修作业时，必须停电拉闸，且有人监护；同时要注意检查起重机的接地电阻和绝缘电阻，保证接地和绝缘良好。另外一种情况是，起重机靠近输电线路造成触电事故。所以要加强对起重机司机的安全教育培训，起重机在行驶和作业过程中必须与输电线路保持一定的距离。

（三）起重伤害事故直接原因分析

1. 物的不安全状态

（1）设备维护不佳，起重机带病作业，滑轮损坏或者滑轮轴疲劳断裂，制动装置失灵，钢丝绳出现变形或断裂，轨道疲劳或者轨道松动。

（2）吊挂方式不正确，造成吊物从吊钩中脱出。

（3）吊装方法不对，捆绑不牢固。

（4）起重机安装不当，基础埋设太浅，违规埋设或者基础损坏。

2. 人的不安全行为

（1）作业人员缺乏专业技术知识，违规操作，如超载使用，不熟悉指挥信号，物体下降过快等。

（2）多工种系统施工的作业面，缺乏统一指挥，作业人员之间配合不当。

（3）起重人员不能选择正确的钢丝绳、链条、卸卡等，吊具、索具选择不当，安全系数不足。

3. 作业环境因素

（1）作业现场光线不良，造成视野不清。

（2）在不良天气中违规操作，如在雨天及五级以上的大风中作业。

（四）典型案例分析——见链接二维码

五、触电事故

（一）触电事故概述

1. 触电事故的定义

触电事故一般是指人体直接接触电源受到人体所能够承受阈值的安全水平的电流时对人体造成的生理功能等各种不同形式和程度的损害事故。

2. 触电事故分类

按照触电事故的构成方式，触电事故可分为电击和电伤。

（1）电击。电击是指电流通过人体时所造成的内部伤害，它会破坏人的心脏、呼吸及神经系统的正常工作，甚至危及生命。在低压系统通电电流不大，且时间不长的情况下，电流引起人的心室颤动，是电击致死的主要原因；在通电电流虽较小，但时间较长的情况下，电流会造成人体窒息而导致死亡。绝大部分触电死亡事故都是电击造成的，日常所说的触电事故，基本上多指电击。

电击的主要特征有：

1）伤害人体内部。

2）在人体的外表没有显著的痕迹。

3）致命电流较小。

按照发生电击时电气设备的状态，电击可分为直接接触电击和间接接触电击。

1）直接接触电击。直接接触电击是触及设备和线路正常运行时的带电体发生的电击（如误触接线端子发生的电击），也称为正常状态下的电击。

2）间接接触电击。间接接触电击是触及正常状态下不带电，而当设备或线路故障时意外带电的导体发生的电击（如触及漏电设备的外壳发生的电击），也称为故障状态下的电击。

（2）电伤。电伤是由电流的热效应、化学效应、机械效应等效应对人体造成的伤害。触电伤亡事故中，纯电伤性质的及带有电伤性质的约占75%（电烧伤约占40%）。尽管大约85%以上的触电死亡事故是电击造成的，但其中大约70%含有电伤成分。对经常使用带电设施作业的人员或者专业电工自身的安全而言，预防电伤具有更重要的意义。电伤主要表现为以下几方面：

1）电烧伤。电烧伤是电流的热效应造成的伤害，可分为电流灼伤和电弧烧伤。

电流灼伤是人体与带电体接触，电流通过人体由电能转换成热能造成的伤害。电流灼伤一般发生在低压设备或低压线路上。电弧烧伤是由弧光放电造成的伤害，可分为直接电弧烧伤和间接电弧烧伤。前者是带电体与人体发生电弧，有电流流过人体的烧伤；后者是电弧发生在人体附近对人体的烧伤，包含熔化的炽热金属溅出造成的烫伤。直接电弧烧伤是与电击同时发生的。电弧温度高达8000℃以上，可造成大面积、大深度的烧伤，甚至烧焦、烧掉四肢及其他部位。大电流通过人体，也可能烘干、烧焦机体组织。高压电弧烧伤比低压电弧烧伤严重，直流电弧烧伤比工频交流电弧烧伤严重。

发生直接电弧烧伤时，电流进、出口烧伤最为严重，体内也会受到烧伤。与电击不同的是，电弧烧伤都会在人体表面留下明显痕迹，而且致命电流较大。

2）皮肤金属化。指在电弧高温的作用下，金属熔化、汽化，金属微粒渗入皮肤，使皮肤粗糙而张紧的伤害。皮肤金属化多与电弧烧伤同时发生。

3）电烙印。在人体与带电体接触部位留下的永久性斑痕。斑痕处的皮肤失去原有弹性、色泽，表皮坏死，失去知觉。

4）机械性损伤。电流作用于人体时，由于中枢神经反射和肌肉强烈收缩等作用导致的机体组织断裂、骨折等伤害。

5）电光眼。发生弧光放电时，由红外线、可见光、紫外线对眼睛的伤害。电光眼表现为角膜炎或结膜炎。

（二）触电事故危害

触电事故造成的伤害表现为多种形式。电流通过人体内部器官，会破坏人的心脏、肺部、神经系统等，使人出现痉挛、呼吸窒息、心室纤维性颤动、心脏骤停甚至死亡。

（1）感应电流。交流电流为 1mA（男子为 1.1mA，女子为 0.7mA）或直流 5mA 时，人体就可以感觉电流接触部位有轻微的麻痹、刺痛感。

（2）摆脱电流。实验表明，成年男性的平均摆脱交流电流约为 16mA，成年女性此值约为 10mA，直流电流不超过 50mA，不会对人体造成伤害，可自行摆脱。

（3）伤害电流。超过摆脱电流，交流电流在 16～50mA 时，就会对人体造成不同程度的伤害，触电时间越长，后果也越严重。当通过人体的电流超过伤害电流时，大脑就会昏迷，心脏可能停止跳动，并且会出现严重的电灼伤。

（4）致死电流。当通过人体的交流电流到达 100mA 时，如果通过人体 1s，便足以使人致命，造成严重伤害事故。

一般通过人体的电流越大，人的生理反应越明显，越强烈，死亡危险性也越大。通过人体的电流强度取决于触电电压和人体电阻。一般人体电阻为 1～2kΩ。电流达到 50mA 以上，就会引起心室颤动，有生命危险，100mA 以上的电流则足以致命。而接触 30mA 以下的电流通常不会有生命危险。电流通过头部会使人立即昏迷，甚至死亡；电流通过脊髓，会导致半截肢体瘫痪；电流通过心脏会引起心室颤动及至心脏停止跳动而导致死亡；电流通过中枢神经，会引起中枢神经强烈失调而导致死亡。

（三）触电事故发生机理

触电事故是典型的电能意外释放而给相关人员或者物品造成的不可逆的损害。

1. 物的原因

（1）线路过载（过电流）。通常线路过载的主要原因是线路上连接的用电设备负荷太重，导致导线剧烈发热，容易引燃导线包裹层（如塑料、橡胶、纤维编织物等），使燃烧沿导线传送蔓延。导线的允许载流量通常由导线材质、导线横截面面积及导线敷设条件决定。不同导线的载流量在国际电工协会铜芯电线电缆载流量标准（CN）IEC 60364-5-523 中都有载明。

（2）线路漏电。在正常情况下，电网线路通过绝缘、架空与地断开，相线和地之间无电流环路。但在狭窄、潮湿的环境中，相线有可能通过岩壁、潮湿空气、水或者其他非正常搭接等渠道与地形成环路，产生漏电电流。漏电不仅会造成电能损失，相间短路、破坏电网电压平衡，还会在漏电点或区域形成高电位，造成触电威胁。严重的漏电可能导致三相电网失衡而无法正常工作。

（3）线路短路。线路短路是指线路相线与相线，或者相线与中性线发生意外短接的事故。一旦发生短路，短路电流瞬间趋近于无穷大，不仅会烧毁线路及用电设备，而且还可能因瞬间产生的高热量形成电弧，灼伤人员。对三相交流供电系统而言，线路短路会导致电网"失相"，三相平衡被破坏，严重者会导致供电系统崩溃。

2. 人的原因

人员触电即人体直接触及电源或高压电经过空气或其他导电介质传递电流通过人体时引起的组织损伤和功能障碍。其主要原因如下：

（1）人们在某种场合没有遵守安全工作规程，直接接触或过分靠近电气设备的带电部分。

（2）缺乏电气安全知识，在高压线附近高处作业；低压架空线路断线后不停电用手去拾相线；黑夜带电接线手摸带电体；用手摸破损的胶皮盖接地刀闸。

（3）人们触及因绝缘损坏而带电的电气设备外壳和与此相连接的金属构架。

（4）违反操作规程，带电连接线路或电气设备而又未采取必要的安全措施；触及损坏的设备或导线；误登带电设备；带电接照明灯具；带电修理电动工具；带电移动电气设备；用湿手拧灯泡等。

（5）靠近电气设备的绝缘损坏处或其他带电部分的接地短路处，遭到较高电位所引起的伤害。

（6）设备不合格，安全距离不够；"二线一地制"接地电阻过大；接地线不合格或接地线断开；绝缘损坏使导线裸露在外等。电气设备安装不符合安装规程的要求，带电体的对地距离不够。

（四）常见触电方式

常见触电方式可分为直接触电、间接触电及其他触电。直接触电又可分为单相触电和两相触电；间接触电可分为跨步电压触电和接触电压触电；其他触电又可分为感应电压触电、雷电电击、残余电荷电击和静电电击。

1. 单相触电

当人体直接碰触带电设备其中的一相时，电流通过人体流入大地，这种触电现象称为单相触电。对于高压带电体，人体虽未直接接触，但由于超过了安全距离，高电压对人体放电，造成单相接地而引起的触电，也属于单相触电。

2. 两相触电

人体同时接触带电设备或线路中的两相导体，或在高压系统中，人体同时接近不同相的两相带电导体，而发生电弧放电，电流从一相导体通过人体流入另一相导体，构成一个闭合回路，这种触电方式称为两相触电。发生两相触电时，作用于人体上的电压等于线电压，这种触电是最危险的。

因生产作业空间小，电力线路分布广泛，人员与电网之间缺少足够的安全空间，线路的误接、不规范布设连接、电缆表皮磨损，以及有线电力机车的裸露架线等都有可能因人员触碰而发生事故。

3. 接触电压触电

当设备外壳带电，人站在设备附近，手触及设备外壳，在人的手与脚之间承受一个电位差，其电位差超过人体允许安全电压时的触电，称接触电压触电。

在作业中，一些用电设备根据需要会经常被移动，或者是供电线缆被经常拖动，这些情况都容易造成线缆表皮磨损或接线端子脱扣、折断、误接，相线一旦接触用电设备就会造成机壳带电。在这种情况下，如果人员接触机壳，就会发生触电危险。

在电气维修过程中，如果电源未被切断，极易造成触电事故发生。对于某些电容性设备的维修，如果电容正负极之间聚集的大量电荷未进行有效释放，即使切断了设备电源，电容器也有可能通过人体放电造成触电事故。此外，还有一种情况：维修的设备接地与人员接地系统不一致，两个"地"之间存在较大的电位差，也可能造成维修人员触电。

4. 跨步电压触电

当电气设备发生接地故障，接地电流通过接地体向大地流散，在地面上形成电位分布时，若人在接地短路点周围行走，其两脚之间的电位差，就是跨步电压。由跨步电压引起的人体触电，称为跨步电压触电。

（五）触电事故案例分析——见链接二维码

第五节　建设工程项目施工现场劳动防护用品

劳动防护用品是直接保护劳动者人身安全与健康，防止伤亡事故与职业病的防护性装备。按照工伤事故防治与职业病防治的要求，劳动防护用品可分：安全劳动防护用品和劳动卫生护具。施工现场常见的安全劳动防护用品，例如：防坠落劳动防护用品（安全网、安全绳、安全带）、防冲击劳动防护用品（安全帽、防冲击眼护具）、防静电绝缘劳动防护用品等；劳动卫生护具如防尘用品、防毒用品、防噪声用品等。按照适用范围，劳动防护用品又可分为一般劳动防护用品和个人劳动防护用品。本章节着重介绍一般劳动防护用品——安全网和个人劳动防护用品。

一、安全网的基本常识

（一）安全网的定义与分类

安全网是预防坠落伤害的一种劳动防护用器，适用范围极广，大多用于各种高处作业。在高处作业过程中，安全网能够有效地防止高处坠落或者物体打击给相关人员或者设备器械等造成的损害。安全网按功能可分为安全平网、安全立网及密目式安全立网。

（1）安全平网是水平挂置（不是垂直挂置）的安全网，用来防止人、物坠落，或用来避免、减轻坠落及物击伤害。

（2）安全立网是垂直挂置的安全网，所以称为安全立网。安全立网起到，保护环境、减少噪声、防止碎石溅落等作用。

（3）密目式安全立网。网眼孔径不大于 12mm，垂直于水平面安装，用于阻挡人员、视线、自然风、飞溅及失控小物体的网，简称为密目网。密目网一般由网体、开眼环扣、边绳和附加系绳组成。密目式安全立网又可分为 A 级密目式安全立网和 B 级密目式安全立网。A 级密目式安全立网用于有坠落风险的场所；B 级密目式安全立网则是在没有坠落风险或配合安全立网（护栏）完成坠落保护功能的情况下使用。

综上所述，无论是哪种类型的安全网，其受力强度必须经受住人体及携带工具等物品坠落时重量和冲击距离纵向拉力、冲击强度。

（二）安全网的使用要求

（1）安全网以化学纤维为主要材料。同一张安全网上所有的网绳，都要采用同一材料，所有材料的湿干强力比不得低于 75％。通常，多采用维纶和尼龙等合成化纤制作网绳。此外，只要符合国际有关规定的要求，也可采用棉、麻、棕等植物材料做原料。不论采用何种材料，每张安全平网的重量一般不宜超过 15kg，并要能承受 800N 的冲击力。

（2）使用前，应检查安全网是否有腐蚀及损坏情况。施工中，要保证安全网完整有效、支撑合理，受力均匀，网内不得有杂物；搭接要严密牢靠，不应有缝隙，搭设的安全网，不应在施工期间拆移、损坏，必须到无高处作业时方可拆除。因施工需要暂时拆除已架设的安全网时，施工单位必须通知、征求搭设单位意见，搭设单位同意后方可拆除。待该项施工任务结束，必须立即按规定要求由施工单位恢复安全网的搭设，并经搭设单位检查合格后，方可使用。

（3）安全网在使用时必须经常检查，并有跟踪使用记录，不符合要求的安全网应及时处理。安全网在不使用时，必须妥善地存放、保管，防止受潮发霉。新网在使用前必须查看产品的铭牌：首先看是平网还是立网，立网和平网必须严格地区分开，立网绝不允许当平网使用；架设立网时，底边的系绳必须系结牢固；生产厂家的生产许可证；产品的出厂合格证，若是旧网在使用前应做试验，并有试验报告书，试验合格的旧网才可以使用。

二、个人劳动防护用品概述

（一）个人劳动防护用品基本定义

个人劳动防护用品，又称劳动防护用品、劳动保护用品，简称"护品"，指由生产经营单位为从业人员配备的，使其在劳动过程中免遭或者减轻事故伤害及职业危害而穿戴和配备的各种物品的总称。

个人劳动防护用品的作用，是使用一定的屏蔽体或系带、浮体，采取隔离、封闭、吸收、分散、悬浮等手段，保护机体或全身免受外界危害因素的侵害。个人劳动防护用品供劳动者个人随身使用，是保护劳动者不受职业危害的最后一道防线。当劳动安全卫生技术措施尚不能消除生产劳动过程中的危险及有害因素，达不到国家标准、行业标准及有关规定，也暂时无法进行技术改造时，使用个人劳动防护用品就成为既能完成生产劳动任务，又能保障劳动者的安全与健康的有效手段。

（二）个人劳动防护用品的特点

（1）个人劳动防护用品是用于员工的一种短期的防护手段，个人劳动防护用品仅仅保护使用者。

（2）个体劳动防护用品需要高运行成本。个人劳动防护用品不是一劳永逸的，平时使用需要护理，使用到一定年限需要根据使用要求进行更换，如果在使用过程中受到损伤，还需要视情况进行及时更换，如塑料安全帽的使用年限是不超过 2.5 年，安全防护鞋的使用年限为 2 年，并且安全防护鞋实际使用一年后就不推荐作为安全防护鞋使用，只能作为一般的工作鞋使用。因此个人劳动防护用品的使用需要较大的成本投入。

（3）个人劳动防护用品也不能 100％ 起到保护作用。例如，国家标准中规定安全帽必须能吸收 4900N 的冲击力，因为根据生物学试验，该值是人体颈椎承受冲击力时的最大限值，超过此限值颈椎就会受到伤害，轻者引起瘫痪，重者危及生命。因此，即便是戴了安全帽，对于过大的冲击力，安全帽的作用也是非常有限的。因此，个人劳动防护用品只是在一定范围内能够给人体提供保护作用。

（4）个人劳动防护用品的使用能引起不舒适及生理负担，对使用者是一种负担。尤其在高温高热的夏季使用安全帽，穿安全防护服或者穿比较厚重的安全防护鞋等，都会给身体带来不舒适感。正是个人劳动防护用品的这一特点，使用者嫌麻烦及安全意识不强等，导致个人劳动防护用品被放置一边，导致安全事故发生。

（三）个人劳动防护用品的基本要求

个人劳动防护用品质量的优劣直接关系到职工的安全与健康，对其基本要求是：

（1）具备相应的生产许可证（编号）、产品合格证和安全鉴定证。

（2）符合国家标准、行业标准或地方标准。

（四）个人劳动防护用品分类

1. 按照用途分类

（1）以防止伤亡事故为目的的安全防护用品，主要包括：

1）防坠落用品，如安全带、安全网等。

2）防冲击用品，如安全帽、防冲击护目镜等。

3）防触电用品，如绝缘服、绝缘鞋等。

4）防机械外伤用品，如防刺、割、绞碾、磨损用的防护服、鞋、手套等。

5）防酸碱用品，如耐酸碱手套、防护服和防护靴等。

6）耐油用品，如耐油防护服、耐油防护鞋和耐油防护靴等。

7）防水用品，如胶制工作服、雨衣、雨鞋和雨靴、防水保险手套等。

8）防寒用品，如防寒服、鞋、帽、手套等。

（2）以预防职业病为目的的劳动卫生护具，主要包括：

1）防尘用品，如防尘口罩、防尘服等。

2）防毒用品，如防毒面具、防毒服等。

3）防放射性用品，如防放射性服、铅玻璃眼镜等。

4）防热辐射用品，如隔热防火服、防辐射隔热面罩、电焊手套、有机防护眼镜等。

5）防噪声用品，如耳塞、耳罩、耳帽等。

2. 以人体防护部位分类

（1）头部防护用品，如防护帽、安全帽、防寒帽、防昆虫帽等。

（2）呼吸器官防护用品，如防尘口罩（面罩）、防毒口罩（面罩）等。

（3）眼面部防护用品，如焊接护目镜、炉窑护目镜、防冲击护目镜等。

（4）手部防护用品，如一般防护手套、各种特殊防护（防水、防寒、防高温、防振）手套、绝缘手套等。

（5）足部防护用品，如防尘、防水、防油、防滑、防高温、防酸碱、防震鞋（靴）及电绝缘鞋（靴）等。

（6）躯干防护用品，通常称为防护服，如一般防护服、防水服、防寒服、防油服、放电磁辐射服、隔热服、防酸碱服等。

（7）护肤用品，用于防毒、防腐、防酸碱、防射线等的相应保护剂。

三、个人劳动防护用品的应用

（一）安全帽

1. 安全帽基本常识

在建设工程施工现场，施工作业人员所佩戴的安全帽主要是为了保护头部不受到伤害。它可以在以下几种情况下保护人的头部不受伤害或降低头部伤害的程度：①飞来或坠落下来的物体击向头部时；②当作业人员从 2m 及以上的高处坠落下来时；③当头部有可能触电时；④在低矮的部位行走或作业，头部有可能碰撞到尖锐、坚硬的物体时。安全帽是指对人头部受坠落物及其他特定因素引起的伤害起防护作用的帽子。

安全帽由帽壳、帽衬、下颌带及附件等组成。安全帽的帽壳与帽衬之间有 25～50mm 的间隙，可以起到缓冲减震的作用。当物体击向安全帽时，帽壳不因受力变形而直接影响到头顶部。安全帽的帽壳为椭圆形或半球形，表面光滑，当物体坠落在帽壳上时，物体不能停留立即滑落；帽壳能够起到分散应力作用，而且帽壳受打击点的承受的力向周围传递。通过帽衬缓冲减少的力可达 2/3 以上，其余的力经帽衬的整个面积传递给人的头盖骨，这样就把着力点变成了着力面，从而避免了冲击力在帽壳上某点应力集中，减少了单位面积受力。

2. 安全帽的分类与性能

在施工现场经常用到的安全帽，根据材质的不同可以分为：

（1）玻璃钢安全帽（塑钢安全帽）。主要用于冶金高温作业场所、油田钻井森林采伐、供电线路、高层建筑施工及寒冷地区施工场景。

（2）聚碳酸酯塑料安全帽。主要用于油田钻井、森林采伐、供电线路、建筑施工等作业。

（3）ABS 塑料安全帽。主要是抗冲击和防砸性能比较好，主要用于冲击强度高的室内常温作业场所。

（4）超高分子聚乙烯塑料安全帽。适用范围较广，如冶金化工、矿山、建筑、机械、电力、交通运输、林业和地质等作业的工种。

（5）改性聚丙烯塑料安全帽。主要用于冶金、建筑、森林、电力、矿山、井上、交通运输等作业的工种。

（6）竹编安全帽。主要用于冶金、建筑、林业、矿山、码头、交通运输等作业。

（7）智能安全帽。通过信息技术能进行考勤和定位，自动搜集人员标签信息；也可通过 App 实时调取人员信息和移动轨迹，数据上传到项目管理平台的安全帽。

3. 安全帽的佩戴及使用注意事项

安全帽的佩戴和使用要符合标准。如果佩戴和使用不正确，就起不到充分的防护作用，一般应注意下列事项：

（1）戴安全帽前应将帽后调整带按自己头型调整到适合的位置，然后将帽内弹性带系牢。缓冲衬垫的松紧由带子调节，人的头顶和帽体内顶部的空间垂直距离一般为 25～50mm，至少不要小于 32mm 为好，这样才能保证当遭受到冲击时，帽体有足够的空间可供缓冲，平时也有利于头和帽体之间的通风。

（2）不要把安全帽歪戴，也不要把帽檐戴在脑后方，否则，会降低安全帽对于冲击的防护作用。

（3）安全帽的下颌带必须扣在颌下，并系牢，松紧要适度，这样不会被大风吹掉，或者是被其他障碍物碰掉，或者由于头的前后摆动，使安全帽脱落。

（4）安全帽体顶部除了在帽体内部安装了帽衬外，有的还开了小孔通风，但在使用时不要为了透气而随便再行开孔，因为这样做将会使帽体的强度降低。

（5）由于安全帽在使用过程中，会逐渐损坏，要定期检查，检查有没有龟裂、下凹、裂痕和磨损等情况，发现异常现象要立即更换，不准再继续使用。任何受过重击、有裂痕的安全帽，不论有无损坏现象，均应报废。

（6）严禁使用只有下颌带与帽壳连接的安全帽，也就是帽内无缓冲层的安全帽。

（7）施工作业人员在现场作业中，不应将安全帽脱下，搁置一旁或当坐垫使用。

（8）安全帽大部分是使用高密度低压聚乙烯塑料制成，不许长时间在阳光下曝晒。

（9）新领的安全帽，首先检查是否有劳动部门允许生产的证明及产品合格证，再看是否破损、薄厚均匀，缓冲层及调整带和弹性带是否齐全有效，不符合规定要求的立即调换。

（10）在现场室内作业也要戴安全帽。特别是在室内带电作业时，更要戴好安全帽，因为安全帽不但可防碰撞，而且还能起到绝缘作用。

（11）平时使用安全帽时应保持整洁，不能接触火源，不要任意涂刷油漆。如果丢失或损坏，必须立即补发或更换。无安全帽一律不准进入施工现场。

（二）安全带

1. 安全带的基本常识

安全带是施工作业人员高处作业时防范坠落伤亡事故的个人劳动防护用品，被施工作业人员称为"救命带"。安全带由带子、绳子和金属配件组成。安全带主要作用是分解转移坠落时产生的作用力及能量，保护人体安全。安全带根据佩戴方式的不同可分为全身式安全带、上身式安全带和腰部安全带。根据安全程度和受力的合理性，全身式安全带是首选。

2. 安全带使用和维护的原则

建设施工现场上，高处作业、重叠交叉作业非常多。为了防止作业人员在某个高度和位置上可能出现的坠落，在登高和高处作业时，作业人员必须系挂好安全带。安全带的使用和维护需要遵守以下几点：

（1）在基准面 2m 以上作业须系安全带。

（2）思想上必须重视安全带的作用。无数事例证明，安全带是"救命带"。可是少数人觉得系安全带麻烦，上下行走不方便，认为"有系安全带的时间活都干完了"。殊不知，事故发生就在一瞬间，所以高处作业必须按规定要求系好安全带。

（3）安全带使用前应检查绳带有无变质，卡环是否有裂纹，卡簧弹跳性是否良好。

（4）高处作业安全带必须挂到稳固结实的地方，如坚实的结构构件，挂点的承载力至少能够达到承受一个 90kg 的成年人从 2m 高度坠落而产生的冲击力。如果安全带无固定挂处，应采用适当强度的水平生命线、竖直生命线或采取其他方法。禁止把安全带挂在移动或带尖锐棱角或不牢固的物件上。

（5）高挂低用。将安全带挂在高处，人在下面工作就叫高挂低用。这是一种比较安全合理的科学系挂方法。它可以使有坠落发生时的实际冲击距离减小。与之相反的是低挂高用，就是安全带拴挂在低处，而人在上面作业。这是一种很不安全的系挂方法，因为当坠落发生时，实际冲击的距离会加大，人和绳都要受到较大的冲击负荷。所以安全带必须高挂低用，杜绝低挂高用。安全带挂点的安全距离如图 3-3 所示。

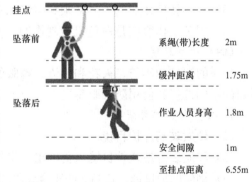

图 3-3　安全带挂点的安全距离示意图

（6）安全带要拴挂在牢固的构件或物体上，安全带使用中与竖向的夹角要小于 30°，以防止作业人员发生"钟摆效应"或者发生碰撞，绳子不能打结使用，钩子要挂在连接环上。

（7）安全带的绳子的保护套要保持完好，以防绳被磨损。若发现保护套损坏或脱落，须加上新套后再使用。

（8）安全带严禁擅自接长使用。如果使用 3m 及以上的长绳必须要加缓冲器，各部件不得任意拆除。

（9）安全带在使用前要检查各部位是否完好无损。安全带在使用后，要注意维护和保管。要经常检查安全带缝制部分和挂钩部分，必须详细检查捻线是否发生裂断和残损等。

（10）安全带不使用时要妥善保管，不可接触高温、明火、强酸、强碱或尖锐物体，不要存放在潮湿的仓库中保管。

（11）安全带在使用两年后应抽验一次，频繁使用应经常进行外观检查，发现异常必须立即更换。使用期间发生过坠落事件的安全带，即便是没有外观异常也不得再继续使用。定期或抽样试验用过的安全带，不准再继续使用。

（三）防护服

建设施工现场上的作业人员应穿着工作服。焊工的工作服一般为白色，其他工种的工作服没有颜色的限制。防护服有以下几类：

（1）全身防护型工作服。

（2）防毒工作服。

（3）耐酸工作服。

（4）耐火工作服。

（5）隔热工作服。

（6）通气冷却工作服。

（7）通水冷却工作服。

（8）防射线工作服。

（9）劳动防护雨衣。

（10）普通工作服。

施工现场上对作业人员防护服的穿着要求是：

（1）作业人员作业时必须穿着工作服。

（2）操作转动机械时，袖口必须扎紧。

（3）从事特殊作业的人员必须穿着特殊作业防护服。

（4）焊工工作服应是白色帆布制作的。

（四）防护眼镜

物质的颗粒和碎屑、火花和热流、耀眼的光线和烟雾都会对眼睛造成伤害，须根据防护对象的不同选择和使用防护眼镜。

1. 防打击的护目眼镜

（1）硬质玻璃片护目镜。

（2）胶质黏合玻璃护目镜（受冲击、击打破碎时呈龟裂状，不飞溅）。

（3）钢丝网护目镜。它们能防止金属碎片或金属屑、沙尘、石屑、混凝土屑等飞溅物对眼部的打击。金属切削作业、混凝土凿毛作业、手提砂轮机作业等适合于佩戴这种平光护目镜。

2. 防紫外线和强光用的护目镜和防辐射面罩

焊接工作使用的防辐射面罩应由不导电材料制作，观察窗、滤光片、保护片尺寸吻合，无缝隙。护目镜的颜色是混合色，以蓝、绿、灰色的为好。

3. 防有害液体的护目镜

主要用于防止酸、碱等液体及其他危险注入体与化学药品所引起对眼部的伤害。一般镜片用普通玻璃制作，镜架用非金属耐腐蚀材料制成。

4. 铅制玻璃片护目镜

主要是为了防止 X 射线对眼部的伤害。

5. 防灰尘、烟雾及各种有轻微毒性或刺激性较弱的有毒气体的防护镜

必须密封，遮边无通风孔，与面部接触严密，镜架要耐酸、耐碱。

（五）防护鞋

防护鞋的种类比较多，不同种类的防护鞋有不同的用途。施工现场上常用的防护鞋有下列几种：

（1）橡胶鞋。有绝缘保护作用，主要用于电力、水力清砂、露天作业等岗位。

（2）球鞋。有绝缘、防滑保护作用，主要用于检修、起重机司机、电气等工种。

（3）钢包头皮鞋。用于铸造、炼钢等工种。

（六）防护手套

施工现场上施工作业人员的一切作业，大部分是由双手操作完成的，这就决定了手经常处在危险之中。手的安全防护主要靠手套。使用防护手套时，必须对工件、设备及作业情况进行分析后，选择适当材料制作的、操作方便的手套，方能起到保护作用。但是对于需要精细调节的作业，戴防护手套不便于操作，尤其对于使用钻床、铣床和传送机旁及作业涉及有夹挤危险部位的操作人员，若使用手套，则有被机械缠住或夹住的危险。所以从事这些工种的作业人员，严格禁止使用防护手套。戴各种手套时，注意不要让手腕裸露出来，以防在作业时焊接火星或其他有害物质溅入体内造成伤害。施工现场上常用的防护手套有下列几种：

（1）厚帆布手套。多用于高温、重体力劳动，如炼钢、铸造等工种。

（2）薄帆布、纱线、分指手套。主要用于检修工、起重机司机和配电工等工种。

（3）翻毛皮革长手套。主要用于焊接工种。

（4）橡胶或涂橡胶手套。主要用于电气、铸造等工种。

（七）听力防护用品

1. 噪声的基本常识

噪声一般是指不恰当或者不舒服的听觉刺激。它是一种由为数众多的频率组成的并具有非周期性振动的复合声音。简言之，噪声是非周期性的声音振动。它的音波波形不规则，听起来感到刺耳。从社会和心理角度来说，凡是妨碍人们学习、工作和休息并使人产生不舒适感觉的声音，都称为噪声。据《2019 年中国环境噪声污染防治报告》显示，2019 年全国环境噪声投诉占环境投诉总数比例为 38.1%，比 2018 年上升 3%。总体来说，近年来城市噪声污染情况有所加重。据中华人民共和国环境保护部统计，2019 年全国各省（区、市）收到建筑施工噪声投诉占噪声举报的比例为 45.5%，其次为工业噪声，占 26.5%。

噪声的测量单位是 dB，0dB 分贝是可听见声音的最低强度。噪声有高强度和低强度之分。低强度的噪声在一般情况下对人的身心健康没有什么害处，而且在许多情况下还有利于提高工作效率。施工现场高强度的噪声主要来自机械设备，例如，土方阶段的运输车辆、推土机、挖掘机、装载机、土方爆破；桩基础阶段的打桩机、振捣棒、混凝土搅拌车；结构施工的混凝土搅拌车、振捣棒、电锯、钢筋切割、支拆模板、脚手架安装；装饰装修阶段的石材切割、电锯、外用电梯、石材打磨等。建筑施工现场噪声一般在 90dB 以上，最高可达 130dB。

2. 施工噪声的危害

在建筑施工现场噪声的危害主要有以下三种：

（1）职业性耳聋。呈渐进性听力减退，直到两耳轰鸣和听觉失灵。

（2）爆炸性耳聋。是指一次高强度的噪声（往往大于 130～160dB）引起的听觉损伤，表现为鼓膜损伤及伴有脑震荡等。

（3）噪声对人及其他系统的影响。除上述影响外，还可能引起人的植物神经紊乱、胃肠功能紊乱，而且对人的心血管系统、内分泌系统，以及视觉、智力等都有不同程度的影响。

根据《工作场所有害因素职业接触限值 第 1 部分：化学有害因素》（GBZ 2.1—2019）的规定，如表 3-7 所示，并且规定在任何时间内工作场所中作业人员接触的噪声值不能超过 115dB。

表 3-7　　　　　　　　　　　　工作场所噪声接触限值表

声压（dB）	可允许的最长暴露时间
85	8h
88	4h
91	2h
94	1h
97	30min
100	15min
103	7.5min

3. 听力防护用品的分类

在有噪声的工作场所中，作业人员需要佩戴听力防护用品，听力防护用品按结构形状可分为耳塞、耳罩和防噪声帽三类。

（1）耳塞。不用任何外固定器而直接置入外耳道的听力防护用品。耳塞的设计应考虑人体外耳道的解剖特征，并有不同的规格型号供人选用。海绵圆柱形耳塞，只需用手指挤捏，将空气排出，使耳塞变形，置入耳道中，因空气随即充满海绵，并基本上恢复原状而封闭耳道，它既隔声，又吸声；还有用橡胶或塑料材料制成的圆锥形、蘑菇形和伞形耳塞。此外，还有一种硅橡胶成型耳塞，使用时将硅橡胶液体注入使用者的耳道凝固成型。它与使用者的耳道较吻合，隔声效果好，但使用不方便。耳塞具有质量轻、便于佩戴、不妨碍头部和眼睛配用其他防护用品等优点。各种耳塞应对高频或低频噪声都有良好的衰减作用。

（2）耳罩。由两只能覆盖耳廓的壳体和弓形连接件构成的听力防护用品。壳体一般用轻金属或硬质塑料制成，表面光滑，内部充填吸声材料。在壳体的内层或周边用弹性材料做成缓冲垫或用高黏性的液体（如甘油、凡士林等）充填于软胶管内做成环状软衬垫，用以增强耳罩与皮肤接触部位的密封性和舒适性。耳罩对高频噪声的衰减效果比对低频噪声的衰减效果好，但对 1000Hz 以下的噪声，平均衰减值不如耳塞。近期有一种内装限频限幅电子器的耳罩，能自动限制 80dB 以上的噪声。

（3）防噪声帽。防御强烈噪声经颅骨传至听觉器官的听力防护用品。按选用材料的不同，有软式防噪声帽和硬式防噪声帽两种。软式防噪声帽采用皮革或人造革做面，中间填充泡沫塑料或合成纤维吸声棉做成内芯。这种防噪声帽对于 8000Hz 的噪声，最大声衰减值可达 24dB。硬式防噪声帽的外壳用硬质塑料制成，壳的中间填入泡沫塑料或合成纤维吸声棉，可降低噪声30～50dB，对于130～140dB的噪声有明显的衰减作用。防噪声帽常与耳罩或耳塞同时使用，可起到防御来自气道和管道噪声的作用。若在帽内安装无线电接收器，用话筒调度、指挥生产，与人交谈，不受噪声对语言的干扰。

第六节　建设工程项目安全技术交底与安全检查

一、安全技术交底的定义

安全技术交底是指将预防和控制安全事故发生及减少其危害的安全技术措施，以及建设工程项目、分部分项工程概况及特点向作业人员做出说明。安全技术交底制度是施工单位有效预防违章指挥、违章作业和伤亡事故发生的一种有效措施，是落实安全技术措施及安全管理事项的重要手段之一。安全技术交底要与施工技术交底同时进行，重大安全技术措施及重要部位的安全技术由建筑业企业或者项目经理部技术负责人向项目工长进行书面安全技术交底，一般安全技术措施由项目工长向施工班组进行书面安全技术交底。

二、安全技术交底的原则和要求

（一）安全技术交底的编制原则

安全技术交底要依据安全施工组织设计中的安全措施，结合具体施工方法，根据现场的作业条件及环境，将工程项目、分部分项工程项目概况，以书面形式，编制出具有可操作性、有针对性、内容全面的安全技术交底材料，并经审批签字后向参加施工的各类人员进行安全技术交底，使全体作业人员明白工程施工特点及各施工阶段安全施工的要求，掌握各自岗位职责和安全操作方法，交底时必须双方签字，交底人与接收人各留一份。

（二）安全技术交底的原则

（1）安全技术交底与建设工程的技术交底要融为一体，不能分开。

（2）必须严格按照施工制度，在施工前进行交底。

（3）要按照不同工程的施工特点和施工方法，针对施工现场和周围环境，从防护、技术上，提出相应的安全措施和要求。

（4）安全技术交底要全面、具体、针对性强，做到安全施工、万无一失。

（5）建筑机械安全技术交底要向操作人员交代机械的安全性能及安全操作规程和安全防护措施，并经常检查操作人员的交接班记录。

（6）交底应由施工技术人员编写并向施工班组及责任人交底，安全员负责监督执行。

（三）安全技术交底的主要要求

（1）施工单位负责项目管理的技术人员向施工班组长、作业人员进行交底。

（2）交底必须具体、明确、针对性强。交底要依据施工组织设计和分部分项安全施工方案中的安全技术措施内容，以及分部分项工程施工给作业人员带来的潜在危险因素，就作业要求和施工中应注意的安全事项有针对性地进行交底。

（3）各工种的安全技术交底一般与分部分项安全技术交底同步进行。对施工工艺复杂、施工难度较大或作业条件危险的，应当单独进行各工种的安全技术交底。

（4）交底应当采用书面形式进行。

（5）交底双方在书面安全技术交底上签字确认。

（四）安全交底的主要内容

（1）工程项目和分部分项工程项目的概况。

（2）工程项目和分部分项工程的危险部位。

（3）针对危险部位采取的具体防范措施。

（4）作业中应注意的安全事项。

（5）作业人员应遵守的安全操作规程和规范。

（6）作业人员发现事故隐患后应采取的措施。

（7）发生事故后应及时采取的避险和急救措施。

三、安全检查的定义

安全检查是对建设生产过程及安全管理中可能存在的隐患、有害与危险因素、缺陷等进行查证，确定隐患或有害与危险因素、缺陷的存在情况，以及它们转化为事故的条件，以便制定整改措施，消除隐患和有害因素与危险因素，确保安全生产。安全检查的目的就是发现和消除事故隐患，把可能发生的各类事故消除在萌芽状态。

四、安全检查的主要方法、内容和形式

（一）安全检查的主要方法

（1）访谈。访谈是通过"听"和"问"两个环节实现。"听"，听取基层管理人员或施工现场安全员汇报安全生产情况，介绍现场安全工作经验、存在的问题、今后整改，检查现场安全管理规章制度执行实施的情况。"问"，主要是指通过询问、提问，对项目经理为首的现场管理人员和操作人员进行应知应会的抽查，以便了解现场管理人员和操作人员的安全意识和安全素质。

（2）现场观察和查看。主要是指检查设计文件、作业规程、安全措施、责任制度等文件资料是否齐全，是否有效；查阅相应记录，判断上述文件是否被执行。对施工现场作业环境、作业过程进行巡视。查看项目负责人、专职安全管理人员、特种作业人员等持证上岗的情况和观察他们在生产作业中的习惯性行为；现场安全标志设置情况；劳动防护用品的使用情况；现场安全设施及机械设备安全装置配置情况等。通过现场观察和查看寻找不安全因素、事故隐患、事故征兆等。

（3）仪器测量。利用一定的检测检验仪器设备，对在用的设施、设备、器材性能参数、作业状况及作业环境条件等进行实测实量，以发现安全隐患。例如，脚手架各种杆件的间距、现场安全防护栏杆的高度、电气开关箱的安装高度、在建工程与外电线路边线安全距离的测量；漏电保护器测试仪对漏电保护漏电动作电流、漏电动作时间的测试；使用经纬仪对塔吊、外用施工电梯安装垂直度的测试等。

（二）安全检查的主要内容

安全检查的具体内容应本着突出重点的原则进行确定。安全检查的内容还可以概括为对安全生产软件系统和硬件系统的检查。软件系统主要是查思想、查意识、查制度、查管理、查事故处理、查隐患、查整改。硬件系统主要是查生产设备、查辅助设施、查安全设施、查生产作业环境。

（1）查安全思想。主要检查以项目经理为首的安全管理机构全体员工的安全生产意识和对安全生产工作的重视程度。

（2）查安全责任。主要检查建设工程项目安全生产责任制的建立；安全生产责任目标的分解落实和考核情况；对安全生产责任制与责任目标的一致性，以及具体的落实情况也要给予确认。

（3）查安全制度。主要检查建设工程项目各项安全生产规章制度和安全技术操作规程的建立和执行情况。

（4）查教育培训。主要检查建设工程项目现场教育培训岗位、教育培训人员、教育培训内容是否明确、具体、有针对性；三级安全教育制度和特种作业人员持证上岗的落实是否到位；教育培训档案资料是否真实、齐全。

（5）查安全措施。主要检查建设工程项目现场的安全措施计划及各项安全专项施工方案的编制、审核、审批及实施情况；重点检查方案的内容是否全面，措施是否具体并有针对性，现场的实时运行是否与方案规定的内容相符。

（6）查安全防护。主要检查建设工程项目现场临边、洞口等各项安全防护设计是否到位，有无安全隐患。

（7）查设备设施。主要检查建设工程项目现场投入使用的设备设施的购置、租赁、安装、验收、使用、过程维护保养等各个环节是否符合要求；设备设施的安全装置是否齐全、灵敏、可靠、有无安全隐患。

（8）查操作行为。主要检查建设工程项目现场施工作业过程中有无违章指挥、违章作业、违反劳动纪律的行为发生。

（9）查劳动防护用品的使用。主要检查现场劳动防护用品、用具的购置、产品质量、配备数量和使用情况是否符合安全与职业卫生的要求。

（10）查伤亡事故处理。主要检查现场是否发生伤亡事故，对发生的伤亡事故是否按照"四不放过"的原则进行了处理，是否有针对性地制定了纠正与预防措施，制定的纠正与预防措施是否已落实并取得实效。

（三）建设工程安全检查的主要形式

建设工程施工的安全检查形式一般可分为日常检查、专项检查、定期安全检查、经常性安全检查、季节性安全检查、节假日安全检查、开工安全检查、复工安全检查、专业性安全检查和设备设施安全检查等。安全检查的组织形式应当根据检查的目的、内容来确定，因此参加安全检查的人员也不尽相同。

1. 定期安全检查

建设工程施工企业应建立定期分级安全检查制度，定期安全检查属于全面性和考核性的检查。定期安全生产检查一般是通过有计划、有组织、有目的的形式来实现，一般由施工企业统一组织实施。检查周期的确定，应根据企业的规模、性质，以及地区气候、地理环境等确定。定期安全检查一般具有组织规模大、检查范围广、有深度，能及时发现并解决问题等特点。定期安全检查一般和重大危险源评估、现状安全评价等工作结合开展。

2. 经常性安全检查

建设工程施工应经常开展预防性的安全检查工作，以便于及时发现并消除事故隐患，保证施工生产正常进行。施工现场经常性安全检查的形式有：

（1）现场专（兼）职安全生产管理人员及安全值班人员每天例行开展的安全巡视、巡查。

（2）现场项目经理、责任工程师及相关专业技术管理人员在检查生产工作的同时进行安全检查。

（3）交接班检查。交接班检查是指在交接班前，岗位人员对岗位作业环境、管辖的设备及系统安全运行状况进行检查，交班人员要向接班人员说清楚，接班人员根据自己检查的情况和交班人员的交代，做好工作中可能发生的问题及应急处理措施的预想。

（4）班中检查。班中检查包括岗位作业人员在工作过程中的安全检查，以及企业领导、安全生产管理部门和车间班组领导或安全监督人员对作业情况的巡视或抽查等。

（5）特殊检查。特殊检查是针对设备、系统存在的异常情况，所采取的加强监视运行的措施。一般来讲，措施由工程技术人员制定，岗位作业人员执行。

（6）岗位经常性检查。岗位经常性检查发现的问题记录在记录本上，并及时通过信息系统和电话逐级上报。一般来讲，对危及人身和设备安全的情况，岗位作业人员应根据操作规程、应急处理措施的规定，及时采取紧急处理措施，不需请示，处置后则立即汇报。

3. 季节性安全检查

季节性安全检查主要是针对气候特点（如暑季、雨季、风季、冬季等）可能给安全生产造成的不利影响或带来的危害而组织进行的安全检查。

4. 节假日安全检查

在节假日、特别是重大或传统节假日前后和节日期间，为了防止现场管理人员和作业人员思想麻痹、纪律松懈等进行的安全检查。节假日加班，更要认真检查各项安全防范措施的落实情况。

5. 开工、复工安全检查

针对工程项目开工、复工之前进行的安全检查，主要是检查现场是否具备保障安全生产的条件。

6. 专业性安全检查

由有关专业人员对现场某项专业安全问题或施工生产过程中存在的比较系统性的安全问题进行的单项检查。这类检查专业性强，主要应由专业工程技术人员、专业安全管理人员参加。

7. 设备设施安全检验检查

针对现场塔吊等起重设备、外用施工电梯、龙门架及井架物料提升机、电气设备、脚手架、现浇混凝土模板支撑系统等设备设施在安全、搭设过程中或完成后进行的安全验收、检查。

8. 职工代表不定期对安全生产的巡查

根据《中华人民共和国工会法》及《中华人民共和国安全生产法》的有关规定，建筑业企业的工会应定期或不定期组织职工代表进行安全检查。重点检查国家安全生产方针、法规的贯彻执行情况，各级人员安全生产责任和规章制度的落实情况，从业人员安全生产权利的保障情况，生产现场的安全状况等。

五、安全检查的要求

（1）制定安全检查实施的时间计划，安排检查的内容和方式。根据检查内容配备力量，抽调专业人员，确定检查负责人，明确分工，根据需要对安全检查人员进行培训或者考核。

（2）应有明确的检查目的和检查项目、内容及检查标准、重点、关键部位。对大面积或数量多的项目可采取系统的观感和一定数量的测点相结合的检查方法。检查时尽量采用检测工具，用数据说话。对现场管理人员和操作人员不仅要检查是否有违章指挥和违章作业行为，还应进行"应知应会"的抽查，以便了解管理人员及操作人员的安全素质。对于违章指挥、违章作业行为，检查人员可以当场指出并进行纠正。

（3）认真、详细地进行检查记录，特别是对隐患的记录必须具体，如隐患部位、危险性程度及处理意见等。采用安全检查评分标的，应记录每项扣分的原因。

（4）检查中发现安全隐患的应该登记，发出整改通知，引起整改单位的重视，整改后应对整改情况进行复查，并做出记录。对即发型事故危险的隐患，检查人员应责令停工，待整改消除、复查后才能复工。

（5）尽可能系统、定量地做出检查结论，进行安全评价。

六、安全生产检查的工作程序

（一）安全检查准备

（1）确定检查对象、目的、任务。

（2）查阅、掌握有关法规、标准、规程的要求。

（3）了解检查对象的工艺流程、生产情况、可能出现的危险和危害情况。

（4）制定检查计划，安排检查内容、方法、步骤。

（5）编写安全检查表或检查提纲。

（6）准备必要的检测工具、仪器、书写表格或记录本。

（7）挑选和训练检查人员并进行必要的分工等。

（二）实施安全检查

实施安全检查就是通过访谈、查阅文件、记录、现场观察、仪器测量的方式获取信息。对大面积或数量多的项目可采取系统的观感和一定数量的测点相结合的检查方法。认真、详细进行检查记录，特别是对隐患的记录必须具体，如隐患部位、危险性程度以及处理意见等。采用安全检查评分表的，应记录每项扣分的原因。对即发型事故危险的隐患，检查人员应责令停工，待整改消除、复查确认后才能复工。

（三）综合分析

经现场检查和数据分析后，安全检查人员应对检查情况进行综合分析，提出检查结论和意见。一般来讲建筑业企业自行组织的各类安全检查，应有安全管理部门会同有关部门对检查结果进行综合分析；上级主管部门或地方政府负有安全生产监督管理职责的部门组织的安全检查，统一研究得出检查意见或结论。

（四）整改和落实

针对安全检查发现的问题，应根据问题性质的不同，提出立即整改、限期整改等措施要求。建筑业企业自行组织的安全检查，由安全管理部门会同有关部门，共同制定整改措施计划并组织实施。上级主管部门或地方政府负有安全生产监督管理职责的部门组织的安全检查，检查组应提出书面整改要求，施工单位制定整改措施计划。

对安全检查发现的问题和安全隐患，建筑业企业应从管理的高度，举一反三，制订整改计划并积极落实整改。

（五）信息反馈及持续改进

建筑业企业自行组织的安全检查，在整改措施计划完成后，安全管理部门应组织有关人员进行验收。对于上级主管部门或地方政府负有安全生产监督管理职责的部门组织的安全检查，在整改措施完成后，应及时上报整改完成情况，申请复查或验收。

对安全检查中经常发现的问题或者反复出现的问题，生产经营单位应从规章制度的健全和完善、从业人员的安全教育培训、设备系统的更新改造、加强现场检查和监督等环节入手，做到持续改进，不断提高安全生产管理水平，防范安全生产事故的发生。

七、基于《建筑施工安全检查标准》（JGJ 59—2011）的安全检查评价

《建筑施工安全检查标准》（JGJ 59—2011）规定，安全检查通常包括检查和评价两部分。通过对建设工程施工中易发生伤亡事故的主要环节、部位和工艺等的完成情况的实地查看，对照安全检查评分表，逐项检查评分。该标准包含了十大项安全检查的内容，见表 3-8。

表 3-8　　　　　　　　　　　　　　　安全检查项与安全权重表

检查项	安全管理	文明施工	脚手架	基坑工程	模板支架	高处作业	施工用电	物料提升机与施工升降机	起重吊装	施工机具
权重	10分	15分	10分	10分	10分	10分	10分	10分	10分	5分

在该标准中，施工现场的安全检查内容被划分为保证项目和一般项目两大类。保证项目在检查评定项目中对施工作业人员生命、设备设施及环境安全起关键作用；一般项目是检查表中除保证项目以外的项目。如《安全管理检查评分表》（详见附录二）保证项目有安全生产责任制、目标管理、施工组织设计及专项施工方案、安全技术交底、安全检查、安全教育、应急救援；一般项目包括一般项目应包括分包单位安全管理、持证上岗、安全生产事故处理、安全标志。《文明施工检查评分表》（详见附录二）保证项目有现场围挡、封闭管理、施工场地、材料管理、现场办公与住宿、现场防火；一般项目应包括综合治理、公示标牌、生活设施、社区服务。其他检查项目的具体内容，详见附录二。建设工程项目在施工过程中，可依据该标准对其进行安全检查并根据具体情况赋予权重，然后就可以根据式（3-5）、式（3-6）对检查项目的安全情况进行评价。

（1）分项检查评分表和检查评分汇总表的满分分值均应为 100 分，评分表的实得分值应为各检查项目所得分值之和。

（2）评分应采用扣减分值的方法，扣减分值总和不得超过该检查项目的应得分值。

（3）当按分项检查评分表评分时，保证项目中有一项未得分或保证项目小计得分不足 40 分，此分项检查评分表不应得分。

（4）检查评分汇总表中各分项项目实得分值应按（3-5）式计算，即

$$A_1 = BC/100 \tag{3-5}$$

式中　A_1——汇总表各分项项目实得分值；

　　　B——汇总表中该项应得满分值；

　　　C——该项检查评分表实得分值。

（5）当评分遇有缺项时，分项检查评分表或检查评分汇总表的总得分值应按式（3-6）计算，即

$$A_2 = D/E \times 100 \tag{3-6}$$

式中　A_2——遇有缺项时总得分值；

　　　D——实查项目在该表的实得分值之和；

　　　E——实查项目在该表的应得满分值之和。

（6）《建筑施工安全检查标准》（JGJ 59—2011）评定等级。建设工程施工安全检查的效果，应按汇总表的总得分和分项检查评分表的得分，对建设工程施工安全检查评定划分为优良、合格、不合格三个等级。

建设工程施工安全检查评定的等级划分应符合下列规定：

1）优良。分项检查评分表无0分，汇总表得分值应在80分及以上。

2）合格。分项检查评分表无0分，汇总表得分值应在80分以下，70分及以上。

3）不合格。当汇总表得分值不足70分时；当有一分项检查评分表得0分时。当建设工程施工安全检查评定的等级为不合格时，必须限期整改，达到合格。

第四章　建筑业企业安全管理

第一节　建筑业企业安全管理体系

一、职业健康安全管理体系

职业健康安全是指防止劳动者在工作岗位上发生职业性伤害和健康风险源，保护劳动者在工作过程中的安全与健康。职业健康安全管理体系是建筑业企业组织管理体系的一部分，用来制定和实施职业健康安全方针与目标并达成这些目标的相关要素的组合，包括组织机构与职责、策划与规划活动，也包括组织提供的资源、惯例、过程和程序等。

（一）职业健康安全管理体系的发展历史

职业健康安全管理体系（occupation health safety management system，OHSMS）是20世纪80年代后期在国际上兴起的现代安全生产管理模式，它与ISO 9000和ISO 14000等标准体系一并被称为"后工业化时代的管理方法"。职业健康安全管理体系产生的主要原因是企业自身发展的要求。随着企业规模的扩大和生产集约化程度的提高，对企业管理和经营模式提出了更高的要求。企业必须采用现代化的管理模式，使包括安全生产管理在内的所有生产经营活动科学化、规范化和法制化。

职业健康安全管理体系产生的一个重要原因是世界经济全球化和国际贸易发展的需要。WTO的最基本原则是"公平竞争"，其中包含环境和职业健康安全问题。关贸总协定（GATT，世界贸易组织前身）乌拉圭回合谈判协议就已提出："各国不应由法规和标准的差异而造成非关税壁垒和不公平贸易，应尽量采用国际标准"。欧美等发达国家提出，发展中国家在劳动条件改善方面投入较少使其生产成本降低所造成的不公平是不能被接受的。他们已经开始采取协调一致的行动对发展中国家施加压力和采取限制行为。北美和欧洲都已在自由贸易区协议中规定："只有采取同一职业健康安全标准的国家与地区才能参加贸易区的国际贸易活动。"换句话说，如果没有实行统一职业健康标准的国家和地区的企业所生产的产品将不能在北美和欧洲地区销售。

我国已经加入世界贸易组织（WTO），在国际贸易中享有与其他成员国相同的待遇，职业健康安全问题对我国社会与经济发展产生潜在和巨大的影响。因此，在我国必须大力推广职业健康安全管理体系。

（1）1996年，英国颁布了《职业健康安全管理体系指南》（BS 8800）。

（2）1996年，美国工业卫生协会制定了《职业健康安全管理体系》指导性文件。

（3）1997年，澳大利亚和新西兰提出了《职业健康安全管理体系原则、体系和支持技术通用指南》草案，日本工业安全卫生协会（JISHA）提出了《职业健康安全管理体系导则》，挪威船级社（DNV）制定了《职业健康安全管理体系认证标准》。

（4）1999年，英国标准协会（BSI）、挪威船级社（DNV）等13个组织提出了职业健康安全评价系列（OHSAS）标准，即《职业健康安全管理体系——规范》（OHSAS 18001）、

《职业健康安全管理体系——实施指南》（OHSAS 18002），此标准并非国际标准化组织（ISO）制定的，因此不能写成"ISO 18001"。

（5）1999年10月，我国国家经济贸易委员会颁布了《职业健康安全管理体系试行标准》。

（6）2001年11月12日，我国国家质量监督检验检疫总局正式颁布了《职业健康安全管理体系——规范》，自2002年1月1日起实施，代码为GB/T 28001—2001，属推荐性国家标准，该标准与OHSAS 18001内容基本一致。2008年，我国修订了《职业健康安全管理体系——规范》（GB/T 28001—2001），并于2011年出版《职业健康安全管理体系——规范》（GB/T 28001—2011）取代上述规范。

（7）2013年，国际标准化组织开始起草《职业健康安全管理体系》（ISO 45001），2018年3月12日正式发布《职业健康安全管理体系》（ISO 45001：2018）。ISO标准化组织成员在全球有超过100个国家，实施ISO 45001：2018标准体系可以扩大安全管理标准体系的适用范围，进一步提升更多国家企业组织的安全管理水平，同时新的标准体系融合了当前新的管理理念与管理思想，更适合当前，以及未来企业安全管理的发展需求。

（二）《职业健康安全管理体系》简介

1. 《职业健康安全管理体系——规范》（GB/T 28001—2011）

《职业健康安全管理体系——规范》（GB/T 28001—2011）包含了5个一级要素和17个二级要素，具体见表4-1。职业健康安全管理体系的运行模式遵守了PDCA理念。

表 4-1　　《职业健康安全管理体系——规范》（GB/T 28001—2011）的要素构成

5个一级要素	17个二级要素
职业健康安全方针（4.2）	4.2 职业健康安全方针
规划（策划）（4.3）	4.3.1 危险源辨识、风险评价和确定控制方法 4.3.2 法规和其他要求 4.3.3 目标和方案
实施与运行（4.4）	4.4.1 资源、作用、职责、责任和权限 4.4.2 能力、培训和意识 4.4.3 沟通、参与和协商 4.4.4 文件 4.4.5 文件控制 4.4.6 运行控制 4.4.7 应急准备和响应
检查和纠正措施（4.5）	4.5.1 绩效测量和监视 4.5.2 合规性评价 4.5.3 事件调查、不符合、纠正措施和预防措施 4.5.4 记录控制 4.5.5 内部审核
管理评审（4.6）	4.6 管理评审

2. 《职业健康安全管理体系》（ISO 45001：2018）

ISO 45001的构建是在OHSAS 18001已有规范的基础上发展的，两者的目标都是相同的，即提高企业的职业健康安全绩效，而ISO 45001更加关注"组织环境"，强调最高管理者的职业和领导作用，更加关注于管理职责，强调了基于风险的思维，也更加关注于绩效的监视和测量，具体差异见表4-2。

表 4-2   **ISO 45001：2018 与 OHSAS 18001：2017 的对比**

条款号	ISO 45001：2018 要求及使用指南	条款号	OHSAS 18001：2017 要求
1	范围		
2	规范性引用文件		
3	术语和定义		
4	组织环境	4 4.1	职业健康安全管理体系 总要求
4.1	理解组织及其环境		
4.2	理解工作人员和其他相关人员的需求和期望		
4.3	确定职业健康安全管理体系的范围		
4.4	职业健康安全管理体系		
5	领导作用和工作人员参与		
5.1	领导作用和承诺	4.4.1	资源、作用、职责和权限
5.2	职业健康安全方针	4.2	职业健康安全方针
5.3	组织的岗位、职责和权限	4.4.1	资源、作用、职责和权限
5.4	工作人员协商和参与	4.4.3	沟通、参与和协商
6	策划	4.3	策划
6.1	应对风险和机遇的措施		
6.1.1	总则		
6.1.2	危险源辨识、风险和机遇评估	4.3.1	危险源辨识、风险评价和控制
6.1.3	法律法规要求和其他要求的确定	4.3.2	法律法规和其他要求
6.1.4	措施的策划		
6.2	职业健康安全目标及其实现的策划	4.3.3	目标和方案
7	支持		
7.1	资源	4.4.1	资源、作用、职责和权限
7.2	能力	4.4.2	能力、培训和意识
7.3	意识	4.4.2	能力、培训和意识
7.4	沟通	4.4.3	沟通、参与和协商
7.5	文件化信息	4.4.4 4.4.5 4.5.4	文件 文件控制 记录控制
8	运行	4.4	实施和运行
8.1	运行的策划和控制	4.4.6	运行控制
8.2	应急准备和响应	4.4.7	应急准备和响应
9	绩效评价	4.5	检查
9.1	监视、测量、分析和绩效评价	4.5.1	绩效测量和监视
9.1.1	总则		
9.1.2	合规性评价	4.5.2	合规性评价
9.2	内部审核	4.5.5	内部审核
9.3	管理评审	4.6	管理评审
10	改进		
10.1	总则		
10.2	事件、不合格和纠正措施	4.5.3	事件调查、不符合、纠正措施
10.3	持续改进		

（三）职业健康安全管理体系的特征

1. 系统性

职业健康安全管理体系标准强调了组织结构的系统性，它要求企业在职业健康安全管理中同时具有两个系统，即从基层岗位到最高决策层的运作系统和监控系统，决策人依靠这两个系统确保体系有效运行。同时，它强调了程序化和文件化的管理手段，增强了体系的系统性。

2. 先进性

职业健康安全管理体系运用系统工程原理，研究和确定所有影响要素，把管理过程和控制措施建立在科学的危险辨识和风险评价的基础上，对每个要素规定了具体要求，保证了体系的先进性。

3. 动态性

职业健康安全管理体系的一个鲜明特征就是体系的持续改进，通过持续的承诺和改进，动态地审视体系的适用性、充分性和有效性，确保体系日臻完善。

4. 预防性

危险辨识、风险评价是职业安全卫生管理体系的精髓所在，它充分体现了"预防为主"的方针。实施有效的风险辨识评价与控制，可实现对事故的预防、对生产作业的全过程控制、对特种作业和生产过程进行评价，并在此基础上进行职业健康安全管理体系策划，形成职业健康安全管理体系作业文件，对各种预知的风险因素做到事前控制，实现预防为主的目的，并对各种潜在的事故隐患制定应急方案，力求损失最小化。

5. 全员性和全过程控制

职业健康安全管理体系标准把职业健康安全管理体系当作一个系统工程，以系统分析的理论和方法，要求全员参与，并对全过程进行监控，从而实现管理系统化的目的。

二、职业健康管理体系的管理方法——PDCA

（一）PDCA 的提出

PDCA 是由美国质量管理专家戴明提出用于质量管理的一种动态控制理念，又称为"戴明环"，其管理理念来自持续改进（continuous improvement）。因此，这种管理方法或者管理理念不仅适用于质量管理，也适用于安全管理等其他的管理领域。其模型见图 4-1。

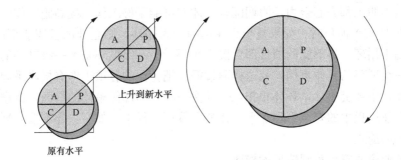

图 4-1　PDCA 模型

PDCA 中的 P（plan）是计划，D（do）是实施，C（check）是检查，A（action）是处理。每一个循环都要经过这四个阶段，其中这四个阶段又包括八个步骤，如图 4-2 所示。

1. P——计划阶段

计划阶段包括调查分析、选题、确定目标、研究对策、确定实施计划。其步骤是：

图 4-2　PDCA 工作步骤

（1）调查分析现状，找出存在的安全问题。

（2）分析原因和影响因素。

（3）找出影响安全的主要因素。

（4）制定消除或者应对危险源的措施，提出行动计划、时间、地点、完成方法等。预计效率，并落实到具体执行者和实施时间。

2. D——执行阶段

组织对安全管理计划或措施的认真贯彻执行。

3. C——检查阶段

检查采取措施的效果。

4. A——处理阶段

处理阶段的工作主要是将实际工作结果与预期目标对比得出结论，并对成功案例进行总结提升，将其升华为标准；而对于失败案例，则要进行纠正和检讨，避免重蹈覆辙。这些措施又都要反映到下一个计划中去，就是处理。这个环节包括两个步骤：

（1）总结经验、巩固成绩，进行标准化。

（2）提出尚未解决的问题并找出原因，转到下一个 PDCA 循环中去，进而提升管理效能。

经过这四个阶段一个循环就完成了。再进入下一个循环的计划、实施、检查、处理，一个循环接着一个循环进行下去，安全管理水平自然会随之提高。

（二）PDCA 循环的特点

1. 不断循环，安全成效步步提高

每一次 PDCA 循环的最后阶段，一般要求制定出技术和管理的标准，总结出经验和教训，研究出改进和提高的措施，并按照新的标准，组织生产和施工，使下一个 PDCA 循环在新的基础上转动，从而达到更高的标准，使安全绩效保持上升的趋势。

2. 环环相扣，保证安全成效步步提高

要在整个企业上下左右都进行 PDCA 循环。企业是一个有机的整体，只有各个部门、各个单位、全体职工都齐心合力，协调配合，才有可能干好工作，提高施工作业的安全管理水平。在开展 PDCA 循环时，如果整个企业搞的是大循环，则企业的各职能部门、分公司、事业部等要搞中循环，再下属的项目部要搞小循环。上一级循环是下一级循环的依据，下一级循环是上一级循环的具体贯彻，就这样通过循环把企业的各项工作有机联系起来，从而形成大环套中环、中环套小环，环环相扣，一环保一环，局部保整体的局面，促进整个企业提高施工项目作业过程中的安全管理水平。在整个管理过程中，如有一环不按计划转动，就会影响整个大环的前进。

三、建筑业企业安全管理体系的构建

建筑业企业建立与完善职业健康安全管理体系可以提高企业的安全管理和综合管理水平，促进企业管理的规范化、标准化、现代化，并减少因工伤事故和职业病所造成的经济损失和因此所产生的负面影响，提升企业的信誉、形象和凝聚力，促进企业安全管理与国际接轨，增强建筑业企业在国内外市场中的竞争能力，提高企业的经济效益。建筑业企业的职业健康安全管理体系的运行包含了两个层面：一个是企业层面的运行；另一个是项目层面的运行。项目层面的职业健康安全管理体系是企业层面职业健康安全管理体系的重要组成部分，是企业健康安全管理体系的延伸和具体实施。

（一）建筑业企业职业安全健康管理体系构建流程

在建筑业企业建立职业安全健康管理体系一般要经过策划准备、安全管理体系总体设计、编写安全管理体系文件、安全管理体系运行与改进、安全管理体系认证 5 个阶段。建筑业企业职业安全健康管理体系构建及实施流程如图 4-3 所示。

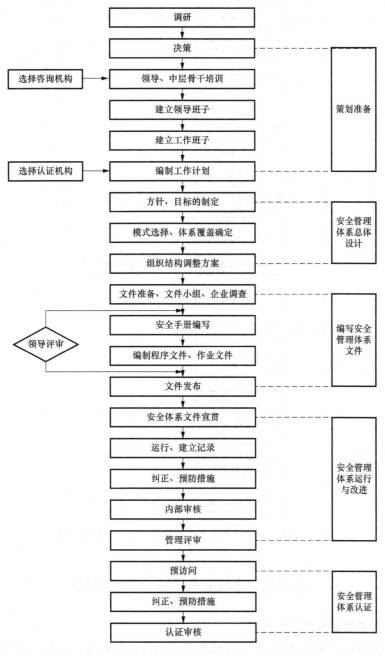

图 4-3 建筑业企业职业安全健康管理体系构建及实施流程

（二）建筑业企业职业安全健康管理体系的认证

无论是内部审核，还是外部审核，其审核过程大致可分为审核提出阶段、审核准备阶段、现场审核与审核报告阶段、编写措施的跟踪与证后监督阶段 4 个阶段，具体见图 4-4。

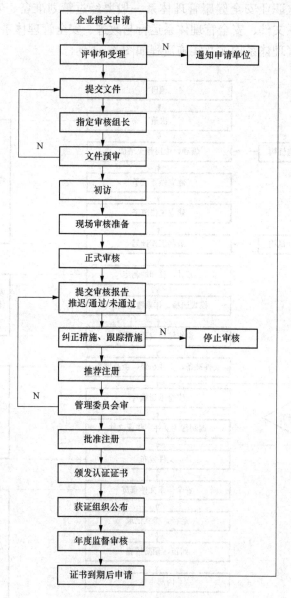

图 4-4　建筑业企业职业安全健康管理体系的认证流程

第二节　建筑业企业安全教育培训

一、安全教育培训的相关概念

教育是一种引导，实现对接受教育主体的自我认知，简单地讲就是"知其然，知其所以然"。通过教育，实现对自我和客观世界的认识和理解，用来指导行动的方向和目的。教育是一个长期的活动，如学校教育。培训一般是短期行为，培训主要是指传授工作知识、工作技能和职业态度的过程或技巧，大多是指在职培训。目的在于改善员工的工作表现，形成员工良好的工作习惯，提高工作和生产效率；在教学内容和手段上，培训着重于技能训练。

安全教育主要是指对安全意识的培养，学会从安全的角度观察和理解要从事的活动和面临的形势，用安全的观点解释和处理自己遇到的问题。而安全培训作为安全教育的延伸，是广义安全教育的重要组成部分。安全培训主要是指对于安全知识、技能的培训，目的是使人掌握在某种特定的作业或环境下正确并安全地完成其应完成的任务。安全教育是帮助职工增强安全意识、提高安全技能、消除安全隐患的一条重要途径。安全培训对于提高生产经营单位负责人、管理人员和从事安全生产工作的相关人员的安全素质，对防止事故和职业危害，保护劳动者在生产过程中的安全与健康有着极其重要的作用。

现代的安全教育与培训具有"人文"性、"强制"性和"时间"性三个重要特征。

（1）"人文"性。"教育"包含着"人文"性理念，"以德管理"需要进行思想教育，显露"人文"性的特征。通过广泛宣传，谆谆教导，让"以人为本""关爱生命、关注安全"的理念深入人心。

（2）"强制"性。"培训"包含着"强制"性的理念，"依法管理"必须加强培训工作，突出"强制"性的特征。例如，建筑业企业的"三级安全教育"必须落实，安全员、特殊工种必须做到"先培训，后上岗"，企业负责人必须参加安全培训等。

（3）"时间"性。"教育培训"作为终身教育的一部分，"时间"特性显得十分突出，"时间"性表现在两个方面：一方面安全教育培训应贯穿于终身教育之中，存在于人的生命之中；另一方面，安全教育培训必须融入人们的思想，成为社会活动的一部分，宣传这一理念需要长久的努力。

安全教育培训工作是实现安全生产的一项重要基础工作。只有通过对广大建筑业企业职工进行安全教育培训，才能提高职工搞好安全生产的自觉性、积极性，增强安全意识，掌握安全知识，提高安全操作水平，使安全技术规范、标准得到贯彻执行，安全规章制度得到有效落实。

二、安全教育培训对安全管理的意义与作用

事故发生的直接原因：一个是物的不安全状态；另一个是人的不安全行为。对于物的不安全状态，深究其根本原因，有不少都可追溯到人为的失误（如设备的缺陷是由于设计失误造成的）。从事故统计中看到，80％以上的事故是由于违反劳动纪律、违章指挥、违章操作导致的。伤亡事故和职业危害主要发生在安全生产意识不强、安全生产知识缺乏的生产一线人员身上，直接危及他们的安全与健康，而这又与建筑业企业管理层中有人存在"重生产轻安全"的经营思想和管理人员的安全生产管理水平不高有直接关系。防止事故和职业病，在保证生产设备、作业场所符合安全要求，人的安全生产素质就是关键因素。安全生产素质包括思想素质和技术素质。思想素质是指安全生产法制观念、安全生产意识和安全价值观念；技术素质是指对施工安全生产知识、安全生产规章制度的熟悉和对施工安全操作技能的安全管理理论与实务的掌握，对安全生产管理知识、管理方法和管理能力的具备、把握和运用。安全教育培训的目的，是使建筑业企业的主要负责人、安全生产管理人员及其他管理人员、施工作业人员具备良好的安全生产素质并得到不断的提高。当全体从业人员的安全生产素质得到普遍的提高，人人在思想上都重视安全生产，又懂得如何安全地进行生产，就可以避免由于对安全的忽视或无知而导致的事故。这就是安全生产教育培训所起到的作用及其根本意义之所在。

（一）安全生产思想素质的提高

安全生产教育的首要目的是让每个员工对安全生产的必要性和重要性有一个清晰正确的认识，牢牢确立"我要安全"的观念，增强安全生产的责任感，树立安全生产的法制观念，提高遵章守纪的自觉性；认真自觉地履行安全生产法规规定的各项安全生产方面的义务，严格执行各项安全生产规章制度和安全操作规程，履行自己的安全生产职责，做好本职本岗的安全生产工作；认识到这是自己在安全生产方面必须履行的法定义务，也是确保自身安全的客观需要。安全生产教育还要使每个员工对"生产"与"安全"的辩证关系有一个正确的理解，树立"安全第一，预防为主"的观念；认识到施工作业过程中存在着各种各样的危害因素，必须加以防范才能确保生产安全地进行，自身的安全才会有保障。良好的安全生产思想素质表现在有较强的安全生产意识和自我保护意识，时时、事事、处处首先考虑的是安全生产，具备安全生产条件才操作，不具备安全生产条件的要落实了防范措施再操作；主动地关注安全生产，有强烈的安全生产责任感，自觉地遵守安全生产的各项规章制度，认真地履行自己的安全生产职责，树立"安全第一"的安全生产价值观和行为准则。

（二）安全生产技术素质的提高

仅仅从思想上重视安全生产是不够的，还必须懂得如何正确、安全地进行生产操作。所以安全教育培训还必须使每个从业人员具备必要的安全生产知识，熟悉安全操作规程，掌握安全操作技能，懂得如何正确处理故障和应对事故。对一线施工作业工人而言，提高技术素质主要体现在增强其对危害因素的识别能力、防范危害安全操作预防事故的能力、及时发现和正确处理故障的能力和对应急事故的处理能力；对负有管理职责的人员则应掌握安全生产管理方面的知识和方法，并能灵活地运用以解决安全生产管理工作中的实际问题，具备相应的安全生产管理能力。

觉悟和能力的提高是安全教育培训的直接目的，也是衡量安全教育培训成效的重要标准，要防止形式主义，要讲求实效。安全生产素质的提高首先要依靠教育培训，其任务就是帮助职工克服错误的意识和认知，建立正确的安全意识，培养良好的安全行为规范，使其能够按章作业。要从战略高度来认识和抓好施工作业安全的重大意义。始终抓住安全教育这个关键环节，把安全工作贯穿于整个安全生产全过程，积极引导建筑业企业人员不断探索和掌握施工作业生产规律，正确处理好安全与发展、安全与生产、安全与效益、安全与稳定的关系，坚持"安全第一，预防为主"的生产方针，防患于未然。

三、安全教育培训计划的制定

建筑业企业安全教育培训工作的开展，需要制定可行的安全教育培训计划，然后根据安全教育培训计划开展具体工作。建筑业企业的安全教育培训计划主要需要落实"5个W、1个H"，具体包含以下几部分内容：

第一个"W"是Why，首先明确为什么要进行安全教育培训，也就是需要确定安全教育培训的目标，通过安全教育培训提升安全思想素质和安全技术素质。

第二个"W"是Who，则是要确定安全教育培训的对象。安全教育培训的目标不同，安全教育培训的对象有着较大的差异。例如，企业的高层管理人员技术素质安全教育培训主要包括安全管理理论、管理方法和管理工具等的掌握，而现场一线作业人员的技术素质安全教育培训则主要是企业安全生产中岗位职能的基本安全知识和正确操作技能。

第三个"W"是What，则是根据安全教育培训的目标和接受安全教育培训的对象确定安全教育培训的知识内容具体是什么，如明确安全教育培训所采用的教材、资料和培训教师。例如，安全事故案例资料，常常引人注目的是事故中的人员伤亡和经济损失的数据，如何通过安全事故案例的学习，让受训人员把握建设工程安全生产事故发生的规律，提升安全意识，减少不安全行为，完善企业安全文化的建设，才是安全教育培训的最终目的。

第四和第五个"W"是When和Where，确定安全教育培训的时间和地点。

一个"H"是How，这个How包含了两个层面，即选择什么样的安全教育培训方式和如何实现学习目标和安全教育培训效果。安全教育培训方式多种多样，要根据安全教育培训的目标、对象及安全教育培训的内容选择合适的方式，如案例学习、现场体验、理论授课等。安全教育培训效果的检验及反馈的方式多种多样，最常采用的是测验、技能竞赛、知识竞赛、问卷调查，以及对参与安全教育培训的群体进行抽样访谈，了解安全教育培训效果的具体情况，为进一步提升安全教育培训工作效果提供依据。

四、安全教育培训的主要内容与相关规定

（一）《生产经营单位安全培训规定》的规定

《生产经营单位安全培训规定》于2006年1月17日国家安全监管总局令第3号公布，根据2013年8月29日国家安全监管总局令第63号、2015年5月29日国家安全监管总局令第80号修正。该法规第四条规定了参与安全教育培训人员的构成，第七条、第八条、第十四条规定了不同层面人员安全教育培训的内容，以及第九条规定了安全教育培训的时间，具体内容如下：

第四条　生产经营单位应当进行安全培训的从业人员包括主要负责人、安全生产管理人员、特种作业人员和其他从业人员。生产经营单位使用被派遣劳动者的，应当将被派遣劳动者纳入本单位从业人员统一管理，对被派遣劳动者进行岗位安全操作规程和安全操作技能的教育和培训。劳务派遣单位应当对被派遣劳动者进行必要的安全生产教育和培训。

生产经营单位接收中等职业学校、高等学校学生实习的，应当对实习学生进行相应的安全生产教育和培训，提供必要的劳动防护用品。学校应当协助生产经营单位对实习学生进行安全生产教育和培训。生产经营单位从业人员应当接受安全培训，熟悉有关安全生产规章制度和安全操作规程，具备必要的安全生产知识，掌握本岗位的安全操作技能，了解事故应急处理措施，知悉自身在安全生产方面的权利和义务。未经安全生产培训合格的从业人员，不得上岗作业。

第七条　生产经营单位主要负责人安全培训应当包括下列内容：

（一）国家安全生产方针、政策和有关安全生产的法律、法规、规章及标准；（二）安全生产管理基本知识、安全生产技术、安全生产专业知识；（三）重大危险源管理、重大事故防范、应急管理和救援组织以及事故调查处理的有关规定；（四）职业危害及其预防措施；（五）国内外先进的安全生产管理经验；（六）典型事故和应急救援案例分析；（七）其他需要培训的内容。

第八条　生产经营单位安全生产管理人员安全培训应当包括下列内容：

（一）国家安全生产方针、政策和有关安全生产的法律、法规、规章及标准；（二）安全生产管理、安全生产技术、职业卫生等知识；（三）伤亡事故统计、报告及职业危害的调查处理方法；（四）应急管理、应急预案编制以及应急处置的内容和要求；（五）国内外先进的安全生产管理经验；（六）典型事故和应急救援案例分析；（七）其他需要培训的内容。

第九条　生产经营单位主要负责人和安全生产管理人员初次安全培训时间不得少于 32 学时。每年再培训时间不得少于 12 学时。

煤矿、非煤矿山、危险化学品、烟花爆竹、金属冶炼等生产经营单位主要负责人和安全生产管理人员初次安全培训时间不得少于 48 学时，每年再培训时间不得少于 16 学时。

第十三条　生产经营单位新上岗的从业人员，岗前安全培训时间不得少于 24 学时。煤矿、非煤矿山、危险化学品、烟花爆竹、金属冶炼等生产经营单位新上岗的从业人员安全培训时间不得少于 72 学时，每年再培训的时间不得少于 20 学时。

第十四条　厂（矿）级岗前安全培训内容应当包括：（一）本单位安全生产情况及安全生产基本知识；（二）本单位安全生产规章制度和劳动纪律；（三）从业人员安全生产权利和义务；（四）有关事故案例等。煤矿、非煤矿山、危险化学品、烟花爆竹、金属冶炼等生产经营单位厂（矿）级安全培训除包括上述内容外，应当增加事故应急救援、事故应急预案演练及防范措施等内容。

（二）建筑业企业安全教育培训相关法规的规定

1. 学时要求

根据《建筑业企业职工安全培训教育暂行规定》，对建筑业企业安全教育培训的要求如下：

（1）企业法人代表、项目经理每年不少于 30 学时。

（2）专职管理和技术人员每年不少于 40 学时。

（3）其他管理和技术人员每年不少于 20 学时。

（4）特殊工种每年不少于 20 学时。

（5）其他职工每年不少于 15 学时。

（6）特岗、转岗、换岗重新上岗前，接受一次不少于 20 学时的培训。

（7）新入职员工的公司、项目、班组三级培训教育时间分别不少于 15、15、20 学时。

2. 三级安全教育

三级安全教育是每个刚进企业的新员工（包括合同工、临时工、学徒工、实习和代培人员）必须接受的首次安全生产方面的基本教育。三级安全教育是指公司、项目、班组这三级。对新入职员工或调换工种的员工，必须按规定进行安全教育和技术培训，经考核合格，方准上岗。

（1）公司级。新入职员工在分配到施工队之前，必须进行初步的安全教育，教育内容如下：

1）劳动保护的意义和任务的一般教育。

2）安全生产方针、政策、法规、标准、规范、规程和安全知识。

3）企业安全规章制度等。

（2）项目级。项目级安全教育是新入职员工被分配到项目以后进行的安全教育，教育内容如下：

1）建筑施工人员安全技术操作一般规定。

2）施工现场安全管理规章制度。

3）安全生产纪律和文明生产要求。

4）在施工过程基本情况（包括现场环境、施工特点、可能存在的不安全因素）下的危险作业部位及必须遵守的事项。

（3）班组级。班组及教育是新入职员工分配到班组后，开始工作前的一级教育，教育内容如下：

1）本人从事施工生产工作的性质，必要的安全知识，机具设备及安全防护设备的性能和作用。

2）本工种安全操作规程。

3）班组安全生产、文明施工的基本要求和劳动纪律。

4）本工种事故案例剖析、易发事故部位及劳动防护用品的使用要求。

（4）三级安全教育的要求。

1）三级教育一般由企业的安全、教育、劳动、技术等部门配合进行。

2）受教育者必须经过考试合格后才准予进入生产岗位。

3）给每一名职工建立职工劳动保护教育卡，记录三级安全教育、变换工种教育等教育考核情况，并由教育者与受教育者双方签字后入册。

3. 对特种作业人员的培训考核

对劳动过程中容易发生人员伤亡事故，对操作者本人，尤其对他人及周围设施的安全有重大危害的作业，称为特种作业。建筑施工特种作业人员是指在房屋建筑和市政工程施工活动中，从事可能对本人、他人及周围设备设施的安全造成重大危害作业的人员，称为建筑施工特种作业人员。建筑施工特种作业包括建筑电工、建筑架子工、建筑起重信号司索工、建筑起重机械司机、建筑起重机械安装拆卸工、高处作业吊篮安装拆卸工、经省级以上人民政府建设主管部门认定的其他特种作业。除对以上人员进行一般安全教育外，还需要严格执行《建筑施工特种作业人员管理规定》（建质〔2008〕75号）。建筑施工特种作业人员必须经建设主管部门考核合格，取得建筑施工特种作业人员操作资格证书（简称"资格证书"），方可上岗从事相应作业。

国务院建设主管部门负责全国建筑施工特种作业人员的监督管理工作。省、自治区、直辖市人民政府建设主管部门负责本行政区域内建筑施工特种作业人员的监督管理工作。

4. 项目其他相关人员的安全教育

（1）项目负责人的安全教育培训。项目负责人的安全教育培训内容为：

1）国家有关安全生产的方针政策、法律法规、部门规章、标准及有关规范，本地区有关安全生产的法律、规章、标准及规范性文件。

2）工程项目安全生产管理的基本知识和相关专业知识。

3）重大事故防范、应急救援措施、报告制度及调查处理方法。

4）企业和项目安全生产责任制和安全生产规章制度的内容、制定方法。

5）施工现场安全生产监督检查的内容和方法。

6）国内外安全生产管理经验。

7）典型事故案例分析。

项目负责人的安全教育培训目标为：

1）掌握多学科的安全技术知识。项目负责人除必须具备的建筑生产知识外，在安全方面还必须具备一定的知识、技能，应该具有企业安全管理、劳动保护、机械安全、电气安全、防火防爆、工业卫生、环境保护等多学科知识。

2）提高安全生产管理水平，这是项目负责人工作的重点。

3）熟悉国家的安全生产法规、规章制度体系。

4）具备安全系统理论、现代安全管理、安全决策技术、安全生产基本理论和安全规程知识。

（2）专职安全生产管理人员的安全教育培训。专职安全生产管理人员安全教育培训的内容为：

1）国家有关安全生产的法律、法规、政策及有关行业安全生产的规章、规程、规范和标准。

2）安全生产管理知识、安全生产技术、劳动卫生知识和安全文化知识，以及有关行业安全生产管理专业知识。

3）工伤保险的法律、法规、政策。

4）伤亡事故和职业病统计、报告及调查处理方法。

5）事故现场勘验技术及应急处理措施。

6）重大危险源管理与应急救援预案编制方法。

7）国内外先进的安全生产管理经验。

8）典型事故案例分析。

专职安全管理人员安全教育培训的目标：随着建筑业的不断发展，项目安全管理工作对安全专职管理人员的要求越来越高，传统单一功能的安全员，即仅会照章检查的安全员，已经不能满足企业生产、经营、管理和发展的需要，通过对企业专职安全管理人员的安全教育培训，使其除了具有系列安全知识体系外，还应具有广博的知识和敬业精神。

五、建筑业企业安全教育培训的方式

1. 安全教育培训演示法

（1）安全教育讲座。安全教育讲座（lecture）是指培训者用语言传达安全教育的内容。这种学习的沟通主要是单向的——从培训者到听众。不论新技术如何发展，安全教育讲座一直是受欢迎的培训方法。

安全教育讲座是按照一定组织形式有效传递大量信息的成本最低、时间最节省的一种培训方法。安全教育讲座除了作为能够传递大量信息的主要沟通方法之外，还可作为其他培训方法的辅助手段，如行为示范和技术培训。

安全教育讲座也有不足之处。它缺少受训者的参与、反馈，以及与实际工作环境的密切联系，这些都会阻碍学习和培训成果的转化。安全教育讲座不太能吸引受训者的注意，因为它强调的是信息的聆听，而且讲座使培训者很难迅速有效地把握受训者的理解程度。为克服这些问题，讲座常常会附加问答、讨论和案例研究。

（2）视听教学。视听教学（audiovisual instruction）使用的媒体包括投影胶片、幻灯片和录像。录像是最常用的方法之一。它可以用来详细阐明一道程序（如焊接、模板支护）的要领。但是，录像方法很少单独使用，它通常与讲座一起向施工作业人员展示实际的工作中的经验和案例。

录像也是行为示范法和互动录像指导法借助的主要手段之一。在安全教育培训中使用录像有很多优点：第一，培训者可以重播、慢放或快放课程内容，使他们可以根据受训者的专业水平来灵活调整安全教育培训的内容；第二，可让受训者接触到不易解释说明的设备、难题和事件，如设备故障、其他紧急情况；第三，受训者可接受相同的指导，使项目内容不会受到培训者的兴趣和目标的影响；第四，通过现场摄像可以让受训者目睹自己的绩效而无须培训者过多地解释，这样受训者就不会将绩效差归咎于外部评估人员了。

2. 传递法

传递法（hands-on methods）是指要求受训者积极参与学习的现场安全教育培训方法。

现场培训（on-the-job training，OJT）是指新员工或没有经验的从业人员通过观察并效仿同事或管理者工作时的行为来学习。现场培训适用于新入场员工，在引入新技术时帮助有经验的员工进行技术升级，在一个小组或项目部内对新员工进行交叉培训，以及帮助岗位发生变化或得到晋升的员工适应新工作。

现场培训是一种很受欢迎的方法，因为与其他方法相比，它在材料、培训者的工资或指导方案上投入的时间或资金相对较少。安全员、安全管理负责人和同事都可作为指导者。但是缺乏组织的现场培训方法也有不足之处。安全员和同事完成一项任务的过程并不一定相同。他们也许既传授了有用的技能，也传授了不良习惯。同时，他们可能并不了解演示、实践和反馈是进行有效的现场培训的重要条件。没有组织的现场培训将可能导致员工接受不好的培训，他们可能使用无效或危险的方法来工作，并且诱发安全隐患。

为保证现场培训的有效性，必须采用以下结构化形式：

（1）自我指导学习（self-directed learning）。自我指导学习是指由受训者自己全权负责的学习，包括什么时候学习及谁将参与到学习过程中来。受训者不需要任何指导者，只需按照自己的进度学习预定的培训内容。培训者只是作为一名辅助者而已。

自我指导学习的一个主要不足在于它要求受训者必须愿意自学，即有学习动力。

自我指导学习在将来会越来越普遍，因为建筑业企业希望能灵活机动地培训从业人员，不断使用新技术，并且鼓励员工积极参与学习而不是迫于安全的压力而学习。

（2）师带徒（apprenticeship）。师带徒是一种既有现场培训又有课堂培训的工作—学习培训方法。大部分师带徒培训项目被用于技能行业，如木工行业、电工行业及瓦工行业。

师带徒是一种有效的学习过程，可以知道为什么这么做及如何执行好这道工艺。师带徒的缺点是耗费时间比较长，师傅可能受传统思想影响而对徒弟有所保留。此外，师带徒项目只对受训者进行某一操作或工作的培训，缺少对安全管理工作的全面把握。

（3）仿真模拟（simulation）体验。仿真模拟体验是一种体现真实生活场景的培训方法，受训者的决策结果能反映出在某个岗位上工作可能会发生的真实情况。模拟可以让受训者在一个人造的、无风险的环境下看清他们所作决策的影响，常被用来传授生产和加工技能及管理和人际关系技能。仿真模拟体验能够给教育培训人员留下深刻的印象。

（4）案例研究（case study）。案例研究是关于雇员或组织如何应对困难情形的描述，要求受训者分析评价他们所采取的行动，指出正确的行为，并提出其他可能的处理方式。

（5）角色扮演（role plays）。角色扮演是指让受训者扮演分配给他们的角色，并给受训者提供有关情景信息（如工作或模拟安全事故的问题）。

角色扮演与仿真模拟体验的区别在于受训者可选择的反应类型及情景信息的详尽程度。角色扮演提供的情景信息十分有限，而仿真模拟体验所提供的情景信息通常都很详尽。仿真模拟体验注重于物理反应，而角色扮演则注重人际关系反应（寻求更多的信息、解决安全问题）。

（6）行为示范（behavior modeling）。行为示范是指向受训者提供一个演示关键安全行为的示范者，然后给他们机会去实践这些关键安全行为。行为示范更适于学习某一种操作或特定的安全行为，而不太适合于事实信息的学习。

3. 团队建设法

团队建设法（group building methods）是指用以提高小组或团队绩效的培训方法，旨在提高受训者的技能和团队的有效性。团队建设法让受训者共享各种观点和经历，建立群体统一性，了解人际关系的力量，并审视自身及同事的优缺点。团队建设法的具体内容包括：

（1）冒险性学习（adventure learning）。注重利用有组织的户外活动来开发团队协作和领导技能，也称作野外培训或户外培训，最适合于开发与团队效率有关的技能，如自我意识、问题解决、冲突管理和风险承担。

（2）团队培训（team training）。协调一起工作的单个人的绩效，从而实现共同目标。团队绩效的三要素是知识、态度和行为。

（3）行为学习（action learning）。指给团队或工作小组一个实际工作中面临的问题，让他们共同解决并制定出行为计划，然后由他们负责实施该计划的培训方式。

建筑业企业安全教育培训的方式多种多样，对于不同的安全教育培训目标及接受安全教育培训的不同人员，要选择适用的安全教育培训方式。在一个建设工程项目实施过程中，常常是多种安全教育培训方式结合起来，以满足安全生产的需求。

六、安全教育培训效果的检查

对安全教育培训效果的检查主要有以下几个方面：

1. 检查单位的安全培训、安全教育制度

项目部要广泛开展安全生产的宣传教育，使项目相关人员真正认识到安全生产的重要性、必要性，懂得安全生产、文明施工的科学知识，牢固树立"安全第一"的思想，自觉地遵守各项安全生产法令和规章制度。

2. 检查新入职员工的"三级安全教育"情况

对新入职的建设工程施工作业人员必须进行"三级安全教育"，主要检查施工单位、项目、班组对新入职员工的三级教育考核记录。

3. 检查安全教育内容

这项工作主要检查每位员工包括特殊工种作业人员是否人手一册《建筑安装工人安全技术操作规程》，检查企业、工程处、项目经理部、班组的安全教育资料。

4. 检查变换工种时是否进行安全教育

这项工作主要检查变换工种的员工在调换工作时重新进行安全教育的记录；检查采用新技术、新工艺、新设备施工时，应有进行新技术操作安全的教育记录。

5. 检查员工对本工种安全技术操作的熟悉程度

这项工作主要是考核各工种员工掌握《建筑工人安全技术操作规程》的熟悉程度，也是对项目部进行各工种员工安全教育效果的检验。

6. 检查施工管理人员的年度培训

这里主要是检查施工管理人员是否按照相关规定进行安全培训，并且是否有年度培训记录。

7. 检查专职安全员的年度培训考核情况

相关部门应该按照上级建设行政管理部门和本企业有关安全生产管理文件，核查专职安全员是否进行年度培训考核及考核是否合格，未进行安全培训的或考核不合格的，是否仍在岗工作等。

综上所述，在安全生产的具体实践过程中，生产经营单位还应采取其他宣传教育培训方法，如班组安全管理制度，警句、格言上墙活动，利用微信、抖音、报纸、黑板报等进行安全宣传教育，利用漫画等形式解释安全规程制度，在生产现场曾经发生过安全生产事故的地点设置警示牌，组织事故回顾展览等。

生产经营单位还应以国家组织开展的"全国安全生产月"活动为契机，结合生产经营的性质、特点，开展丰富、灵活多样、具有针对性的各种安全教育培训活动，提高各级人员的安全意识和综合素质。目前我国许多建筑业企业都在有计划、有步骤地开展企业安全文化建设，对保持安全生产局面稳定，提高安全生产管理水平，发挥了重要作用。

第三节　建筑业企业安全文化

安全文化的提出源自 1986 年 4 月苏联切尔诺贝利核电厂核泄漏事故的发生，该事故使人们认识到，对安全文化的认识不足，没有一种"安全高于一切"意识，最终导致了事故的发生。1986 年，国际核安全咨询小组（INSAG）提交了《关于切尔诺贝利核电厂事故后评审会议工作报告》，将"安全文化"引入核电领域，并逐步被世界大多数国家和组织所重视。1992 年，我国首次翻译出版了 INSAG 组织编写的小册子《安全文化》。随后安全文化在我国得到了长期的发展，国务院颁发的《国务院关于进一步加强安全生产工作的决定》（国发〔2004〕2 号）明确要求推进安全生产理论、安全科技、安全文化等方面的创新，不断增强安全生产工作的针对性和实效性。2006 年，国务院办公厅印发的《安全生产"十一五"规划》将安全文化建设列为主要任务和重点工程，国家安全生产监督管理总局组织制定并印发了《"十一五"安全文化建设纲要》。为了进一步加强和指导企业安全文化建设，国家安全生产监督管理总局颁布了《企业安全文化建设导则》（AQ/T 9004—2008）和《企业安全文化建设评价准则》（AQ/T 9005—2008）。2010 年，国家安全生产监督管理总局制定并印发了《国家安全监管总局关于开展安全文化建设示范企业创建活动的指导意见》，标志着我国企业安全文化建设进入了一个新阶段。

一、建筑业企业安全文化的定义与内涵

（一）建筑业企业安全文化的定义

建筑业企业安全文化是建筑业企业安全物质财富和安全精神财富的总和，包括：建筑业企业在长期安全生产和经营活动中形成的或有意识塑造的被全体员工接受遵循的、具有企业特色的安全思想和意识、安全作风和态度、安全规章制度与安全管理机制及行为规范；企业安全生产和奋斗的安全目标、安全进取精神；安全舒适的生产和生活环境与条件、安全生产的企业形象；安全的价值观、安全的审美观、安全的心理因素和企业的安全风貌、习俗等。

把安全文化的内容引入不同的领域，继承和创造保障人的身心安全与健康，并使其能舒适、高效活动的物质存在和精神作用，均可称为某领域的安全文化。企业安全文化是一个企业对职业安全与健康的价值观、期望、行为模式和守则，是职工个人和企业集体的价值观、

态度、思维方法和行为方式的综合产物，即从个人层面上讲，它是指员工对自身生命和家庭责任的尊重；而从企业层面上讲，是企业对员工生命和价值的真心关注和对社会责任的积极承担。具体而言，企业安全文化是指企业在长期的实践安全管理中形成的管理理念和方法，是企业领导和员工的安全意识和行为素质，以及与之相适应的安全管理体制、组织结构和运行方式。

（二）建筑业企业安全文化的层次

建筑业企业安全文化可分为物质层、制度层、行为层及观念层四个层次，这四个层次构成了安全文化的整体结构，它们相互渗透、相互影响、相互制约，其中安全文化物质层是基础，安全文化观念层是核心，而安全文化行为层和安全文化制度层则是安全文化物质层与安全文化观念层互通的桥梁。

1. 安全文化物质层

安全文化物质层是为保证人们生产生活的安全性而以物质形态存在的条件、环境设施的总和，或者说是能够满足人们安全需求的各种物态要素的总称。如古代的盾，如今的安全帽、灭火器、消防栓等，它们是安全文化的载体，能够真实地反映安全文化整体的发展水平，进一步体现企业的安全生产思想和管理水平等。

2. 安全文化制度层

安全文化制度层次是包括安全方面的制度化的社会组织形式和各种规定，如安全规章制度、安全操作流程、安全防范措施、安全管理制度、作业指导书等。

3. 安全文化行为层

安全文化行为层是人的安全文化观念层面的综合反映，具体表现为在生活和生产过程中的安全行为准则、思维方式、行为模式等。同时，又在一定程度上影响着制度和观念建设，包括人们对安全的认识、态度、行为习惯等。

4. 安全文化观念层

安全文化观念层是指为全体成员所共同遵守、用于指导和支配人们安全行为的以价值观为核心的意识观念的总称，是安全文化的主要部分，引导和促使制度层、行为层和物质层向好的方向建设和发展。

二、建筑业企业安全文化的特征

（一）以人为本，以安全与健康为宗旨

建筑业企业安全文化提倡"爱"与"护"，以"人文关怀"为中心，以员工安全文化素质为基础所形成的群体和企业的安全价值观（建筑企业生产经营与员工价值在安全取向上统一），以及安全行为规范，可以激励、引导、培育员工安全生产的态度和敬业精神，建立"安全第一，预防为主""尊重人、关心人、爱护人""珍惜生命、文明生产"的安全文化，形成保护员工在生产经营活动中的身心安全与健康的安全文化氛围，建筑业企业安全文化是一种广施仁爱、尊重人权、保护员工的安全与健康的文化。它促使员工建立起自保、互爱、互救，以企业安全为荣的安全风尚，激发员工树立安全、高效的个人和群体意识。

（二）广泛的社会性

建筑业企业员工在从事施工生产活动和日常生活中，处处都有安全问题，如施工作业安全、交通安全、防火安全、防疾病、防触电、防意外伤害等，都需要有相应的安全技术和制度规范来帮助解决。安全问题渗透于员工的一生和工程施工过程及日常生活的各个方面，分布在员工各种活动的全部空间，体现在生存环境的各个领域，因此建筑业企业安全文化具有广泛的社会性。

（三）预防的超前性

"安全第一，预防为主"是建设工程项目安全生产的总方针。建筑业企业安全文化注重预防预测、未雨绸缪、居安思危、防患于未然。企业安全文化所运用的"风险论"这一防灾理论强调对风险的主观预防性；"控制论"强调了控制技术对预防事故的作用，"系统论"强调本质化安全；"安全相对论"强调重视安全标准和安全技术措施的时效性。上述几种理论都体现了以预防预测为重点。

（四）丰富的知识性

建筑业企业安全文化是生产经营和生活安全知识的丰富经验的积累。建筑业企业安全文化的重要内容之一，就是对企业大量的工伤事故和非工伤事故进行调查、分析、处理，找出事故发生的直接原因和间接原因，并对这些事故进行统计，从中找出事故发生发展的规律，以利于采用行之有效的防范措施，杜绝类似事故的重复发生。同时，建筑业企业安全文化还借鉴国内外其他行业或企业的安全文化经验，不断完善、丰富自己的内容。

（五）鲜明的目的性

建筑业企业安全文化的目的就是要提高企业员工的安全文化素质，创造有效预防事故的人文氛围和物化环境，确保员工的身心安全与健康，保护企业的财产不受经济损失。另外，从企业安全文化内容本身来看，它不是一般性的文化，而是和企业安全管理实践密不可分的。不论是企业安全管理哲学，还是安全价值观、道德规范，都是针对企业安全管理这个目的，因此，建筑业企业安全文化具有强烈的目的性。

（六）提升企业竞争力

建筑业企业安全文化强调企业的安全形象、安全目标和敬业精神，体现了企业的安全价值观和企业对安全生产、建筑产品的安全态度；还强调保障企业员工在生产经营活动中的身心安全与健康，所以对员工能产生很强的吸引力和凝聚力，也是提高企业竞争力的重要途径之一。

安全文化可以改变企业员工的安全价值观，培养员工的安全意识和安全道德；安全文化是企业员工从事施工生产经营及生活全部活动中安全行为的根本思维准则；安全文化能使员工从哲学、生活需要、企业承包、企业经营机制等方面把握安全体制的改革与创新，促使企业安全管理跨入新阶段。

三、建筑业企业安全文化的意义

建筑业企业安全文化管理，从微观到宏观，从总体到个体都具有十分重要的意义。

（一）安全文化建设是建筑业企业发展不可或缺的一个环节

过去建筑业企业安全生产主要依靠经验型管理。20世纪70～80年代，人们开始意识到施工安全管理的成功往往取决于隐藏在管理制度和组织结构之下的安全文化。安全是人类永恒的主题，安全生产是一切经济活动的头等大事，有利于调动企业员工的劳动积极性和创造性，提高全员的安全生产素质，提高劳动生产率，创造"安全第一"的文化氛围，形成安全管理的新机制，促使企业稳定发展。

（二）安全文化建设是项目达到预期目标的有力保障

安全生产是建筑业企业经济持续、稳定、快速、健康发展的根本保证，是维护企业稳定、发展的重要前提。安全文化作为一个新型的安全生产管理体系，是安全生产的基础，是企业文化的一部分；以企业安全生产为研究领域，以事故预防为主要目的。安全文化建设有利于进一步提高建筑业企业的安全管理水平，培养和造就大批安全管理人才和懂得安全技术的科技人才，增强建筑业企业的竞争力；能从根源上有效规避事故的发生，实现新的安全目标。

（三）建筑业企业安全文化关系到整个建筑业的健康发展

建筑业是世界各国重要的国民经济生产部门，同时也是各国职业安全事故率高的工业部门之一。建筑施工安全事故发生率居高不下，暴露了传统安全管理的弊端。因此，建筑业企业安全文化建设通过创造一种良好的安全人文氛围和协调的人、机、物和环境的关系，从物质、制度、精神领域各个层面，从内在到外在、从无形到有形影响人的安全行为和自律能力，具有持久性。

（四）安全文化研究重在预防和管控，化被动为主动，变反馈为前馈

建筑业不同于传统的生产行业，不能完全依靠安全管理制度和劳动条件的改善提高安全水平，建筑业的安全绩效与人的因素和组织关系更为密切。而安全文化注重发挥员工的主观能动性，能够使员工的安全价值观念、思维方式和行为规范与安全生产的客观要求保持一致，同时能培养人们强烈的安全意识，促使员工树立自律思想、自觉遵章守纪，由内而外，形成长期效应。

四、建筑业企业安全文化的建设发展阶段

（一）三阶段周期

一个组织的安全文化建设与发展往往不是一蹴而就的，而是需要长期不懈的努力才能实现。为了使组织能正确地认识现有安全文化的现状和渴望达到的状况来指导安全文化的发展，国际原子能机构（IAEA）在1998年出版了第11号安全报告丛书。在这份报告中，根据人对核安全的行为和态度的不同认识和接受水平，把安全文化的发展划分为三个阶段：

第一阶段，是只以规则和条例为基础的安全。这一阶段安全意识淡薄，安全视为外部要求，是技术问题，不愿意考虑安全问题加以预料，各部门交流协作很差，只遵守规则，讲安全被看作令人讨厌的事情。

第二阶段，是以良好的安全绩效作为组织的一个目标。这一阶段已经形成初步安全意识，但很少主动实施行动，领导重视安全绩效，行为问题被忽视，开始考虑安全绩效停滞不前的原因，愿意寻求其他组织的建议。

第三阶段，认为安全绩效总是持续改进的。这一阶段明确地意识到付诸行动，采用不断改进的方法，强调交流培训管理方式及提高效率和有效性。每个人都能做出贡献，认识到行为问题对安全的影响。

综上所述，不同的企业位于不同的阶段，各阶段的发展所需时间是不确定的，它很大程度上取决于组织管理层的认识、个人的工作环境及其为建设安全文化所做的承诺和努力。

（二）四阶段周期

杜邦公司通过对自身一百多年的安全管理经验教训的总结，形成了四阶段安全文化建设模型，安全文化建设和员工安全行为模型描述了杜邦企业安全文化建设过程中经历的四个不同阶段，即自然本能反应、依赖严格的监督、独立自主管理、互助团队管理，如图4-5所示。该模型的建立是基于杜邦历史安全伤害统计记录，以及公司和员工当时对安全认识的条件下曾做出的努力和具备的安全意识，是杜邦安全文化建设实践的理论化总结。该模型表

明，只有当一个企业安全文化建设处于过程中的第四阶段时，才有可能实现"零伤害、零事故"的目标。应用该模型，并结合模型阐述的企业和员工在不同阶段所表现出的安全行为特征，可初步判断某企业安全文化建设过程所处的状态及努力的方向和目标。根

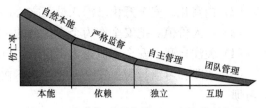

图 4-5　四阶段安全文化模型（布拉德利曲线）

据杜邦的经验，企业安全文化建设不同阶段中企业和员工表现出的安全行为特征可概括如下：

第一阶段，自然本能反应。处在该阶段时企业组织和员工对安全的重视仅仅是一种自然本能保护的反应，表现出的安全行为特征为：

（1）依靠人的本能。员工对安全的认识和反应是出于人的本能保护，没有或很少有安全的预防意识。

（2）以服从为目标。员工对安全是一种被动的服从，没有或很少有安全的主动自我保护和参与意识。

（3）将职责委派给安全经理。各级管理层认为安全是安全管理部门和安全经理的责任，他们仅仅是配合的角色。

（4）缺少高级管理层的参与。高级管理层对安全的支持仅仅是口头或书面上的，没有或很少有在人力、物力上的支持。

第二阶段，依赖严格的监督。处在该阶段时企业组织已建立起了必要的安全管理系统和规章制度，各级管理层对安全责任做出承诺，但员工的安全意识和行为往往是被动的，表现出的安全行为特征为：

（1）管理层承诺。从高级至生产主管的各级管理层对安全责任做出承诺并表现出无处不在的有感领导。

（2）受雇的条件。安全是员工受雇的条件，任何违反企业安全规章制度的行为可能会导致被解雇。

（3）害怕/纪律。员工遵守安全规章制度仅仅是害怕被解雇或受到纪律处罚。

（4）规则/程序。企业建立起了必要的安全规章制度，但员工的执行往往是被动的。

（5）监督控制、强调和目标。各级生产主管监督和控制所在部门的安全，不断反复强调安全的重要性，制订具体的安全目标。

（6）重视所有人。企业把安全视为一种价值，不但对企业而言，而且是对所有人包括员工和合同工等。

（7）教育培训。安全教育培训应该是对系统性和针对性设计的。受训者应包括企业的高、中、低管理层，一线生产主管，技术人员，全体员工和合同工等。培训的目的是培养各级管理层、全体员工和合同工具有安全管理的技巧和能力，以及良好的安全行为。

第三阶段，独立自主管理。此时，企业已具有良好的安全管理及其体系，并获得各级管理层对于安全的承诺，各级管理层和全体员工具备良好的安全管理技巧、能力及安全意识，表现出的安全行为特征为：

（1）个人知识、承诺和标准。员工具备熟识的安全知识，员工本人对安全行为做出承诺，并按规章制度和标准进行生产。

（2）内在化。安全意识已深入员工之心。

（3）个人价值。把安全作为个人价值的一部分。

（4）关注自我。安全不但是为了自己，也是为了家庭和亲人。

（5）实践和习惯行为。安全无时无刻不在员工的工作中、工作外，成为其日常生活的行为习惯。

（6）个人得到承认。把安全视为个人成就。

第四阶段，互助团队管理。此时，企业安全文化深得人心，安全已融入企业组织内部的每个角落，安全为生产，生产讲安全，表现出的安全行为特征为：

（1）帮助别人遵守。员工不仅自觉遵守，还帮助别人遵守各项规章制度和标准。

（2）留心他人。员工在工作中不但观察自己岗位上的不安全行为和条件，而且留心他人岗位上的不安全行为和条件。

（3）团队贡献。员工将自己的安全知识和经验分享给其他同事。

（4）关注他人。关心其他员工，关注其他员工的异常情绪变化，提醒安全操作。

（5）集体荣誉。员工将安全作为一项集体荣誉。

第四节　建筑业企业应急管理

一、建筑业企业应急管理概述

（一）应急管理的基本原理

（1）人本原理。顾名思义就是以人为本的原理。它要求人们在应急管理活动中坚持一切以人为核心。未发生事故时，未雨绸缪，提高公众的应急能力；事故发生时，确保人的生命安全高于一切；事故发生后，应急处置及善后工作以人为本。

（2）系统原理。主张运用系统的观点、理论和方法对应急管理活动进行系统分析，以达到管理的优化目标。其主要包括：建设和完善应急指挥体系；建立和完善应急协调体系；建立和完善应急资源保障体系；建立和完善应急预案体系。

（3）责任原理。主张在应急管理过程中要明确人的职责。管理是追求效率和效益的过程，在这个过程中，要挖掘人的潜能，就必须在合理分工的基础上明确规定这些部门和个人必须完成的工作任务和必须承担的与此相应的责任。

（4）反馈原理。反馈是控制论的一个极其重要的概念。主张在应急管理中的过程中利用反馈原理，控制事态的发展。同时反馈原理也说明应急管理是一个不断的动态循环过程，需要根据反馈结果不断调整应急管理体系，以达到预定的目的。

（二）建筑业企业应急管理的定义

从安全学的角度看，应急是指为避免事故发生或减轻事故后果及其影响而需立即采取超出正常工作程序的行动。应急管理是指突发事件发生前后，组织采用各种方法，调动各种资源应对突发事件的管理，目的是通过提高突发事件发生前的预见能力和突发事件发生后的救援能力，将突发事件对组织带来的负面影响降到最低，致力于恢复组织的稳定性和活力，及时、有效地处理突发事件，恢复稳定和协调发展。

建筑业企业应急管理是通过预先建立应急救援组织和队伍，建立事故预警和响应机制，做好应急救援技术和应急装备、应急物资等准备，一旦发生重大事故，立即开展救援行动，在最短时间内控制事态的发展，最大限度地减少人员伤亡、经济损失及环境破坏。

（三）建筑业企业应急管理的原则

建筑业企业应急管理应包括建立组织机构，预案编制、审批、演练、评价、完善和应急救援响应工作程序及记录等内容。其原则如下：

（1）快速反应原则。建设工程安全生产事故应急管理过程中，必须反应迅速，立即采取有效、积极的应对措施，切不可延误时机。

（2）以人为本原则。建设工程安全生产事故应急管理应将保护和保障企业员工健康和生命安全作为首要任务，最大限度地减少可能造成的人员伤害和财产损失。

（3）预防为主原则。高度重视建设工程安全工作，增强忧患意识，善于总结和吸取以往的经验教训。坚持预防与应急相结合，常态与非常态相结合，制定综合预防和应对措施，防患于未然。

（4）有效组织原则。建立专门性的应急管理机构，分工明确，职责明晰，加强应急管理队伍建设，充分动员和发挥企业全体员工的作用，统一指挥、分工协作，形成反应灵敏、功能齐全、协调有序、运转高效的应急管理组织体系。

（5）规范管理原则。加强应急管理，建立健全应急管理机制，明确机构设置、层级、权利与责任，使应对突发公共事件的工作规范化、制度化、法制化。

（6）科技辅助原则。加强建设工程安全科学研究和技术开发，采用先进的监测、预测、预警、预防和应急处置技术及设施，充分发挥专家队伍和专业人员的作用，提高应对突发安全事故的科技水平和指挥能力，避免发生次生、衍生危害。

二、建筑业企业应急管理的三个阶段

应急管理是对安全事故的全过程管理，贯穿于事故发生前、发生中、发生后的各个过程。应急管理是一个动态的过程，包括应急准备、应急响应和应急恢复三个主要阶段。

（一）应急准备

应急准备是应急管理过程中第一环节，它是针对可能发生的安全事故，为迅速有效开展应急行动而预先所做的各种准备，包括相关部门和人员职责的落实，预案的编制，应急物资的准备和维护，对危险源进行识别、监控、预警等。

（二）应急响应

应急响应是在安全事故发生后立即采取的应急救援行动，包括安全事故的报警与通报、启动应急预案、人员的紧急疏散、工程抢险、急救与医疗、信息收集与应急决策、指挥协调、外部救援等。其目标是尽可能地抢救受伤害的人员，尽可能控制并消除事故，将人员伤亡、财产损失等其他影响降到最低，同时避免衍生事故发生。

（三）应急恢复

应急恢复工作应该在安全事故发生后马上开展，使安全事故发生区域逐步恢复到正常状态。在现场基本稳定后，进行损失评估、原因调查、现场清理、善后处置和恢复生产等工作。事后还要对发生的安全事故进行总结。

三、基于预案库的建筑业企业应急管理体系

建筑业企业应急管理体系是指在应急管理理论的指导下，利用预案库辅助决策系统预先制定的应急预案，对建筑业企业突发安全事故进行信息监测和预警、应急响应、决策和指挥，以及善后、评估和反馈的一套紧密联系的管理体系，包括监测系统、组织系统、处理与反馈系统及辅助决策系统。在辨识和评估潜在的重大隐患的基础上，运用已有预案库的案例提升编制应急预案的可行性，对应急机构职责、人员、技术、装备、设备、物资、救援行动及其指挥与协调等方面预先做出科学有效的安排，并最终对应急预案的使用效果进行总结评价，不断完善预案库系统，提高建筑业企业安全事故应急管理水平。

1. 建筑业企业应急管理监测系统

该体系首先要建立应急管理监测系统预防和消除危险源。建设工程项目中的危险源复杂多样，它有可能是人为的，也有可能不是人为的。例如，现场地基土质结构复杂，脚手架存在质量问题或搭设不符合要求，突然性自然灾害等都属于危险源。建筑业企业应当根据已有的危险源清单，对危险源进行评估，然后将危险源根据评估结果进行等级划分，进而对危险源进行动态监测。应急预防必须从这一阶段就开始，应该加强对人为危险源的防治、发现和处理，加强对各种非人为危险源（自然灾害）的预测。

2. 建筑业企业应急管理组织系统

应急管理组织系统就是要组建专门的应急机构，指定各部门的沟通负责人，加强与各部门之间的沟通，以确保突发安全事故信息能够快速到达相关部门，同时为保证应急救援工作及时、有效，事先必须配备装备器材。应急管理组织平时要进行应急模拟训练，并加强培训员工的应急意识，学会识别项目潜在的安全隐患。安全事故发生时，应急管理组织应及时启动应急预案，充分发挥核心领导作用，注重各部门的协调，并做好对外宣传与形象塑造工作，注意新情况的发生与对策应变。紧急情况消除后，应急管理组织还要负责总结经验教训，不断改进，以提高项目应急管理的水平。

3. 建筑业企业应急管理处理与反馈系统

当面临无明显预兆的突发事件（如自然灾害等）及预控失败无法避免的突发安全事故时，就要启动应急管理处理与反馈系统，启动编制好的应急预案，按照突发安全事故的等级安排应急管理人员，调动系统资源，要按照预案标准和要求，根据新的情况不断改进措施，灵活应对。如发生安全事故，应立即对现场进行处理，对所带来的损失和伤害进行善后处置，尽快使工程项目恢复正常。同时，还要组织调查事故发生的原因，评估带来的影响，总结经验并将预案使用结果反馈到预案库中，做出适当的改进后存入预案库中。

4. 建筑业企业应急管理辅助决策系统

建筑业企业应急管理辅助决策系统是应急管理体系的关键部分。应急管理辅助决策系统包括人机交互系统、预案库系统、数据库系统、模型库系统、知识库系统等。它是一个典型的交互系统，需要通过人机交互充分发挥决策者与决策支持系统的优势，以便做出更科学、合理的决策，这里主要是指通过预案库辅助决策系统制定、使用和改进应急预案的过程。应急管理辅助决策系统采用范例推理（CBR）方法，模拟人类思维，在预案库中搜索以往成功的应急预案，再结合实际工程情况进行修改后生成该工程项目应急预案。

四、建设工程项目应急管理

（一）建设工程项目应急管理的定义

建设工程项目应急管理是指针对建设工程项目施工过程中的突发事件的应急管理。建设工程项目应急管理是按照建筑业企业应急管理方案，在应对突发事件的过程中，为降低突发事件的危害，基于对突发事件的原因、过程及后果进行分析，有效集成社会各方面的相关资源，对突发事件进行有效预警、控制和处理的过程。

（二）建设工程项目应急管理系统的组成及功能

按照突发事件的动态过程及系统论的观点，把建设工程项目应急管理分为项目日常应急管理子系统、项目紧急应急管理子系统、项目恢复应急管理子系统。

1. 项目日常应急管理子系统

建设工程项目施工作业处于正常运行中，突发事件尚处于不确定因素的潜伏期，项目管理在这个阶段按照既定的目标和计划正常运行，项目管理对于不确定因素的处理手段只能是防范作用，降低突发事件发生的概率。所以风险管理在这个阶段的作用尤为重要，但是因为不确定因素的潜伏性和复杂性，风险管理无法完全消除突发事件发生的可能性，在风险管理的同时采取应急管理就显得十分必要。应急管理在这个阶段主要起应急准备和预案管理的作用。风险管理是项目日常应急管理的基础，后者则向风险管理反馈信息，引导风险管理进行改进和完善。项目日常应急管理子系统包括危险源辨识、风险评级、应急预警、预案管理、预案演练、应急资源准备、教育宣传等活动。

2. 项目紧急应急管理子系统

项目建设和管理已经处于突发事件爆发的干扰之下，正常项目管理的进度和计划等已经受到严重影响甚至中断，项目管理采用项目日常应急管理子系统的应急准备资源，进行及时和有效地应急处理，使干扰对项目造成的影响和损失降到最低，使其向积极的方向发展。在这个阶段，应急管理的主要作用在于迅速控制灾难事故的范围、强度和发展。大多数建设项目就是在这个阶段缺乏足够和有力的控制能力和手段，使项目损失不断扩大和延续，甚至项目失败。项目紧急应急管理子系统包括应急反应、应急决策、应急调度、损失评估、协调沟通、对外公关等。

3. 项目恢复应急管理子系统

突发事件的影响和范围已经得到有效控制，通过进一步的应急管理活动消除突发事件的影响，使项目管理恢复到事件前的正常水平，保证项目建设按照既定目标运行和完成。项目恢复应急管理子系统包括资源保障、恢复和重建、善后安置、原因分析和借鉴、项目应急管理方法调整等活动。

五、提高建设工程项目应急管理能力的方法

建设工程项目应急管理系统的充分发挥，需要相应的配合管理机制，对内需要一个内部高效便捷的沟通体系，同时适时对外披露信息，可以减少公众的误解，为自己营造一个良性的外部条件，如通过媒体发布事件原因、进行公关。提升应急管理能力的措施可以包括统一的应急指挥权、全员的联动机制、高效主动的信息沟通、团队安全文化建设。突发事件具有高度的复杂性，统一指挥、统一决策可以提高应急管理的反应速度。全员参与的应急反应可以发挥组织合力的作用，同时提升团队的士气，避免组织信心丧失和管理执行力下降。而团队安全文化建设则可以为这些措施的执行，提供一个强大的推动力，变无形的文化建设为有形，意义重大。

第五节　建筑业企业安全投入与责任保险

一、安全投入概述

（一）安全投入的相关概念

安全投入是指企业为了控制危险源、提升作业安全系数、营造安全氛围、减少或避免事故的发生所产生的全部费用。安全投入的主体是企业。对于建筑业企业和建设工程项目而言，安全投入主要用于施工过程中危险源的控制、预防安全事故的发生、保障建设工程的安全状态等。

安全投资是指在安全生产活动中投资的人力、物力的总和，以货币的形式加以衡量。安全投资可分为人力和物力两类。其中，前者包括安全教育培训、员工应急救援等；后者包括施工安全设备设施的购买、养护及维修等。其并不包括事故所带来的被动且无益的损失，例如，由于事故的发生所造成的误工、财产损失等。这一点特征与安全投入不同。因此，对于建筑业企业和建设工程项目而言，由事故造成的企业在信誉、商誉、资质等方面的无形损失不属于安全投资的范畴。因此，安全投资比安全投入更加突出经济属性，而安全投入则能够涵盖更为广泛的资源投入。

（二）安全投入的特点

为了确保建设工程项目利益相关者能够明白安全投入的重要性及安全投入所能带来的益处，就必须明白安全投入是怎么对减少事故的发生发挥作用的，也就是必须要清楚建设工程项目安全投入的特点。建设工程项目安全投入的特点如下：

（1）针对性。危险时刻存在于建设工程项目施工过程当中，如果不针对这些危险采取有效控制措施，那么这些不安全因素随时都会发挥作用并带来安全生产事故。例如，安全教育培训投入就是针对提升施工参与人员安全意识、安全知识和安全技能进行的安全投入。安全设备设施投入就是针对施工现场不利于安全生产的恶劣环境而进行改善的安全投入。

（2）预防性。安全投入是防止事前发生事故的预防性投资。它不一定跟其他类型的投入那样在进行投入后便会产生明显的效果。建筑业企业在进行安全投入后，采取相应的预防措施，施工安全事故发生的概率越来越小，事故得到了根本性的遏制。因此，安全投入具有预防性的特点。

（3）风险性。不论什么行业，只要投入便会有一定的风险。这里的风险是指即使投入了一定的人力、物力和财力，结果并不一定达到预期的效果，也有可能相差甚远。所以说安全投入也具有一定的风险性。即使对建设工程项目进行了一定的安全投入，也不能保证在施工生产过程中一定不会发生事故。只能说，一旦进行了安全投入，事故发生的概率会降低。这就体现了安全投入的风险性。

（4）潜在性。在大多数情况下，安全投入是否有效，常常只根据事故是否发生来判断。如未发生事故，则认为事情本该如此，即不需要投入也行。而事故一旦发生，却认为安全投入并未发生作用，从而不能够深入地理解安全投入的重要性。实际情况是，只要进行科学合理的安全投入，事故发生的概率就会降低，或者即使事故发生了，但造成的损失会比未进行科学合理的安全投入要小很多。因此，安全投入的好处是潜在的。

二、安全投入法规上的要求

自新中国成立以来，党中央、国务院一直重视安全生产投入问题，从 1963 年国务院颁发的《关于加强企业安全生产中安全工作的几项规定》开始，逐步明确、规范和加大安全生产投入。

《中华人民共和国安全生产法》第二十三条规定：生产经营单位应当具备的安全生产条件所必需的资金投入，由生产经营单位的决策机构、主要负责人或者个人经营的投资人予以保证，并对由于安全生产所必需的资金投入不足导致的后果承担责任。

《建设工程安全生产管理条例》第二十二条规定：施工单位对列入建设工程概算的安全作业环境及安全施工措施所需费用，应当用于施工安全防护用具及设施的采购和更新、安全施工措施的落实、安全生产条件的改善，不得挪作他用。

《国务院关于进一步加强安全生产工作的决定》（国发〔2004〕2号）规定：建立企业提取安全费用制度。为保证安全生产所需资金投入，形成企业安全生产投入的长效机制，借鉴煤矿提取安全费用的经验，在条件成熟后，逐步建立对高危行业生产企业提取安全费用制度。企业安全费用的提取，要根据地区和行业的特点，分别确定提取标准，由企业自行提取，专户储存，专项用于安全生产。

《建筑工程安全防护、文明施工措施费用及使用管理规定》（建办〔2005〕89号）第六条规定：投标方应当根据现行标准规范，结合工程特点、工期进度和作业环境要求，在施工组织设计文件中制定相应的安全防护、文明施工措施，并按照招标文件要求结合自身的施工技术水平、管理水平对工程安全防护、文明施工措施项目单独报价。投标方安全防护、文明施工措施的报价，不得低于依据工程所在地工程造价管理机构测定费率计算所需费用总额的90%。

三、企业安全生产费用提取和使用管理办法

为了建立企业安全生产投入长效机制，加强安全生产费用管理，保障企业安全生产资金投入，维护企业、职工及社会公共利益，根据《中华人民共和国安全生产法》等有关法律法规和国务院有关决定，2012年2月14日，财政部、国家安全生产监督管理总局联合制定并印发了《企业安全生产费用提取和使用管理办法》（财企〔2012〕16号），该办法分总则、安全费用的提取标准、安全费用的使用、监督管理及附则，5章40条，自公布之日起施行。

为了建立企业安全生产投入长效机制，加强安全生产费用管理，保障企业安全生产资金投入，维护企业、职工及社会公共利益，依据《中华人民共和国安全生产法》等有关法律法规和《国务院关于加强安全生产工作的决定》（国发〔2004〕2号）和《国务院关于进一步加强企业安全生产工作的通知》（国发〔2010〕23号），制定本办法。

在中华人民共和国境内直接从事煤炭生产、非煤矿山开采、建设工程施工、危险品生产与储存、交通运输、烟花爆竹生产、冶金、机械制造、武器装备研制生产与试验（含民用航空及核燃料）的企业及其他经济组织（以下简称企业）适用本办法。本办法所称安全生产费用（以下简称安全费用）是指企业按照规定标准提取在成本中列支，专门用于完善和改进企业或者项目安全生产条件的资金。安全费用按照"企业提取、政府监管、确保需要、规范使用"的原则进行管理。

建筑业企业以建筑安装工程造价为计提依据。各建设工程类别安全费用提取标准如下：

（1）矿山工程为2.5%。

（2）房屋建筑工程、水利水电工程、电力工程、铁路工程、城市轨道交通工程为2.0%。

（3）市政公用工程、冶炼工程、机电安装工程、化工石油工程、港口与航道工程、公路工程、通信工程为1.5%。

建筑业企业提取的安全费用列入工程造价，在竞标时，不得删减，列入标外管理。国家对基本建设投资概算另有规定的，从其规定。

总承包单位应当将安全费用按比例直接支付分包单位并监督使用，分包单位不再重复提取。

中小微型企业和大型企业上年末安全费用结余分别达到本企业上年度营业收入的5％和1.5％时，经当地县级以上安全生产监督管理部门、煤矿安全监察机构与财政部门同意，企业本年度可以缓提或者少提安全费用。

企业规模划分标准按照工业和信息化部、国家统计局、国家发展和改革委员会、财政部《关于印发中小企业划型标准规定的通知》（工信部联企业〔2011〕300号）规定执行。

企业在上述标准的基础上，根据安全生产实际需要，可适当提高安全费用提取标准。

本办法公布前，各省级政府已制定下发企业安全费用提取使用办法的，其提取标准如果低于本办法规定的标准，应当按照本办法进行调整；如果高于本办法规定的标准，按照原标准执行。

新建企业和投产不足一年的企业以当年实际营业收入为提取依据，按月计提安全费用。混业经营企业，如能按业务类别分别核算的，则以各业务营业收入为计提依据，按上述标准分别提取安全费用；如不能分别核算的，则以全部业务收入为计提依据，按主营业务计提标准提取安全费用。

四、安全费用的使用

建筑业企业（以及危险品生产与储存企业）安全费用应当按照以下范围使用：

（1）完善、改造和维护安全防护设施设备支出（不含"三同时"要求初期投入的安全设施），包括施工现场临时用电系统、洞口、临边、机械设备、高处作业防护、交叉作业防护、防火、防爆、防尘、防毒、防雷、防台风、防地质灾害、地下工程有害气体监测、通风、临时安全防护等设施设备支出。

（2）配备、维护、保养应急救援器材、设备支出和应急演练支出。

（3）开展重大危险源和事故隐患评估、监控和整改支出。

（4）安全生产检查、评价（不包括新建、改建、扩建项目安全评价）、咨询和标准化建设支出。

（5）配备和更新现场作业人员安全防护用品支出。

（6）安全生产宣传、教育、培训支出。

（7）安全生产适用的新技术、新标准、新工艺、新装备的推广应用支出。

（8）安全设施及特种设备检测检验支出。

（9）其他与安全生产直接相关的支出。

在规定的使用范围内，企业应当将安全费用优先用于满足安全生产监督管理部门、煤矿安全监察机构，以及行业主管部门对企业安全生产提出的整改措施或者达到安全生产标准所需的支出。

企业提取的安全费用应当专户核算，按规定范围安排使用，不得挤占、挪用。年度结余资金结转下年度使用，当年计提安全费用不足的，超出部分按正常成本费用渠道列支。

主要承担安全管理责任的集团公司经过履行内部决策程序，可以对所属企业提取的安全费用按照一定比例集中管理，统筹使用。

五、监督管理

企业应当建立健全内部安全费用管理制度，明确安全费用提取和使用的程序、职责及权限，按规定提取和使用安全费用。

企业应当加强安全费用管理，编制年度安全费用提取和使用计划，纳入企业财务预算。

企业年度安全费用使用计划和上一年安全费用的提取、使用情况按照管理权限报同级财政部门、安全生产监督管理部门、煤矿安全监察机构和行业主管部门备案。

企业安全费用的会计处理，应当符合国家统一的会计制度的规定。

企业提取的安全费用属于企业自提自用资金，其他单位和部门不得采取收取、代管等形式对其进行集中管理和使用，国家法律、法规另有规定的除外。

各级财政部门、安全生产监督管理部门、煤矿安全监察机构和有关行业主管部门依法对企业安全费用提取、使用和管理进行监督检查。

企业未按本办法提取和使用安全费用的，安全生产监督管理部门、煤矿安全监察机构和行业主管部门会同财政部门责令其限期改正，并依照相关法律法规进行处理、处罚。

建设工程施工总承包单位未向分包单位支付必要的安全费用及承包单位挪用安全费用的，由建设、交通运输、铁路、水利、安全生产监督管理、煤矿安全监察等主管部门依照相关法规、规章进行处理、处罚。

各省级财政部门、安全生产监督管理部门、煤矿安全监察机构可以结合本地区实际情况，制定具体实施办法，并报财政部、国家安全生产监督管理总局备案。

生产经营单位是安全生产的责任主体，也是安全生产费用提取、使用和管理的主体。安全生产投入的决策程序，因生产经营单位的性质不同而异。但其项目计划、费用预测大致相同，即生产经营单位主管安全生产的部门牵头，工会、职业危害管理部门参加，共同制定安全技术措施计划，经财务或生产费用主管部门审核，经分管领导审查后提交主要负责人和安全生产委员会审定。

六、安全生产责任保险制度

（一）安全生产责任保险制度的发展背景

自 2005 年以来，我国安全生产领域一直采取安全生产风险抵押金制度，意图通过该制度强化有关行业企业的安全生产意识，落实安全生产责任。财政部、国家安全监督管理总局、中国人民银行于 2006 年 7 月 26 日制定并实施了《企业安全生产风险抵押金管理暂行办法》，明确要求企业以其法人或合伙人名义将本企业专项资金专户存储，专款专用。但是该项制度由于存在企业缴存负担重、积极性低，抵押金安全风险防控能力和赔偿保障能力有限等问题，未能发挥预期效用。

2014 年，《中华人民共和国安全生产法》修订，安全生产责任保险正式被写入法律。《中华人民共和国安全生产法》第四十八条第二款规定："国家鼓励生产经营单位投保安全生产责任保险。" 2016 年 12 月 9 日，中共中央、国务院出台《关于推进安全生产领域改革发展的意见》，其第二十九条要求取消安全生产风险抵押金制度，建立健全安全生产责任保险制度。2017 年 12 月 12 日，国家安全生产监督管理总局、中国保险监督管理委员会、财政部印发了《安全生产责任保险实施办法》，自 2018 年 1 月 1 日起正式施行。安全生产风险抵押金制度正式退出历史舞台，让位于安全生产责任保险制度。2021 年 9 月 1 日起，《中华人民共和国安全生产法》将安全生产责任险纳入其中，推进工作有法可依。

（二）安全生产责任保险的基本内容

安全生产责任保险简称安责险，是被保险企业发生安全生产事故或者相关事故对伤亡人员依法应负的赔偿责任为保险标的的保险险种，包括：雇员及第三方人员的死亡、伤残的经济赔偿责任；医疗费用；因采取紧急抢险措施而支出的必要、合理的救援费用及疏散费用；

因安全生产事故被提起仲裁或者诉讼需支付的相关法律费用。其中，抢险救援、人员疏散费用包括但不限于：救援人员劳务费用；救援物资、器材、设备的租赁、使用费用；单价低于200元人民币的救援工具购置费用；十天以内的人员疏散费用。

死亡赔偿金、伤残赔偿金、医疗费用、抢险救援费用和法律费用。安全生产责任保险具有风险转嫁能力强、事故预防能力突出、注重应急救援和第三者伤害补偿等特点。建立安全生产责任保险制度，可以调动各方积极性，共同化解安全风险。

安全生产责任保险是一种带有公益性质的强制性商业保险，其具有两大功能：保险机构对投保的生产经营单位发生的安全生产事故造成的人员伤亡和有关经济损失等予以赔偿；保险机构为投保的生产经营单位提供安全生产事故预防服务。安责险具有事故预防功能，保险机构必须为投保单位提供事故预防服务，帮助企业查找风险隐患，提高安全管理水平，从而有效防止安全生产事故的发生。安全生产责任保险将保险的风险管理功能引入安全生产监管体系，建立保险机构参与的事故预防机制。同时，安全生产责任保险是完善事故处理的经济保障机制。

安全生产责任保险赔付的内容包括：

（1）投保的生产经营单位的从业人员人身伤亡赔偿。

（2）投保的生产经营单位的第三者人身伤亡和财产损失赔偿。

（3）投保的生产经营单位的事故抢险救援、医疗救护、事故鉴定、法律诉讼等费用。

一般商业险种都将"投保企业的重大过失责任"和"违反安全法规的行为"列为保险除外责任，安全生产责任保险则将其纳入保险责任范围。"安全生产责任保险"的理赔遵循"无过错责任"原则，不论事故的受害人对事故发生是否负有责任，都获得赔偿。

鉴于安全生产责任保险的保险费率应当起到杠杆调节作用。制定各行业领域安全生产责任保险基准指导费率，实行差别费率和浮动费率。建立费率动态调整机制，费率调整根据事故记录和等级、安全风险程度、安全生产标准化等级、隐患排查治理情况、安全生产诚信等级、是否被纳入安全生产领域联合惩戒"黑名单"、赔付率等因素综合确定。

（三）安全生产责任保险与相关险种的衔接

1. 安全生产责任保险与工伤保险

《安全生产责任保险实施办法》第三条规定：按照本办法请求的经济赔偿，不影响参保的生产经营单位从业人员（含劳务派遣人员，下同）依法请求工伤保险赔偿的权利。

《工伤保险条例》第三十九条规定：职工因工死亡，其近亲属按照本法规规定从工伤保险基金领取丧葬补助金、供养亲属抚恤金和一次性工亡补助金。

同建筑施工意外险、雇主责任险一样，安全生产责任保险与工伤保险并存，两者之间是一种保险保障补充关系，不得相互取代。国家强制实行的工伤保险是一种针对企业职工的基础保险保障，而且其所能提供的保障也是有限的，一旦发生安全事故，对职工家属造成的损失伤害常常是巨大、难以承担的，安全生产责任保险可以在工伤保险理赔的同时，提供另一份风险补偿，对工伤保险进行有效补充。

同时，工伤保险针对的是职工的保险保障，并不能帮助企业转移相应风险，这里需要注意的是，企业面临的风险不仅包括员工的事故赔偿，还包括对事故造成的第三者的人身伤残、伤亡及财产损失。安全生产责任保险以企业在事故中应承担的经济赔偿责任为保险标的，既帮助企业转移了风险，又切实为职工提供了经济补偿保障，对于第三者的责任赔偿也为工伤保险补全了短板。

2. 安全生产责任保险与建工意外险

在保险性质上，安全生产责任保险属于责任保险，而建工意外险属于人寿保险；在保险标的上，安全生产责任保险的保险标的是企业应承担的事故损失赔偿责任，而建工意外险的保险标的是工人的身体（伤残、伤亡保险赔偿）；在保障范围上，安全生产责任保险除了负责企业工人的事故伤残、伤亡补偿外，还负责因事故导致的第三者的人身事故伤残、伤亡补偿，以及经济损失补偿，而建工意外险在主险中只对被保险人的事故伤残、伤亡负责经济补偿，如要预防因事故导致的第三者风险损失，只能在附加险中添加第三者责任保险。

3. 安全生产责任保险与雇主责任险

在保险性质上，安全生产责任保险与雇主责任险同属责任保险，都能为企业转移事故风险压力，但在保险保障范围与机制上，两者有着很大不同。同建设工程意外险一样，雇主责任险的主险内容中并无对于雇员因过失造成第三者的人身伤残、伤亡及经济损失的保险责任，只能单独在附加险中添加第三者责任保险。

在保险责任上，雇主责任险针对的是工作期间的意外事故，而安全生产责任保险范围较之更广，还包括员工因过失造成的安全事故损失责任。此外，安全生产责任保险比雇主责任险还多出一项施救费用，包括因采取紧急抢险救援措施而支出的必要、合理的救援费及疏散费用。

第六节　建筑业企业安全绩效评价

一、建筑业企业安全绩效概述

当前，建筑业为我国经济的快速发展做出了突出贡献的同时，建设工程安全生产事故问题也日益凸显。建设工程安全生产事故一旦发生，往往会严重危及建筑业作业人员的生命和健康，同时也造成施工企业生产成本的上升，企业的形象严重受损，极大地耗费国家的资源。建设工程安全生产事故严重阻碍了我国建筑业的正常发展，人们开始重视对于建设工程施工人员操作和行为的安全管理。建设工程施工安全管理也正在接受不断成熟、完善、进步的过程，企业和社会对建设工程施工安全生产的关注也与日俱增。为了改善和提高建筑业企业的安全管理的水平和能力，建立完善而有效的安全绩效管理制度是必然要求。因此，国内外的学者们在建筑业企业安全绩效管理、安全绩效评估等方面做了大量的工作。

（一）安全绩效的定义

《职业健康安全管理体系规范》（GB/T 28001—2011）中对安全绩效的定义为：组织为其职业健康安全风险进行管理所取得的可测量的结果。《职业健康安全管理体系——使用指南要求》（ISO 45001：2018）中对安全绩效的定义是：与预防人身伤害和健康损害和提供安全健康工作场所有效性相关的绩效。目前对于安全绩效的定义还未达成一致，总体而言，安全绩效是企业安全生产工作所取得的成效，反映了企业控制事故风险的能力。安全绩效既包含企业的事故损失和人员伤害情况，也包含企业为实现安全生产过程所做的实际工作和所取得的成果和状况，可以用一些关键指标表示安全绩效的测量。例如，企业的安全目标是否可实现，企业员工的绩效考核制度是否落实，奖惩制度是否公平公正；企业决策层与基层员工之间是否有有效的沟通和了解，企业在安全管理中是否已经深刻地吸取了事故教训。

（二）建筑业企业安全绩效的特征

1. 公开性

建筑业企业安全绩效具有公开性，对企业员工公开，并且对社会公开。公开性有利于地区之间、相似企业之间的相互比较、相互竞争，有利于社会、员工对经营者进行监督，有利于员工对企业安全目标的执行，保持企业高层与基层行动上的一致性。

2. 系统性

建筑业企业的安全绩效指标体系是一个系统，主要包括两个方面：一方面是指标体系本身就是一个有机统一的系统，指标之间相互联系、相互促进，是一个统一的整体。另一方面是对企业的安全绩效必须考虑横向的、纵向的绩效关系。

3. 可比性

建筑业企业安全绩效不单要注意同一企业安全绩效之间的可比性、地区间同类企业之间的安全绩效可比性。此外，还应注意企业本身历史绩效的可比性。

4. 科学性

建筑业企业安全绩效科学性主要体现在要使理论与实际有机结合起来和采用科学的并且适合于企业本身的方法等方面。在指标体系的设计过程当中，不仅要有科学的、先进的理论作为指导，还要能客观、准确、及时地反映出企业的实际安全管理水平和实际状况，以长期保持其对企业可持续发展的积极作用。

5. 可控性

建筑业企业安全绩效可控性包括两个层面的含义：一方面是建筑业企业的安全绩效指标能使企业依据生产状况及外部环境的每个新的变化做出适时调整，并且所设置的指标应该能够使企业管理者增加对自身工作的热情并激发其潜能。另一方面是建筑业企业的安全绩效必须将考核范围限定在所能控制的范围内，使企业安全总目标与某项安全考核指标紧密联系起来。如果企业无法对安全绩效考核指标实施有效的控制，无法对目标指标的完成情况负应有之责，用它来考核企业的安全绩效是不够妥当的，也是实际工作中必须避免的。

（三）建筑业企业安全绩效的评价内容

安全绩效实际上是企业绩效管理的一部分。随着社会对人身安全的日益重视，安全绩效的结果对企业绩效的影响也越来越大。但对于安全绩效究竟应该评估哪些内容，各个组织机构差异很大。

美国工业卫生协会（AIHA）对安全绩效的评估包含10项内容，即损失工时、安全行为百分比、事故发生数、员工建议与批评的接受性、法定安全卫生训练实施百分比、完成校正性行动所需平均日数、暴露监测结果、员工听力损失、劳工补偿损失、其他指标等。

美国国际损失控制协会的安全绩效评估包含20项内容，即领导与管理、管理阶层训练、定期检查、作业分析及步骤、事故调查、作业观察、紧急应变、组织规则、事故分析、员工训练、个人防护、健康控制、方案评估系统、工程控制、个人沟通、团体会议、一般倡导、雇用与配工、采购控制及下班后安全。

亚太职业安全卫生组织（APOSHO）对安全绩效的评估包括5项内容，即检查测试与监视、校正性及预防性行动、事故调查、记录与资讯管理、职业安全卫生管理系统稽核。

其他很多组织或学者从人的不安全行为、物的不安全状态、管理的缺陷和环境影响等方面对安全绩效进行分类评估。评估的内容大致相同，但是分类不同。

（四）建筑业企业安全绩效的评价方法

建筑业企业安全绩效评价方法可分为系统绩效评价方法和基本绩效评价方法。

1. 系统绩效评价方法

系统绩效评价方法是指一种基于战略的系统绩效测评方法，与组织的战略目标相关，绩效测评的关注点主要集中在对组织战略实施情况上，常常用到的方法见表4-3。

表 4-3 系统绩效评价方法

评价方法	定义	目标
目标管理法 (MBO)	目标管理是以目标为导向，以人为中心，以成果为标准，而使组织和个人取得最佳业绩的现代管理方法	与组织年度发展计划相联系
关键绩效指标法 (KPI)	通过组织内部流程的输入端、输出端的关键参数进行设置、取样、计算、分析，衡量流程绩效的一种目标式量化管理指标，是对企业运作过程中关键成功要素的提炼和归纳	以提高组织核心竞争力为目的
平衡计分卡法 (BSC)	将企业的远景、使命和发展战略与企业的业绩评价系统联系起来并把企业的使命和战略转变为具体的目标和评测指标，以实现战略和绩效的有机结合	以全面平衡组织发展能力为目的

表4-3所示方法均基于系统化的，因此更加强调组织的战略整体性发展和实施情况，绩效评价的重点在组织绩效和部门绩效。

2. 基本绩效评价方法

基本绩效评价方法是指一种基于员工的基本绩效测评方法，与员工的岗位特点等相关，内容主要是围绕员工的特征要求、工作行为、工作成果进行评价的方法。目前常常使用的方法主要有特征评价法（以员工具体特征要求为对象）、行为导向法（以员工行为为对象）、结果导向法（以员工工作成果为对象）。

(1) 特征评价法。主要包括排序评价法、配对比较法、人物比较法、书面评价法等。

1) 排序评价法。排序评价法是指排序法在岗位评价中的应用。岗位排序法是依据事先确定的岗位评价要素，按照一定的标准对各个岗位的相对价值进行整体比较，最终根据各个岗位的相对价值从高到低进行顺序排列的一种岗位评价方法。岗位排序法是企业中最常用，也是最简单的一种岗位评价方法。

2) 配对比较法。也称相互比较法、两两比较法、成对比较法或相对比较法，是将所有要进行评价的职务列在一起，两两配对比较，其价值较高者可得1分，价值较低者可得—1分，价值相等者得0分，最后将各职务所得分数相加，其中分数最高者即等级最高者，按分数高低顺序将职务进行排列，即可划定职务等级。

3) 人物比较法。也称标准人物比较法，是一种特殊的比较法。人物比较法是先在员工中选择一人作为标准，其他人通过与这个标准员工进行比较来得出其绩效水平。

4) 书面评价法。是一种由评价者按照规范的格式记录下员工的工作业绩、实际表现、优缺点、发展潜力等，然后提出改进建议的定性评价方法。

(2) 行为导向法。主要包括行为对照表法、锚定等级评价法、评价中心法、组织行为修正法等。

1) 行为对照表法。又称为普洛夫斯特法，评价者根据人力资源部门提供的描述员工行为的量表，将员工的实际工作行为与表中的描述进行对照，找出准确描述了员工行为的陈述，评价者选定的项目不论多少都不会影响评价的结果。

2）锚定等级评价法。一种将同一职务工作可能发生的各种典型行为进行评分度量，建立一个锚定评分表，以此为依据，对员工工作中的实际行为制定测评级分的办法。

3）评价中心法。又称为情景模拟评价法，根据被试者可能担任的职务，编制一套与该职务实际情况相似的测试项目，将被试者安排在模拟的、逼真的工作环境中，要求被试者处理可能出现的各种问题，用多种方法来测评其心理素质、潜在能力的一系列方法。

4）组织行为修正法。也称为强化理论，是研究行为的结果对动机影响的理论，利用正性强化或负性强化来激励员工或创造激励的环境。

（3）结果导向法。主要包括直接指标衡量法、绩效标准法和成绩记录法等。

1）直接指标衡量法。是在员工的衡量方式上，采用可监测、可核算的指标构成若干考评要素，作为对员工的工作表现进行评估的主要依据。例如，对非管理人员，可以衡量其生产率、工作数量、工作质量等；对管理人员的考评，可以通过对其所管理的下属，如员工的缺勤率、流动率的统计得以实现。

2）绩效标准法。与目标管理法基本接近，它采用更直接的工作绩效衡量的指标，通常适用于非管理岗位的员工，衡量所采用的指标要具体、合理、明确，要有时间、空间、数量、质量的约束限制，要规定完成目标的先后顺序，保证目标与组织目标的一致性。

3）成绩记录法。是一种以主管人员的工作成绩记录为基础的考评方法，需要从外部请来专家参与评估，因此，人力、物力耗费很高，时间也很长。

（五）建筑业企业安全绩效指标体系构成

从安全文化绩效和安全结果绩效两个角度结合来建立指标体系，具体建筑业企业安全绩效指标体系见表 4-4。

表 4-4　　　　　　　　　　　　　建筑业企业安全绩效指标体系

一级指标	二级指标	三级指标
安全文化绩效	安全理念文化	安全目标的制定
		企业安全理念
		企业安全承诺
		企业对员工安全的关注度
		项目进度和安全的优先重视选择
		企业对安全文化的重视度
	安全管理文化	领导层安全培训
		管理层安全培训
		员工安全培训
		职业病防控培训
		国家建筑业法规的执行
		企业内部规章制度的制定
		企业内部规章制定的执行
		企业对安全文化的重视度
		定期考核
		奖惩制度的落实
		安全检查的力度和频率
		应急管理和演练水平

续表

一级指标	二级指标	三级指标
安全文化绩效	安全环境文化	企业员工的安全工作能力
		企业员工的安全意识
		企业内部的宣传力度
		企业人文环境氛围
		安全标志及标语
		施工现场的规范性
		企业内部沟通的有效性
		企业与社会沟通有效性
		企业与同行企业交流的频率
	安全物质文化	施工机械的检修
		施工机械的使用
		劳动防护用品的管理
		安全防护设施的配备
		安全投入
		应急专项资金的设置
		施工方案安全的合理性
		施工方案的执行
		施工技术水平
安全结果绩效	安全行为	员工对安全活动的积极性
		员工坚持使用安全设施用品的可能性
		员工的安全规范操作情况
		工友之间的合作监督情况
		员工在身心状态不好时报告的可能性
		员工主动提出改善措施的可能性
	损失结果	企业安全生产事故人员伤亡频率
		较大事故发生次数
		企业安全事故的经济损失

二、建设工程项目安全绩效

建设工程项目具有项目周期长、施工较为复杂、不确定因素多等特点，造成建设工程项目实施阶段发生安全事故的概率较大。因此，建立科学、合理的建设工程项目安全绩效评价对于提升建设工程项目施工质量和效率具有积极的意义，可以实现建设工程项目的综合提升，减少在建设工程项目过程中存在的安全隐患及提高建筑的质量和寿命。

（一）建设工程项目安全绩效的定义

在建设工程项目管理的过程中，围绕建设工程项目安全管理目标而采取的一系列控制措施所达到目标的程度。绩效是可测量的，如职业病减少多少、未发生事故等。表征安全绩效的量即安全绩效指标，可以分为事故损失（包括经济损失、工时损失）、工伤事故率（如轻伤事故率、重伤事故率、万人死亡率等）。

（二）建设工程项目安全绩效的内容

建设工程项目安全绩效主要包括基础管理、隐患管理、现场管理、应急管理等内容。

1. 基础管理

基础管理包括是否建立、健全建设工程项目安全生产责任制，是否层层签订安全生产责任书；是否组织制定建设工程项目安全规章制度或根据公司制度进行修订；是否组织制定建设工程项目安全生产教育、培训计划和安全费用使用计划；是否每月组织一次建设工程项目安全生产工作会议和安全生产领导小组会议。

2. 隐患管理

隐患管理包括是否每月组织一次建设工程项目安全专项检查；是否对各级安全检查发现的安全事故隐患通知监督相关责任人进行整改。

3. 现场管理

现场管理包括是否按建设工程项目带班计划和要求进行带班作业；带班记录是否由带班领导填写；是否现场存在重大事故隐患仍强行安排施工。

4. 应急管理

应急管理包括是否按要求制定应急预案、制订应急演练计划、定期进行演练；是否设置应急救援仓库和配备相应的救援物资。

（三）建设工程项目安全绩效的评价方法

建筑业企业安全绩效评价是以企业的安全管理目标的实现程度为研究对象，构建一套能够用来衡量企业安全管理水平的评价指标体系，这些指标体系可以反映人员安全情况、财产损失情况、设备损坏情况，以及对环境和对社会造成不良影响的情况，然后通过采取某种方法进行指标权重的确定，并运用科学、合理的评价模型进行安全管理评价，指出目前安全管理存在的不足之处，并提出改进的对策建议。在建设工程项目安全绩效评价的过程中，能够运用一种合理的评价方法，使评价结果科学、合理。目前我国使用较多的安全绩效评价方法包括层次分析法、LEC 评价法和模糊综合评价法。

1. 层次分析法

层次分析法是由美国著名的运筹学家匹兹堡大学教授萨蒂（T. L. Saaty）在 20 世纪 70 年代初提出的，是一种将定量分析与定性分析相结合的方法。其优点是简洁实用，通过较少的定量信息就可以建立评价模型，将多目标决策过程简单化。层次分析是将一个整体的研究对象通过分解、比较，最终得出决策模型的一种重要工具。层次分析法运用过程中会对每层指标中每一个指标的权重进行打分，所以每一个指标权重的占比选择会对评级结果的不同产生影响。在评价指标的确定过程中，权重的大小反映的是评价指标对评价结果的影响程度，其权重的表现形式一般有两种：一种是用绝对数表示，这种方法主要针对数据，容易获取，而且数据统计量小，适用于权重容易获取的情况；另一种是用相对数表示，这种方法适用于定量数据较少，定性成分较多的情况。

2. LEC 评价法

LEC 评价法是一种专门用于对系统风险进行评价的方法。该方法运用的评价指标主要包括三个：L（likelihood）是指安全事故发生的概率，E（exposure）是指工作人员处于危险环境中的频率，C（consequence）是事故发生以后可能带来的后果。这三种影响因素的不同权重表示影响程度的不同，再以这三个影响因素的乘数 D（danger）来表示作业活动的整体危险程度。

3. 模糊综合评价法

由于评价对象不可量化和评价指标体系的层次性的影响，使很多评价过程不能用准确的方法进行表述，会造成评价结果的不确定性和模糊性，从而使评价结果不能加以利用。这样的评价对象往往不能用传统的数学方法来衡量，这时就可以选择模糊综合评价法。模糊综合评价法（fuzzy comprehensive evaluation，FCE）是一基于模糊数学的综合评价方法，运用模糊数学的合成原理，通过隶属理论将一些难以量化、无法准确表达的定性因素进行定量化处理，即用模糊数学对受到多层次指标制约的研究对象进行综合的评价过程。模糊综合评价法的优点首先是可以对各评价因素进行比较，将最优的评价指标与其余的评价指标进行对比分析，得出各个评价指标的相对评价值；其次，可以根据各评价指标的具体评价值及特征确定隶属函数，以及确定各指标的评价值与评价指标之间的函数关系。确定隶属度函数的方法有很多，可以通过 F 统计方法统计各类指标的 F 分布情况来得出隶属度函数关系，或者通过专家打分法得出各类指标的评价值。

（四）建设工程项目安全绩效指标体系的构成

在充分理解建筑业企业施工安全生产和施工安全绩效管理，并了解施工安全绩效管理目标的基础上，结合已有国内外对安全绩效影响因素的研究和统计，建立建设工程项目安全绩效指标体系表，见表 4-5。

表 4-5   **建设工程项目安全绩效指标体系表**

一级指标	二级指标	三级指标
人	决策层	安全重视程度
		安全生产责任制的建立
		安全费用的投入
		紧急救援方案的制定
	中层管理者	管理水平与沟通能力
		人员资质与知识水平
		现场安全指导
		工作经验
	作业层	安全意识
		安全教育培训
		身心状态
		安全技能
物	机械设备	运输车辆
		起重设备
		打桩振动等其他设备
		施工用电设备
	安全防护用品	"三宝"配备
		防暑降温等物品
		特殊防护用品配置

续表

一级指标	二级指标	三级指标
环境	作业环境	噪声、粉尘、光污染
		安全标志和现场防护
		文明施工
		扬尘治理
	生活环境	工地健康、饮食、卫生状况
		住宿生活配套设施
		封闭管理制度
		员工文化活动
	自然环境	不可抗力应对方案
		季节性安全施工方案

　　建设工程项目安全绩效与建筑业企业安全绩效是正向相关的。安全绩效高的建筑业企业能够较好地影响建设工程项目安全绩效的提升，同样，建筑业企业安全绩效也主要是通过建设工程项目安全绩效而提升。建设工程项目安全绩效对建筑业企业安全绩效的影响有一个前提假设，那就是建筑业企业安全文化可以影响企业员工的安全态度，安全态度会影响人的行为，进而会影响企业员工所在的建设工程项目安全绩效。建设工程项目安全绩效与建筑业企业安全绩效是相互影响、相互支持、相互关联的。

第五章　建设工程安全生产事故调查与处理

第一节　建设工程安全生产事故概述

一、建设工程安全生产事故基本概念

（一）建设工程安全生产事故的定义

安全生产事故是指生产经营单位在经营活动（包括与生产经营有关的活动）中突然发生的伤害人身安全和健康，或者损坏设备设施，或者造成经济损失的，导致原生产经营活动（包括与生产经营活动有关的活动）暂时中止或永远终止的意外事件。

（二）建设工程安全生产事故的特点

1. 严重性

建设工程发生安全生产事故，因规模大，影响往往较大，甚至造成群死群伤或巨大财产损失。除此之外，还给人们的心理及企业信誉带来不可估量的影响。建设工程安全生产事故给社会带来的负面作用大，备受媒体和群众关注，处理不当还会引发许多复杂的社会问题。

2. 不确定性与可变性

建设工程产品在生产过程中具有流动性强、作业环境复杂、参与人员多、人员素质较低、外部环境影响大等特点决定了其不确定性强，其中参与人员多，不均衡，采用分包模式，对安全管理都是极大的挑战，并且安全隐患因外界条件变化而变化，影响因素多，会引发连锁反应，导致事故影响面扩大。

3. 复杂性

建设工程安全生产事故的发生常常是多种因素的综合累积作用导致的，人的不安全行为、物的不安全状态、环境因素、管理上的缺陷这四类因素相互作用，事故发生时很难准确地说明是哪种因素更多或更少。因此，导致事故发生的原因错综复杂，即使是同类事故其发生的原因也可能有多种的。

4. 多发性

某些事故，在某些部位、工序、作业中经常发生。例如，"四口、五临边"、基础工程施工过程中、模板工程施工作业过程中、脚手架施工作业过程中、塔吊或其他大型运输设备作业过程中等经常发生安全事故。

二、安全事故等级

依据《生产安全事故报告和调查处理条例》第三条，根据安全事故（以下简称事故）造成的人员伤亡或者直接经济损失，事故一般分为以下等级：

（1）特别重大事故，是指造成 30 人以上（含 30 人）死亡，或者 100 人以上（含 100 人）重伤（包括急性工业中毒，下同），或者 1 亿元以上（含 1 亿元）直接经济损失的事故。

（2）重大事故，是指造成 10 人以上（含 10 人）30 人以下死亡，或者 50 人以上（含 50 人）100 人以下重伤，或者 5000 万元以上（含 5000 万元）1 亿元以下直接经济损失的事故。

（3）较大事故，是指造成 3 人以上（含 3 人）10 人以下死亡，或者 10 人以上（含 10 人）50 人以下重伤，或者 1000 万元以上（含 1000 万元）5000 万元以下直接经济损失的事故。

（4）一般事故，是指造成 3 人以下死亡，或者 10 人以下重伤，或者 1000 万元以下直接经济损失的事故。

三、建设工程安全生产事故的分类

从建设工程活动的特点及事故的原因和性质看，建设工程安全生产事故可以分为四类，即生产事故、质量事故、技术事故和环境事故。

1. 生产事故

主要是指在建设工程产品的生产、维修、拆除过程中，操作人员违反施工操作规程等直接导致的安全事故。这种事故一般都是在施工作业过程中出现的，事故发生的次数比较频繁，是建设工程安全生产事故的主要类型之一，同时也是建筑业企业安全生产管理的重点。

2. 质量事故

质量事故主要是指由于设计不符合规范或施工达不到要求等原因而导致建筑结构实体或使用功能存在瑕疵，进而引起安全事故的发生。在设计不符合规范方面，主要是一些没有相应资质的单位或个人私自出图和设计本身存在的安全隐患。施工达不到设计要求方面，是施工过程中违反有关操作规程留下的安全隐患；另外，由于有关施工主体偷工减料的行为导致的安全隐患也是质量事故发生的原因。质量事故既可能发生在施工作业过程中，也可能发生在建筑实体的使用阶段。

3. 技术事故

技术事故是指主要由于工程技术原因而导致的安全事故，技术事故的结果通常是比较严重的。技术是安全的保障，如果技术出现问题，即使是一时的瑕疵，也可能带来严重的事故。技术事故既可能发生在施工过程中，也可能发生在建筑实体的使用阶段。

4. 环境事故

环境事故主要是指建筑实体在施工或使用过程中，由于使用环境或周边环境原因导致的安全事故。使用环境原因主要是对建筑实体的使用不当，例如，荷载超标，按照静荷载设计但按照动荷载使用，高污染建筑材料或放射性材料等。周边环境原因主要是一些自然灾害方面的，如在一些地质灾害频发地区，发生的山体滑坡、泥石流等。

根据对全国伤亡事故的调查分析，建筑业伤亡事故中，高处坠落、物体打击、触电、机械伤害、坍塌事故为建筑业最常发生的五种事故。

（1）高处坠落，占事故总数的 45%～55%。主要发生在以下作业地点：屋面、阳台、楼板等临边；预留洞口、电梯井口等洞口；脚手架、模板；塔机、物料提升机等起重机械的安装、拆卸作业。

（2）物体打击，占事故总数的 12%～15%。主要在同一垂直作业面的交叉作业中、通道口处上方发生坠落物体打击事故。

（3）触电，占事故总数的 10%～12%。事故发生的主要原因包括：对外电线路缺乏保护；未执行三级配电两级保护，未安装漏电保护器或漏电保护器失灵，未按规定进行接地或接零；机械、设备漏电；线缆破皮、老化；照明未使用安全电压等。

（4）机械伤害，占事故总数的 10% 左右。主要指起重机械或机具、钢筋加工、混凝土搅拌、木材加工等机械设备对操作者或相关人员的伤害。

（5）坍塌，占事故总数的 5%～8%。随着高层和超高层建筑的大量增加，基础工程越来越大。同时，随着旧城改造的实施，拆除工程逐年增多，坍塌事故成为建筑业的第五大类事故。

四、建设工程安全生产事故原因分析

每一次事故都有其具体的原因，寻找事故发生的原因，主要目的在于探寻有效解决问题的方法，预防事故的再次发生。建设工程安全生产事故的成因和其他事故的成因相似，都可以归结为四类因素，通常称为"4M"要素，即人（men）、物（machine or matter）、环境（medium）和管理（management）。

（一）人的因素

人的因素是指人的不安全行为，是建设工程安全生产事故的最直接因素。各种安全事故，究其背后深层次的原因都可以归结为人的不安全行为引起的。人的不安全行为可以导致物的不安全状态、造成不安全的环境因素被忽略和可能出现管理上的漏洞和缺陷，进而可能形成事故隐患并触发事故。

从心理学的角度来说，人的行为来自人的动机，而动机产生于需要，动机促成实现其目的的行为发生。尽管人具有自卫的本能，不希望受到伤害，并且根据希望产生自以为安全的行为，但是人又是具有思维的，由于受到物质状态和自身素质等因素的影响和制约，有时会出现主观认识与客观实际不一致的现象。心理反应与客观实际相违背，从而行为表现为不安全。人在生产活动中，曾引起或可能引起事故的行为，必然是不安全的行为。有关研究表明，休工 8 天以上的伤害事故中，96% 的事故与人的不安全行为有关；休工 4 天以上的伤害事故中，94.5% 的事故与人的不安全行为有关。引起建设工程安全生产事故的人的不安全行为包括操作失误、奔跑作业、使用不安全设备、用手工代替工具操作、物体摆放不安全、不按规定使用劳动防护用品、不安全着装等。在事故致因中，人的个体行为和事故是存在因果关系的，任何人都会由于自身与环境的影响，对同一事件的反应、表现和行为出现差异。

人的因素又可以细分为：①教育原因，包括缺乏基本的安全知识和认识能力，安全作业的经验不足，缺乏必要的安全生产技术和技能等；②身体原因，包括生理状态或健康状态不佳，如视力或听力障碍、疾病、酗酒、疲劳；③态度原因，包括缺乏工作的积极性和认真负责的态度等。

（二）物的因素

在建筑生产过程中，物的因素是指物的不安全状态，是引发安全事故的直接原因。

导致事故发生的物的因素不仅包括机械设备的原因，还包括钢筋、脚手架等物的因素。物之所以成为事故的原因，是因为物质的固有属性及其具有的潜在破坏和伤害能力。例如，施工过程中钢材、脚手架及其构件等材料的堆放和储运不当，对零散材料缺乏必要的收集管理，作业空间狭小，机械设备和工器具存在缺陷或缺乏维修保养，高空作业缺乏必要的安全保障措施等。

物的不安全状态，是随着生产过程中物质条件的存在而存在的，是事故的基础原因，它可以由一种不安全状态转变到另一种不安全状态，由微小的不安全状态发展成为致命的不安全状态，也可以由一个物质传递给另一个物质。事故的严重程度随着物的不安全程度的增加而增大。

（三）环境因素

环境因素是指环境的不良状态。不良的生产环境会影响人的安全行为，同时对机械设备也产生不良的作用。由于建设工程生产过程一般露天作业较多，同时随着建设工程技术向地下和高空的发展，地下施工、水下施工明显增多，受环境的影响越来越多。环境因素包括气候、温度、自然地质条件等方面。

此外，社会环境、人文环境对建筑业企业进行安全生产也有十分重要且不可忽视的影响，特别是前面探讨的企业安全文化的影响。

（四）管理因素

人的不安全行为和物的不安全状态，往往是安全事故的直接和表面的原因。深入分析可知，事故发生的根源在于安全管理的缺陷。Heinrich 认为人的不安全行为是事故产生的根本原因，管理应为事故的发生负责；Bird 发展了 Heinrich 的事故理论，并且结合管理学中的一些理论，指出导致大多数事故的原因在于人的不安全行为，而人的不安全行为又是由于管理过程缺乏控制造成的；Petersen 认为造成安全事故的原因是多方面的，根本原因在于管理系统，包括管理的规章制度、管理的程序、监督的有效性及安全教育培训等方面，是管理失效造成了安全事故；英国 HSE 统计表明，工作场所 70% 的致命事故是由于管理失控造成的。导致安全事故的管理因素主要包括企业领导层对安全不重视、安全管理组织和人员配置不完善，安全管理规章制度不健全，安全操作规程缺乏或执行缺失。

五、建设工程安全生产事故的上报制度

建设工程安全生产事故发生后，必须根据要求进行上报，2007 年 6 月 1 日颁布实施的国务院令第 493 号《生产安全事故报告和调查处理条例》明确指出：

事故发生后，事故现场有关人员应当立即向本单位负责人报告；单位负责人接到报告后，应当于 1h 内向事故发生地县级以上人民政府安全生产监督管理部门和负有安全生产监督管理职责的有关部门报告。情况紧急时，事故现场有关人员可以直接向事故发生地县级以上人民政府安全生产监督管理部门和负有安全生产监督管理职责的有关部门报告。

安全生产监督管理部门和负有安全生产监督管理职责的有关部门接到事故报告后，应当依照下列规定上报事故情况，并通知公安机关、劳动保障行政部门、工会和人民检察院：

（1）特别重大事故、重大事故逐级上报至国务院安全生产监督管理部门和负有安全生产监督管理职责的有关部门。

（2）较大事故逐级上报至省、自治区、直辖市人民政府安全生产监督管理部门和负有安全生产监督管理职责的有关部门。

（3）一般事故上报至设区的市级人民政府安全生产监督管理部门和负有安全生产监督管理职责的有关部门。

安全生产监督管理部门和负有安全生产监督管理职责的有关部门依照前款规定上报事故情况，应当同时报告本级人民政府。国务院安全生产监督管理部门和负有安全生产监督管理职责的有关部门，以及省级人民政府接到发生特别重大事故、重大事故的报告后，应当立即报告国务院。

必要时，安全生产监督管理部门和负有安全生产监督管理职责的有关部门可以越级上报事故情况。安全生产监督管理部门和负有安全生产监督管理职责的有关部门逐级上报事故情况，每级上报的时间不得超过 2h。

报告事故应当包括下列内容：

（1）事故发生单位概况。

（2）事故发生的时间、地点及事故现场情况。

（3）事故的简要经过。

（4）事故已经造成或者可能造成的伤亡人数（包括下落不明的人数）和初步估计的直接经济损失。

（5）已经采取的措施。

（6）其他应当报告的情况。

自事故发生之日起 30 日内，事故造成的伤亡人数发生变化的，应当及时补报。道路交通事故、火灾事故自发生之日起 7 日内，事故造成的伤亡人数发生变化的，应当及时补报。

第二节　建设工程安全生产事故调查

一、建设工程安全生产事故调查概述

所谓建设工程安全生产事故调查，是指在安全事故发生后，为获取有关事故发生原因的全面资料，找出事故的根本原因，防止类似事故的发生而进行的调查。在建设工程安全管理工作中，对已发生的事故进行调查处理是极其重要的一环。由建设工程安全生产事故的特性可知，建设工程安全生产事故几乎是不可避免的，但可以通过事故预防等手段减少其发生的概率或控制其产生的后果。事故预防是一种管理职能，而且事故预防工作在很大程度上取决于事故调查。因为通过事故调查获得的相应的事故信息对于认识危险、控制事故起着至关重要的作用。因此，事故调查是确认事故经过，查找事故原因的过程，是安全管理工作的一项关键内容，是制定最佳事故预防对策的前提。

（一）事故调查的重要性

事故调查工作对于建设工程安全管理的重要性可归纳为以下几个方面：

1. 事故调查是最有效的事故预防方法

建设工程安全生产事故的发生既有偶然性，也有必然性。通过事故调查，能发现安全生产事故发生的潜在条件，包括事故的直接原因和间接原因，找出其发生发展的过程，防止类似事故的发生。例如，某建设工程施工现场叉车司机午间休息时饮酒过量后，又进入施工现场，爬上叉车，使叉车前行一段后从车上摔下，造成重伤。如果按责任处理非常简单，即该司机违章酒后驾车；但试问在其酒后进入施工现场驾车的过程中，为什么没有人制止或提醒他不要酒后驾车呢？如果在类似情况下有人制止，是否还会发生此类事故呢？答案是十分明确的。

2. 事故调查为制定安全措施提供依据

事故的发生是有因果性和规律性的，事故调查是找出这种因果关系和事故规律的最有效的方法。只有掌握了这种因果关系和规律性，就能有针对性地制定出相应的安全措施，包括技术手段和管理手段，达到最佳事故控制效果。

3. 事故调查揭示新的或未被人注意的危险

任何系统，特别是具有新设备、新工艺、新产品、新材料、新技术的系统，都在一定程度上存在着某些尚未被了解、掌握或被忽视的潜在危险。事故调查是认识其系统特性的最主要的途径。只有充分认识了这类危险，才有可能防止其发生。

4. 事故调查可以确认管理系统的缺陷

如前所述，事故是安全管理不佳的表现形式，而安全管理系统缺陷的存在也会直接影响到建筑业企业的经济效益。通过事故调查发现建筑业企业安全管理系统存在的问题，加以改进后，就可以一举多得，既控制事故，又改进安全管理水平，提高企业经济效益。

（二）事故调查的目的

（1）科学的事故调查的主要目的是防止类似事故的再次发生。根据事故调查的结果，提出整改措施，控制事故或消除此类事故。

（2）事故调查是根据法律要求，为事故的处理提供依据，是司法机关正确执法的主要手段。

（3）通过事故调查还可以描述事故的发生过程，鉴别事故的直接原因与间接原因，从而积累建设工程安全生产事故资料，为建设工程安全生产事故的统计分析及类似系统、产品的设计与管理提供信息，为建筑业企业或政府有关部门安全工作的宏观决策提供依据。

二、建设工程安全生产事故的调查对象

从理论上讲，所有事故包括无伤害事故和未遂事故都在调查范围之内，但由于各方面条件的限制，特别是经济条件的限制，要达到这一目标几乎是不可能的。因此，要进行事故调查并达到最终目的，选择合适的事故调查对象也是相当重要的。

（1）重大事故。所有重大事故都应进行事故调查，这既是法律的要求，也是事故调查的主要目的所在。因为如果这类事故再发生，其损失及影响都是难以承受的，重大事故不仅包括损失大的、伤亡多的事故，也包括那些在社会上甚至国际上造成重大影响的事故。

（2）未遂事故或无伤害事故。有些未遂事故或无伤害事故虽未造成严重后果，甚至几乎没有经济损失，但如果其有可能造成严重后果，也是事故调查的主要对象。判定该事故是否有可能造成重大损失，则需要安全管理人员的能力与经验。

（3）伤害轻微但发生频繁的事故。这类事故伤害虽不严重，但由于发生频繁，对劳动生产率会有较大影响，而且突然频繁发生的事故，也说明管理上或技术上有不正常的问题，如不及时采取措施，累积的事故损失也会较大。事故调查是解决这类问题的最好方法。

（4）可能因管理缺陷引发的事故。如前所述，安全管理系统缺陷的存在不仅会引发事故，而且也会影响工作效率，进而影响经济效益。因此，及时调查这类事故，不仅可以防止事故的再次发生，而且也会提高经济效益，一举而两得。

（5）高危工作环境的事故。由于在高危险环境中，极易发生重大伤害事故，造成较大损失，因而在这类环境中发生的事故，即使后果很轻微，也值得深入调查。只有这样，才能发现潜在的事故隐患，防止重大事故的发生。这类环境包括高处作业场所、易燃易爆场所、有毒有害的生产工艺等。

除上述诸类事故外，还应通过适当的抽样调查的方式选取调查对象，及时发现新的潜在危险，提高系统的总体安全性。主要因为有些事故虽然不完全具备上述5类事故的典型特征，但却有发生重大事故的可能性，适当的抽样调查会增加发现这类事故的可能性。

三、建设工程安全生产事故的调查过程

（一）事故调查的准备

1. 计划制订

事故调查前首先需要制定一个详细、严谨、全面的计划，对由谁来进行调查，怎样进行调查做出详尽的安排。临阵磨枪，仓促上阵是不可能很好地完成调查任务的。事故调查计划的内容应当包括：

（1）相关的联系和报告部门的联系方式。

（2）调查小组的人员构成。

（3）调查需要的物质安排。

（4）调查的程序和方法。

（5）调查分析。

（6）调查结果的论证和上报。

2. 调查人员构成

事故调查人员是事故调查的主体。不同的事故调查人员的组成会有所不同。2007 年 6 月 1 日颁布实施的国务院令第 493 号《生产安全事故报告和调查处理条例》明确指出：

（1）特别重大事故由国务院或者国务院授权有关部门组织事故调查组进行调查。

（2）重大事故、较大事故、一般事故分别由事故发生地省级人民政府、设区的市级人民政府、县级人民政府负责调查。省级人民政府、设区的市级人民政府、县级人民政府可以直接组织事故调查组进行调查，也可以授权或者委托有关部门组织事故调查组进行调查。

（3）未造成人员伤亡的一般事故，县级人民政府也可以委托事故发生单位组织事故调查组进行调查。

上级人民政府认为必要时，可以调查由下级人民政府负责调查的事故，自事故发生之日起 30 日内（道路交通事故、火灾事故自发生之日起 7 日内），因事故伤亡人数变化导致事故等级发生变化，依照《生产安全事故报告和调查处理条例》规定，应当由上级人民政府负责调查的，上级人民政府可以另行组织事故调查组进行调查。特别重大事故以下等级事故，事故发生地与事故发生单位不在同一个县级以上行政区域的，由事故发生地人民政府负责调查，事故发生单位所在地人民政府应当派人参加。

3. 调查前物质准备

"工欲善其事，必先利其器"。没有良好的装备和工具，事故调查人员素质再高，也是"巧妇难为无米之炊"。因而，从事事故调查的人员，必须事先做好必要的物质准备。

首先是身体上的准备。再者，由于事故现场有害物质的多样性，如辐射、有毒物质、细菌、病毒等，因而在服装及防护装备上也应根据具体情况加以考虑。同时，考虑在收集样品时受到轻微伤害的可能性较大，建议有关调查人员能定期注射预防破伤风的血清。

至于调查工具，则因被调查对象的性质而异。通常来讲，专业调查人员必备的调查工具有：

（1）相机和胶卷。用于现场照相取证。对于火灾事故，彩色胶卷是必需的，因为火焰的颜色是鉴别燃烧温度的关键。

（2）纸、笔、夹子。用于记事、笔录等。

（3）有关规则、标准。如参考资料等。

（4）放大镜。用于样品鉴定。

（5）手套。用于收集样品。

（6）录音机、带。用于与目击证人等交谈或记录调查过程。

（7）急救包。用于抢救人员或自救。

（8）绘图纸。用于现场绘制地形图等。

（9）标签。用于采样时标记采样地点及物品。

（10）样品容器。用于采集液体样品等。

（11）罗盘。用于确定方向。

（12）常用的仪器。包括噪声、辐射、气体等的采样或测量设备及与被调查对象直接相关的测量仪器等。

（二）事故调查的基本步骤

一般事故调查的基本步骤包括现场处理、现场勘查、物证的收集与保护、人证的保护与问询等主要工作。由于这些工作时间性极强，有些信息、证据是随时间的推移而逐步消亡的，有些信息则有着极大的不可重复性，因而对于事故调查人员来讲，实施调查过程的速度和准确性显得更为重要。只有把握住每一个调查环节的中心工作，才能使事故调查过程进展顺利。

1. 事故现场处理

事故现场处理是事故调查的初期工作。对于事故调查人员来说，由于事故的性质不同及事故调查人员在事故调查中的角色的差异，事故现场处理工作会有所不同，但通常现场处理应进行如下工作：

（1）安全抵达现场。要顺利地完成事故调查任务，事故调查人员首先要使自己能够在携带了必要调查工具及装备的情况下，安全地抵达事故现场。在抵达现场的同时，应保持与上级有关部门的联系，及时沟通。

（2）现场危险分析。这是现场处理工作的中心环节。只有做出准确的分析与判断，才能够防止进一步的伤害和破坏，同时做好现场保护工作。现场危险分析工作主要有观察现场全貌，分析是否有进一步危害产生的可能性及可能的控制措施，计划调查的实施过程，确定行动次序及考虑与有关人员合作，控制围观者，指挥志愿者等。

（3）现场营救。最先赶到事故现场的人员的主要工作就是尽可能地营救幸存者和保护财产。作为一个事故调查人员，应及时记录事故遇难者尸体的状态和位置并用照相和绘制草图的方式标明位置，同时告诫救护人员必须尽早记下他们最初看到的情况，包括幸存者的位置、移动过的物体的原位置等。如需要调查者本人也参加营救工作，应尽可能地做好上述工作。

（4）防止进一步危害。在现场危险分析的基础上，应对现场可能产生的进一步的伤害和破坏采取及时的行动，使二次事故造成的损失尽可能小。

（5）保护现场。是下一步物证收集与人证问询工作的基础。其主要目的就是使与事故有关的物体痕迹、状态尽可能不遭到破坏，人证得到保护。

2. 事故现场勘查

事故现场勘查是事故现场调查的中心环节。其主要目的是查明当事各方在事故发生前和事故发生时的情节、过程及造成的后果。通过对现场痕迹、物证的收集和检验分析，可以判明发生事故的主、客观原因，为正确处理事故提供客观依据。因而全面、细致地勘查现场是获取现场证据的关键。无论什么类型的事故现场，勘查人员都要力争把现场的一切痕迹、物证甚至微量物证收集、记录下来，对变动的现场更要认真细致地勘查，弄清痕迹形成的原因及与其他物证和痕迹的关系，去伪存真，确定现场的本来面目。

事故现场勘查工作是一种信息处理技术。由于其主要关注四个方面的信息，即人（people）、部件（part）、位置（position）和文件（paper），也称为"4P"技术。

（1）人。以事故的当事人和目击者为主，但也应考虑维修、医疗、基层管理、技术人员、朋友、亲属或任何能够为事故调查工作提供帮助的人员。

（2）部件。指失效的机器设备、通信系统、不适用的保障设备、燃料和润滑剂、现场各类碎片等。

（3）位置。指事故发生时的位置、天气、道路、操作位置、运行方向、残骸位置等。

（4）文件。指有关记录、公告、指令、磁带、图纸、计划、报告等。

3. 人证的保护与问询

在事故调查中，证人的询问工作相当重要，大约 50% 的事故信息是由证人提供的，而事故信息中大约有 50% 能够起作用，另外 50% 的事故信息的效果则取决于调查者怎样评价分析和利用它们。所谓证人，通常是指看到事故发生或事故发生后最快抵达事故现场且具有调查者所需信息的人。证人信息收集的关键之处在于迅速果断，这样就会最大限度地保证信息的完整性。对证人的问询一般有两种方式：

（1）审讯式。调查者与证人之间是一种类似于警察与疑犯之间的对手关系，问询过程高度严谨，逻辑性强，且刨根问底，不放过任何细节。问询者一般多于一人。这种问询方式效率较高，但有可能造成证人的反感，从而影响双方之间的交流。

（2）问询式。这种方式首先认为证人在大多数情况下没有义务为你描述事故，作证主要依赖于自愿。因而应创造轻松的环境，感到你是需要他们帮助的朋友。这种方式花费时间较多，但可使证人更愿意讲话。问询中应鼓励其用自己的语言讲，尽量不打断其叙述过程，而是用点头、仔细聆听的方式，做记录或录音最好不引起证人注意。

无论采用何种方式，都应首先使证人了解，问询的目的是了解事故真相，防止事故再发生。

4. 物证的收集与保护

物证的收集与保护是现场调查的另一重要工作，前面提及的"4P"中的"3P"［部件（part）、位置（position）、文件（paper）］属于物证的范畴。保护现场工作的一个重要目的也是保护物证。几乎每个物证在分析后都能用以确定其与事故的关系。而在有些情况下，确认某物与事故无关也一样非常重要。由于相当一部分物证存留时间比较短，有些甚至稍纵即逝，所以必须事先制订好计划。按次序有目标地选择那些应尽快收集的物证，并为收集这类物证做好物质上的准备。

（1）事故现场照相。现场照相是收集物证的重要手段之一。其主要目的是通过拍照的手段提供现场的画面，包括部件、环境及能帮助发现事故原因的物证等，证实和记录人员伤害和财产破坏的情况。特别是对于那些肉眼看不到的物证、现场调查时很难注意到的细节或证据、那些容易随时间逝去的证据及现场工作中需移动位置的物证，现场照相的手段更为重要。如果调查者未能及时赶到现场，则应与新闻媒体等有关方面及时沟通联系，以求获得相关信息。事故现场照相的主要目的是获取和固定证据，为事故分析和处理提供可视性证据。其原理与刑事现场的照相完全相同，只是工作对象不同。两者都要求及时、完整与客观。

（2）事故现场图。现场绘图也是一种记录现场的重要手段。现场绘图与现场笔录、现场照相均有各自特点，相辅相成，不能互相取代。现场绘图是运用制图学的原理和方法，通过几何图形来表示现场活动的空间形态，是记录事故现场的重要形式，能比较精确地反映现场上重要物品的位置和比例关系。事故现场图的种类有以下 4 种：

1) 现场位置图。是反映现场在周围环境中位置的。对测量难度大的，可利用现有的厂区图、地形图等现成图纸绘制。

2) 现场全貌图。是反映事故现场全面情况的示意图。绘制时，应以事故原点为中心，将现场与事故有关人员的活动轨迹、各种物体运动轨迹、痕迹及相互间的联系反映清楚。

3) 现场中心图。是专门反映现场某个重要部分的图形。绘制时，以某一重要客体或某个地段为中心，把有关的物体痕迹反映清楚。

4) 专项图，也称专业图。是把与事故有关的工艺流程、电气、动力、管网、设备、设施的安装结构等用图形显示出来。

以上 4 种现场图，可根据不同的需要，采用比例图、示意图、平面图、立体图、投影图的绘制方式来表现，也可根据需要绘制出分析图、结构图及地貌图等。

四、事故的分析与验证

事故分析是根据事故调查所取得的证据，进行事故的原因分析和责任分析，事故原因分析包括事故的直接原因、间接原因和主要原因；事故责任分析包括事故的直接责任者、领导责任者和主要责任者。事故分析包括现场分析和事后深入分析两部分，现场分析又称为临场分析或现场讨论，是在现场实地勘验和现场访问结束后，由所有参加现场勘查人员，全面汇总现场实地勘验和现场访问所得的材料，并在此基础上，对事故有关情况进行分析研究和确定对现场的处置的一项活动。它既是现场勘查活动中一个必不可少的环节，也是现场处理结束后进行深入分析的基础。而事后深入分析则是在充分掌握资料和现场分析的基础上，进行全面深入细致地分析，其目的不仅在于找出事故的责任者并做出处理，更在于发现事故的根本原因并找出预防和控制的方法和手段，实现事故调查处理的最终目的。

第三节　建设工程安全生产事故统计

一、事故统计的概念与目的

(一) 基本定义

建设工程安全生产事故统计是指通过合理地收集与事故有关的资料、数据，并应用科学的统计方法，对大量重复显现的数字特征进行整理、加工、分析和推断，找出建设工程安全生产事故发生的规律和事故发生的原因。

(二) 事故统计的目的

(1) 及时反映企业安全生产状态，掌握事故情况，组织抢救，查明事故原因，分清责任，吸取教训，拟定改进措施，防止事故的重复发生。

(2) 分析比较各单位、各地区之间的安全生产工作情况，分析安全工作形势，为制定安全管理法规提供依据。

(3) 事故资料是进行安全教育的宝贵资料，对生产、设计、科研工作也都有指导作用，为研究事故规律，消除隐患，保障安全，提供基础资料。

通过建设工程安全生产事故统计分析，可以为建筑业企业和相关部门制定制度法规、加强工作决策，采取预防措施，防止事故重复发生，起到重要的指导作用。

二、事故统计的基本任务

(1) 对每起事故进行统计调查，弄清事故发生的情况和原因。

（2）对一定时间、一定范围内事故发生的情况进行测定。

（3）根据大量统计资料，借助数理统计手段，对一定时间、一定范围内事故发生的情况、趋势及事故参数的分布进行分析、归纳和推断。

事故统计的任务与事故调查是一致的。统计建立在事故调查的基础上，没有成功的事故调查，就没有正确的统计。事故调查要反映有关事故发生的全部详细信息，事故统计则抽取那些能反映事故情况和原因的最主要的参数。

事故调查是从已发生的事故中得到预防相同或类似事故发生的经验，是直接的、局部性的。而事故统计对于预防作用既有直接性，又有间接性，是总体性的。

三、事故统计的步骤

事故统计工作一般分为资料搜集、资料整理和综合分析 3 个步骤。

（一）资料搜集

资料搜集又称统计调查，是根据统计分析的目的，对大量零星的原始材料进行技术分组。它是整个事故统计工作的前提和基础。资料搜集是根据事故统计的目的和任务，制定调查方案，确定调查对象和单位，拟定调查项目和表格，并按照事故统计工作的性质，选定方法。我国伤亡事故统计是一项经常性的统计工作，采用报告法，下级按照国家制定的报表制度，逐级将伤亡事故报表上报。

（二）资料整理

资料整理又称统计汇总，是将搜集的事故资料进行审核、汇总，并根据事故统计的目的和要求计算有关数值。汇总的关键是统计分组，就是按一定的统计标志，将分组研究的对象划分为性质相同的组。例如，按事故类别、事故原因等分组，然后按组进行统计计算。

（三）综合分析

综合分析是将汇总整理的资料及有关数值，填入统计表或绘制统计图，使大量的零星资料系统化、条理化、科学化，是统计工作的结果。

事故统计结果可以用统计指标、统计表、统计图等形式表达。

四、安全事故中对伤亡的界定

（一）国内对伤亡的界定

要对安全事故中的人员伤亡情况进行统计，首先需要明确如何判断伤亡情况，这个问题解决了，才能对人员伤亡情况进行详细地统计。目前，我国国内对安全事故中的"伤亡"界定有多部法规。

（1）2014 年颁布的《人体损伤程度鉴定标准》对人体损伤情况进行了规定：人体损伤是指身体结构完整性遭受破坏或者功能（包括生理功能、心理功能）出现的差异或者丧失。该标准将人体损伤程度分为重伤、轻伤、轻微伤三等。

1）重伤。是指使人肢体残废或者容貌毁损；丧失听觉、视觉或者其他器官功能；其他对于人身健康有重大伤害的损伤。

2）轻伤。是指使人肢体或者容貌中度损害；听觉、视觉或者其他器官功能部分障碍；其他对于人身健康有中度伤害的损伤。

3）轻微伤。是指使人肢体或者容貌轻微损害；听觉、视觉或者其他器官功能轻微或者短暂障碍；其他对于人身健康有轻微伤害的损伤。

（2）《企业职工伤亡事故分类》（GB/T 6441—1986）是出台比较早的适用于企业安全事

故的职工伤亡情况统计对伤亡情况进行确定的法规。该部法规中对于人体伤亡的情况规定如下：

1）失能伤害。是指由于意外伤害或疾病导致身体或精神上的损伤，从而导致生活或社交能力的丧失。失能伤害分为三类：①暂时性失能伤害，指伤害及中毒者暂时不能从事原岗位工作的伤害；②永久性部分失能伤害，指伤害及中毒者肢体或某些器官部分功能不可逆的丧失的伤害；③永久性全失能伤害，指除死亡外，一次事故中，受伤者造成完全残废的伤害。

2）轻伤。是指损失工作日为1个工作日以上（含1个工作日），105个工作日以下的失能伤害。

3）重伤。是指损失工作日为105工作日以上（含105个工作日），6000个工作日以下的失能伤害。

4）死亡。是指损失工作日为6000工作日以上（含6000工作日）的失能伤害。

损失工作日是指被伤害者失能的工作时间。

（二）国外对伤亡的界定

美国OSHA体系将安全生产事故分为死亡、可记录工伤、非可记录伤害事件、未遂事故四种情况，作为安全生产事故统计的基础信息。

1. 可记录工伤

可记录工伤又可分为损时工伤/失时工伤、工作受限工伤、医疗工伤/其他可记录工伤。

（1）损时工伤/失时工伤，是指导致受伤者被医疗服务方建议休假的可记录伤害。

（2）工作受限工伤。是指导致受伤者被医疗服务方建议重返工作岗位，但是被禁止他/她履行常规工作职责，但可以做调整型或过渡性工作的限制的可记录工伤。

（3）医疗工伤/其他可记录工伤。是可记录工伤中最不严重的一种情况。这类伤害是指除了非可记录伤害事件之外，不会导致限制工作日或缺勤的治疗。例如，某员工的胳膊在医院缝了三针，然后被告知没有限制条件地重返工作岗位。

总之，可记录工伤包含需要医学治疗或者伴有意识不清、导致工作或活动受限及需要转换工作岗位三种情况。

2. 非可记录伤害事件

非可记录伤害事件即急救工伤，如果伤害只需要如下类型的治疗，则认定为非可记录伤害事件：

（1）在非处方强度下使用非处方药物。

（2）破伤风免疫接种。

（3）清洁、冲洗或浸泡皮肤表面的伤口。

（4）使用伤口覆盖物，如绷带、急救绷带、纱布片等，或者使用胶带或蝴蝶绷带。

（5）使用热疗法或者冷疗法。

（6）使用任何完全非刚性的支持手段，如弹性绷带、覆盖、非刚性的腰带等。

（7）在运送事故受害人途中使用临时固定设备（夹板、索具、颈托或背板）。

（8）挑破手指或脚趾上的水泡来解除压力或排除液体。

（9）使用眼罩。

（10）简单地冲洗或用棉签清除嵌入或黏附的严重的异物。

（11）使用冲洗、镊子、棉签或其他简单的方法移除伤害区域意外碎片或异物。

（12）使用指套。

（13）使用按摩。

（14）喝水缓解发热。

非可记录伤害事件里除了急救工伤外，还有一种称为"只汇报工伤"，即员工受伤后没有进行任何处理或者根本不需要任何处理，或者受伤者拒绝处理。

3. 未遂事故

未遂事故是指未发生健康损害、人身伤亡、重大财产与环境破坏的事故。并非所有的意外事件或所有的意外释放能量，都会造成损失。按照安全学的轨迹交叉理论，如果人因和物因两条轨迹未能得以交叉，则不会发生人身伤亡。例如，某施工现场发生了高处坠物事故（如掉落一块砖），如果致害物的落点处没有人员或其他设备存在，则该事故就不会造成人员伤亡和巨大的财产损失。但是根据海因里希法则，未遂事故与安全生产事故之间存在一定的比例关系，未遂事故积累到一定程度，势必会发生安全生产事故。

五、事故统计分析与指标计算

（一）事故统计指标计算方法

我国所用的伤亡事故统计指标，是国际通用的测定方法，以伤害频率、伤害严重率、伤害平均严重率来表示某时期内建筑业企业劳动安全工作状况，鉴定安全措施对策实施的成效。

人员伤亡的统计指标如下：

（1）千人死亡率。表示某时期内，某地区、行业、部门或企业平均每千名职工中，因工伤事故造成的死亡人数。其计算公式为

$$千人死亡率 = \frac{死亡人数}{平均职工数} \times 10^3 \tag{5-1}$$

（2）千人重伤率。表示某时期内，某地区、行业、部门或企业平均每千名职工中，因工伤事故造成的重伤人数。其计算公式为

$$千人重伤率 = \frac{重伤人数}{平均职工数} \times 10^3 \tag{5-2}$$

千人死亡率、千人重伤率的计算方法，适于企业及省、市、县级劳动部门和有关部门上报伤亡事故时使用，其特点是简便易行，但不利于综合分析。

（3）伤害频率。表示某时期内，平均每百万工时发生伤害事故的人数。伤害人数是指轻伤、重伤、死亡的人数之和。其计算公式为

$$百万工时伤害率 = \frac{伤害人数}{实际总工时} \times 10^6 \tag{5-3}$$

伤害频率是常用的计算方法，它在一定程度上反映了企业的安全状况。但利用伤害频率来估价企业安全生产管理工作成效，还有一定的局限性。例如，甲、乙两个同行业、同规模的企业，甲企业发生死亡 3 人次，乙企业发生轻重伤 3 人次，两个企业事故严重程度显然不同，但计算出来的百万工时伤害频率却是相同的，这是不合理的。另外，也还存在其他因素。例如，甲单位工作认真，发生的事故都做了登记和统计记录，伤害频率数值就比较大。乙单位怕评比影响自己单位的奖金，只对发生的重伤事故做了登记和统计记录，而对轻伤事故没有统计记录，所以伤害频率数值相对比较小。显然伤害频率并不是全面衡量一个企业安

全生产情况好与差的绝对参数。因此，应用伤害频率计算方法时，要全面考虑其他因素。

（4）伤害严重率。表示某时期内，平均每百万工时事故造成的损失工作日数。其计算公式为

$$伤害严重率 = \frac{总损失工作日}{实际总工时} \times 10^6 \tag{5-4}$$

此种计算方法能用数值区别事故的严重程度。安全工作主要是控制有严重后果的事故，因此，应用这种计算方法就有着重要意义。但也有缺陷，个别严重伤害事故，会对伤害严重率的计算带来较大影响，特别是对小企业的反应，总工时数较少，将会更加突出。因此，这种计算方法在应用上也存在一定的局限性。

（5）伤害平均严重率。表示每人次受伤害的平均损失工作日数。伤害平均严重率反映了每次伤害事故导致的损失工作日数的平均值，也就是反映出严重事故和一般事故控制的平均效果，其数值下降，说明伤害事故得到控制的趋势。

伤害频率、伤害严重率、伤害平均严重率计算方法，适用于行业和企业、部门的事故统计分析。

（6）按产品产量计算的死亡率。百万吨死亡率、万米木材死亡率计算是从一些行业特点出发，是以"吨"（t）、"立方米"（m³）为产量计算单位，按公式计算、分析、评价企业的伤害事故的严重程度，适用于"月（年）报表"和综合分析。

（二）事故统计分析方法

事故统计分析方法，是以研究工伤事故统计为基础的分析方法。在事故统计分析中，为直观地展示同时期伤亡事故指标和事故发生的趋势，研究分析事故发生规律，有针对性地采取事故防范措施。因此，不仅要对每一起工伤事故进行调查分析，而且还要对已发生的事故，应用事故统计分析方法进行统计分析。几种常用的事故统计分析方法有综合分析法、统计分析法和统计图表法。

1. 综合分析法

综合分析法是将大量的事故资料进行总结分类，进行综合统计分析，通过对大量的事故资料综合分析，从各种变化的影响中找出事故发生的规律性。利用这种方法，进行下列分析：事故类别分析；事故发生的时间、地点分析；受伤害者的年龄、工种、工龄、本工种工龄、技术等级、接受安全培训教育情况分析；事故件数、伤亡人数、伤害部位、伤害程度、致害物的不安全行为、不安全状态的分析；损失工作日、经济损失的分析。

2. 统计分析法

使用统计分析法，可比较各地方、各行业及企业之间、车间、工段之间的事故频率。

（1）算数平均法。以 X_1，X_2，X_3，…，X_n 代表各项标志值，以 n 代表单位总数（即项数），以 E 代表算术平均值，以"X"代表加总符号。

（2）相对指标比较法。相对指标比较法即两个有联系的总量指标之比。运用相对指标比较法，可以体现相互之间的比例关系。例如，某建筑业企业 30 年死亡事故中，车辆伤害占 19.6%，物体打击占 15.7%，机械伤害占 13.4%，高处坠落占 9.3%，其相互比例为 5：4：3：2。

3. 统计图表法

统计图表是将事故资料数字变成图和表格，利用表中的绝对指标或相对指标及平均指标来表示各类事故统计数学的比例关系。

统计图表是用点的位置、线的转向、面积的大小来形象地表达伤亡事故的统计分析结果，通过事故统计图表来直观地展示事故的趋势或规律，是事故统计分析的重要方法。常用的事故统计图有：

（1）趋势图。直观地展示伤亡事故的发生趋势，对比不同时期的伤亡事故指标等。其横坐标多由时间、年龄或工龄等组成，而纵坐标可以反映出工伤事故规模的指标（如工伤事故次数、工伤事故伤害总人次数、事故损失工作日数、事故经济损失等），反映工伤事故严重程度的指标（如平均每次事故的伤害人数、平均每个工伤人员的损失、每百万工时的事故损失工作日数、百万元产值事故经济损失等），反映工伤事故相对程度的指标（如千人负伤率、千人死亡率、万吨钢死亡率、百万工时伤亡率等）。

（2）排列图。排列图是柱状图（直方图）与折（曲）线图的结合。直方图用来表示某项目的各分类工伤频数（人次），而折线点则表示各分类的累积相对频数。利用排列图能直观地显示属于各分类工伤频数的大小及其累积相对频数的百分比例。

在进行伤亡事故统计分析时，有时需要把各种因素的重要程度直观地表现出来。这时可以利用排列图（或称主次因素排列图）来实现。绘制排列图时，把统计指标（通常是事故频数、伤亡人数、伤亡事故频率等）数值最大的因素排列在柱状图的最左端，然后按统计指标数值的大小依次向右排列，并以折线表示累计百分比。在管理方法中有一种以排列图为基础的 ABC 管理法。它按累计百分比把所有因素划分为 A、B、C 三个级别，其中累计百分比 0%～80% 为 A 级，80%～90% 为 B 级，90%～100% 为 C 级。A 级因素对应的是管理的重点；B 级因素对应的是管理的次重点；C 级因素对应的是管理的非重点。

（3）控制图。控制图在质量管理中得到广泛的应用，经不断发展和完善，近年来应用于安全管理中，并发挥越来越大的作用。

由于排列图、趋势图等的计量值、分布规律及其图形等所表示的都是数据在某一时间内的静止状态，而企业或部门在安全管理中，用静止方法不能随时发现所出现的安全问题及调整安全工作。因此，在事故统计分析中，不仅需要处理数据的静止方法，而且需要能了解事故随时间变化的"动态"管理方法，也是现代安全管理的重要方面。这种动态的方法是将控制图用于安全管理中，以此来控制生产过程中的伤亡人数，明确伤亡事故管理目标，有目标地降低伤亡事故发生的频率，掌握伤亡事故的发展趋势，有利于总结经验、汲取教训，在动态中强化安全管理，以达到预测、预防、控制事故的目的。

如果用于评价行业、部门或企业及地区某时期的安全状况的指标，目前大多应用伤亡事故频率（千人负伤率或千人死亡率）控制图，以千人负伤率或千人死亡率作为某时期的伤亡事故频率评价指标，掌握伤亡事故的动态变化，具有实际意义。

伤亡事故控制图是衡量统计年度内各个阶段相对年度水平管理程度的一种方法，如果各个阶段（月份）的统计值数在中心线两侧，上、下控制限之间无规则跳动，则认为事故的水平都保持在统计年度水平上。若统计值超出上控制限，说明有新的事故触发因素，必须分析原因，制定控制伤亡事故的措施。若统计值低于中心线或下控制限，表示事故触发因素减少，则总结经验，促进安全工作的开展。

六、我国建设工程安全生产事故统计制度现状分析

我国安全事故统计工作及相关制度经历了较大的变革。2016 年新版的《生产安全事故统计管理办法》及《生产安全事故统计报表制度》，借鉴了相关领域经验，推进了事故直报制度的实施，标志着我国安全生产事故统计工作进入了新的阶段。我国现行的建设工程安全生产事故统计制度以 2007 年发布的《生产安全事故报告和调查处理条例》为依据，以 2016 年发布的《生产安全事故统计管理办法》及《生产安全事故统计报表制度》为核心，建设工程安全生产事故统计则以《房屋市政工程生产安全事故报告和查处工作规程》（建质〔2013〕4 号）为补充，通过全国房屋和市政工程安全生产事故信息报送及统计分析系统向住房和城乡建设部上报安全生产事故的相关信息。虽然我国建设工程安全生产事故统计制度在不断发展，但是还存在以下一些问题：

（1）事故统计的实际协同性不足。从现有制度比对和实际调研情况看，建设工程安全生产事故直报的协同性存在较大差距，使事故统计的精准度受到影响。按照《国民经济行业分类》（GB/T 4754—2017），其范围包括房屋建筑业、节能环保工程施工、建筑安装业等 11 类。从现有的事故统计制度看，"节能环保工程施工""建筑安装业"等行业的受伤事故就难以进行有效统计（死亡事故瞒报的可能性较低）。因为住房和城乡建设部只监督统计房屋建筑和市政工程安全生产事故，而节能环保工程施工、建筑安装业等的行业主管部门难以确定，会客观带来事故统计的偏差。

（2）事故统计的主体不一致。统计主体即由谁来完成统计或测算工作。《企业职工伤亡事故经济损失统计标准》（GB/T 6721—1986）规定统计主体是企业，应统计事故所引起的一切经济损失，包括直接经济损失和间接经济损失。《生产安全事故统计管理办法》规定统计主体为县级以上安全生产监督管理部门。《生产安全事故统计报表制度》规定统计主体包括生产经营单位、政府机关、事业单位、人民团体、劳动改造系统等各类部门。《生产安全事故报告和调查处理条例》具有法律规定，一旦发生安全事故，事故调查组是统计直接经济损失的唯一主体，而事故发生单位及相关单位、事业单位、社会团体、政府机关等，有的是被调查的对象，有的需配合调查，为调查组提供相关数据和材料。可见上述文件对统计主体的规定是不一致的。当存在不一致时执行上位法规定，因此应以法律效力最高的《生产安全事故报告和调查处理条例》为准。法规之间不一致的规定，导致事故统计或者测算工作不易落地，当企业对安全生产事故进行事后统计时，所得数据很难保证与事故调查数据相吻合。

（3）间接经济损失不予统计且披露数据不详细。《企业职工伤亡事故经济损失统计标准》（GB/T 6721—1986）要求企业统计测算包括间接经济损失在内的一切经济损失。但法律效力更高的《生产安全事故统计报表制度》《生产安全事故统计管理办法》《生产安全事故报告和调查处理条例》等均规定只统计直接经济损失。目前公布的事故调查报告均不发布间接经济损失数据，全面的事故损失数据尚属空白。这就导致《企业职工伤亡事故经济损失统计标准》（GB/T 6721—1986）关于间接经济损失统计的规定形同虚设。关于间接经济损失的估算一直局限在学术研究范畴。

《生产安全事故报告和调查处理条例》《房屋市政工程生产安全事故报告和查处工作规程》等文件未明确规定事故调查报告需详细披露直接经济损失数据，从目前实践看，只披露合计数据，至于这个数据是由哪些项目构成、每个项目的计算标准及过程等信息都不予公布。

（4）现有事故报表对企业的指导作用较弱。在《生产安全事故统计报表制度》的编制过程中，实际已经弱化了对企业事故事件登记、调查处理闭环管理的指导意愿，这使企业对大量轻伤事故（多数由企业自行调查分析）的调查处理和登记的方式、格式千差万别。同时，这使《生产安全事故统计管理办法》中提出的"运用抽样调查等方法开展安全生产事故统计数据核查工作"失去了根源性支撑。因此，建议及时改变这样的制度导向。否则，既与事故直报制度的思路相违背，也不利于大量轻伤事故的闭环管理和分析。

综上分析，我国建设工程安全生产事故的统计制度还在建设完善之中，安全事故的统计数据对于未来的科学研究和政策制订有着重要意义，不准确的统计数据不能反映安全生产的现状，不能对未来的安全生产起到正确的警示作用，也不能帮助人们认识安全生产的规律，对进一步的安全生产管理失去了现实意义。

第四节　建设工程安全生产事故处理

事故处理是根据事故调查的信息和资料，准确、及时地完成对安全事故原因的分析，认定事故的性质和责任，提出对事故责任者的处理意见，制定防范发生同类安全事故的技术和管理措施，并编写事故调查报告。

一、伤亡事故的处理

伤亡事故发生后，应按照"四不放过"（即事故原因不清楚、不明确不放过，事故责任人没有受到处罚不放过，事故责任者和群众没有受到教育不放过，没制定出防范措施不放过）的原则进行调查处理。对于事故责任者的处理，应坚持思想教育从严，行政处理从宽的原则。但是对于情节特别恶劣，后果特别严重，构成犯罪的责任者，要坚决依法惩处。

（一）事故处理结案程序

伤亡事故处理工作应当在事故发生后 90 天内结案，特殊情况不得超过 180 天。其处理结案程序因事故的严重程度而异。

（1）轻伤事故由企业处理结案。

（2）重伤事故由事故调查组提出处理意见，征得企业所在地劳动安全监察部门同意后，由企业主管部门批复结案。

（3）死亡事故由事故调查组提出处理意见，处理前经市一级劳动安全监察部门同意，由市同级企业主管部门批复结案。

（4）重大伤亡事故由事故调查组提出处理意见，处理前经省、自治区、直辖市劳动安全监察部门审查同意，由同级企业主管部门批复结案。

（5）特别重大事故由事故调查组提出处理意见，处理前经国务院安全监督管理部门审查同意，由同级企业主管部门批复结案。

企业及其主管部门要根据事故调查组提出的处理意见和防范措施建议，按规定填写"企业职工伤亡事故调查报告书"，报经劳动安全监察部门审批后作为处理结果。企业在接到对伤亡事故处理的结案批复文件后，要在企业职工中公开宣布批复意见和处理结果；记载有关人员处分意见的文件资料，要存入受处分人的档案。

（二）事故结案类型

在事故处理过程中，无论事故大小都要查清责任，严肃处理，并注意区分责任事故、非责任事故和破坏事故。

（1）责任事故。因有关人员的过失而造成的事故。

（2）非责任事故。由于自然界的因素而造成的不可抗拒的事故，或由于未知领域的技术问题而造成的事故。

（3）破坏事故。为达到一定目的而蓄意制造的事故。

（三）责任事故的处理

对于责任事故，应区分事故的直接责任者、领导责任者和主要责任者。其行为与事故的发生有直接因果关系的，为直接责任者；对事故的发生负有领导责任的，为领导责任者，在直接责任者和领导责任者中，对事故的发生起主要作用的，为主要责任者。对事故责任者进行处理，一定要严肃认真，根据造成事故的责任大小和情节轻重，进行批评教育或给予必要的行政处分。对于不服管理、违反规章制度，或是强令施工作业人员违章冒险作业，因而发生重大伤亡事故，后果严重并已构成犯罪的责任者，应报请检察部门提起公诉，根据《中华人民共和国刑法》第一百一十四条的规定，追究刑事责任。

（1）追究领导的责任。有下列情形之一时，应当追究有关领导的责任：

1）由于安全生产规章制度和操作规程不健全，职工无章可循，造成伤亡事故的。

2）对职工不按规定进行安全技术教育，或职工未经考试合格就上岗操作，造成伤亡事故的。

3）由于设备超过检修期限运行或设备有缺陷，又不采取措施，造成伤亡事故的。

4）作业环境不安全，又不采取措施，造成伤亡事故的。

5）由于挪用安全技术措施经费，造成伤亡事故的。

（2）追究肇事者和有关人员的责任。有下列情况之一时，应追究肇事者或有关人员的责任：

1）由于违章指挥或违章作业，冒险作业，造成伤亡事故的。

2）由于玩忽职守、违反安全生产责任制和操作规程，造成伤亡事故的。

3）发现有发生事故危险的紧急情况，不立即报告，不积极采取措施，因而未能避免事故或减轻伤亡的。

4）由于不服从管理、违反劳动纪律、擅离职守或擅自开动机器设备，造成伤亡事故的。

（3）重罚的条件。有下列情形之一时，应当对有关人员从重处罚：

1）对发生的重伤或死亡事故隐瞒不报、虚报或故意拖延报告的。

2）在事故调查中，隐瞒事故真相，弄虚作假，甚至嫁祸于人的。

3）事故发生后，由于不负责任，不积极组织抢救或抢救不力，造成更大伤亡的。

4）事故发生后，不认真吸取教训、采取防范措施，致使同类事故重复发生的。

5）滥用职权，擅自处理或袒护、包庇事故责任者的。

二、事故调查报告

事故调查报告是事故调查分析研究成果的文字归纳和总结，其结论对事故处理及事故预防都起着非常重要的作用。因而，调查报告的撰写一定要在掌握大量实际调查材料并对其进行研究的基础上完成。报告内容要实在、具体，文字要鲜明、生动，能较真实客观地反映事故的真相及其实质，对于人们能够起到启示、教育和参考作用，有益于进一步完善和提升事故的预防能力。

（一）事故调查报告的编制要求

事故调查报告的编制应注意满足以下要求：

（1）深入调查，掌握大量的具体材料。这是编制调查报告的基础。调查报告主要靠实际材料反映内容，所以要凭事实说话，这是衡量事故调查报告编制是否成功的关键要求。从编制方法上来讲，要以客观叙述为主，分析议论要少而精，点到为止。能否做到这一点，取决于调查工作是否深入，了解情况是否全面，掌握材料是否充分。

（2）反映全面，揭示本质，不做表面或片面文章。事故调查报告不能满足于罗列情况、列举事实，而要对情况和事实加以分析，得出令人信服、给人启示的相应结论。为此，要对调查材料认真鉴别分析，力求去粗取精，去伪存真，由此及彼，由表及里。从中归纳出若干规律性的东西。

（3）善于选用和安排材料，力求内容精练，富有吸引力。只有选用最关键、最能说明问题、最能揭示事故本质的典型材料，才能使报告内容精练，富有说服力。编制调查报告要以客观叙述为主，不能对事实和情况进行文学加工，不等于不能运用对比、衬托等修辞方法，关键要看如何运用。某一事实、某个数据放在哪里叙述，从什么角度叙述，何处详叙，何处略叙，都是需要仔细考虑的。

（二）事故调查报告的格式

事故调查报告与一般文章相同，有标题、正文和附件三大部分。

1．标题

事故调查报告的标题一般都采用公文式，即"关于……事故的调查报告"或"……事故的调查报告"，如"××市××××工程项目特大爆炸火灾事故调查报告"等。

2．正文

正文一般可分为前言、主体和结尾三部分。

（1）前言。前言部分一般要写明调查简况，包括调查对象、问题、时间、地点、方法、目的和调查结果等，一般不设子标题或以"事故概况"等为子标题。例如，2019年11月13日12时15分，××市××××建设工程施工现场发生一起重大脚手架整体倒塌事故，死亡17人，伤29人，直接经济损失3200万元。

（2）主体。主体是调查报告的主要部分。这部分应详细介绍调查中的情况和事实，以及对这些情况和事实所做出的分析。事故调查报告的主体一般应采用纵式结构，即按事故发生的过程和事实、事故或问题的原因、事故的性质和责任、处理意见、建议的整改措施的顺序编制。这种写法使阅读人员对事故的发展过程有了清楚的了解，然后再阅读和领会所得出的相应结论，感到顺畅自然。典型的正文部分的子标题如"事故发生发展过程及原因分析，事故性质和责任、结论、教训与改进措施"。

（3）结尾。调查报告的结尾也有多种写法。一般是在写完主体部分之后，总结全文，得出结论。这种写法能够深化主题，加深人们对全篇内容的印象。当然，也有的事故调查报告没有单独的结尾，主体部分写完，就自然地收束。

3．附件

事故调查报告的最后一部分内容是附件。在事故调查报告中，为了保证正文叙述的完整性和连贯性及有关证明材料的完整性，一般采用附件的形式将有关照片、鉴定报告、各种图表附在事故调查报告之后；也有的将事故调查组成员名单，或在特大事故中的死亡人员名单等作为附件列于正文之后，供有关人员查阅。

（三）事故调查报告的内容

事故调查报告应当包括事故发生的时间、地点、工程项目、企业名称，事故发生的简要经过、伤亡人数和直接经济损失的初步估计，事故发生原因的初步判断，事故发生后采取的措施及事故报告单位等，并包括以下内容：

（1）工程情况。包括工程的规模、类型、结构、造价和开工日期等。

（2）基本建设程序履行情况。包括立项、用地许可、规划许可证、施工许可证、招标投标、施工图审查、质量和安全监督等基本建设程序的履行情况。

（3）参建单位的基本情况。包括建设单位的名称，以及勘察、设计、施工、工程监理单位的名称、资质等级和资质证书编号。

（4）项目负责人和项目总监的姓名、资质等级和资质证书编号。

（5）伤亡人员情况。包括职工伤亡情况和非职工伤亡情况，伤亡人员的姓名、性别、年龄、工种和用工形式等。

三、事故资料归档

事故资料归档是伤亡事故处理的最后一个环节。事故档案是记载事故的发生、调查、登记、处理全过程的全部文字材料的总和。它对于了解情况、总结经验、吸取教训，对事故进行统计分析，改进安全工作及开展科研工作都非常重要，也是进行事故复查、工伤保险待遇资格认定的重要依据，还是对职工进行安全教育的最生动的教材。

一般情况下，事故处理结案后，应归档的事故资料如下：

（1）职工伤亡事故登记表。

（2）职工死亡、重伤事故调查报告书及批复。

（3）现场调查记录、图纸和照片。

（4）技术鉴定和试验报告。

（5）物证、人证材料。

（6）直接经济损失和间接经济损失材料。

（7）事故责任者的自述材料。

（8）医疗部门对伤亡人员的诊断书。

（9）发生事故时的工艺条件、操作情况和设计资料。

（10）处分决定和受处分人员的检查材料。

（11）有关事故的通报、简报及文件。

（12）调查组成员的姓名、职务及单位。

通过对建设工程安全生产事故的处理，以及对相关责任人进行处罚，可提高责任主体的安全意识，提升安全生产管理的水平。

第五节　建设工程安全生产事故经济损失估算

事故及灾害导致的损失后果因素，根据其对社会经济的影响特征，可分为两类：一类是可用货币直接测算的事物，如对实物、财产等有形价值的因素；另一类是不能直接用货币来衡量的事物，如生命、健康、环境等。为了对事故造成的社会经济影响做出全面、精确的评价，不但需要对有价值的因素进行准确的测算，而且需要对非价值因素的社会经济影响作用做出客观的测算和评价。

一、安全生产事故经济损失的概述

（一）基本定义

安全事故经济损失是指生产过程中意外事件造成的生命或健康的丧失、物质或财务的损坏、时间的损失、环境的破坏。

（二）事故经济损失的分类

（1）按损失与事故事件的关系，事故经济损失可分为直接经济损失与间接经济损失两类。

（2）按损失的经济特征，事故经济损失可分为经济损失（或价值损失）和非经济损失（或非价值损失）。前者指可直接用货币测算的损失，后者不可直接用货币进行计量，只能通过间接的转换技术对其进行测算。

（3）按损失与事故的关系和经济的特征进行综合，事故经济损失可分为直接经济损失、间接经济损失、直接非经济损失和间接非经济损失四种。这种分类方法把事故损失的口径做了严格的界定，有助于准确地对事故经济损失进行测算。

事故直接经济损失是指与事故当时的、直接相联系的、能用货币直接估价的损失，如事故导致的资源、设备、材料、产品等物质损失或财产的损失。事故间接经济损失是指与事故间接相联系的、能用货币直接估价的损失，如事故导致的处理费、赔偿费、罚款、时间损失、停产损失等。事故直接非经济损失是指与事故当时的、直接相联系的、不能用货币直接定价的损失，如事故导致的生命与健康、环境的损坏等难以价值化的损伤。事故间接非经济损失指与事故间接相联系的、不能用货币直接定价的损失，如事故导致的工效影响、声誉损失、政治安定影响等。

（4）按损失的承担者不同，事故经济损失可分为个人损失、企业（集体）损失和国家损失三类。

（5）按损失的时间特性不同，事故经济损失可分为当时损失、事后损失和未来损失三类。当时损失是指事件当时造成的损失；事后损失是指事件发生后随即伴随的损失，如事故处理、赔偿、停工和停产等损失；未来损失是指事故发生后相隔一段时间才会显现出来的损失，如污染造成的危害、恢复生产和原有的技术功能所需的设备、设施改造及人员培训费用等。

二、事故经济损失估算的基本理论

目前，事故经济损失计算的基本方法是：首先计算出事故的直接经济损失及间接经济损失，然后应用各类事故的非经济损失估算技术（系数比例法）计算出事故非经济损失，两者之和即是事故总经济损失，即

$$事故经济损失 = \sum L_{1i} + \sum L_{2i} 。 \tag{5-5}$$

$$事故非经济损失 = 比例系数 \times 事故经济损失 \tag{5-6}$$

$$事故总经济损失 = 事故经济损失 + 事故非经济损失 \tag{5-7}$$

式中　L_{1i}——i 类事故的直接经济损失；

　　　L_{2i}——i 类事故的间接经济损失。

三、事故经济损失估算方法

1. 美国海因里希方法

美国的海因里希在 1926 年，把一起事故的损失划分为两类：由生产公司申请、保险公司支付的金额划为"直接经济损失"，把除此以外的财产损失和因停工使公司受到损失的部分划为"间接经济损失"，并对一些事故的损失情况进行了调查研究，得出直接经济损失与间接经济损失的比例为 1:4。由此说明，事故发生而造成的间接经济损失比直接经济损失

费用要大得多。

海因里希对间接经济损失的界定为：

(1) 负伤者的时间损失。

(2) 非负伤者由于好奇心、同情心、帮助负伤者等原因而受到的时间损失。

(3) 工长、管理干部及其他人员因营救负伤者，调查事故原因，分配人员代替负伤者继续进行工作，挑选并培训代替负伤者工作的人员，提出事故调查报告等的时间损失。

(4) 救护人员、医护人员及不受保险公司支付的时间损失。

(5) 机械、工具、材料及其他财产的损失。

(6) 由于生产阻碍不能按期交货而支付的罚金及其他由此而受到的损失。

(7) 职工福利保健制度方面遭受的损失。

(8) 负伤者返回车间后，由于工作能力降低而在相当长的一段时间内照付原工资而受到的损失。

(9) 负伤者工作能力降低，不能使机械全速运转而遭受的损失。

(10) 由于发生了事故，操作人员情绪低落，或者由于过分紧张而诱发其他事故而受到的损失。

(11) 负伤者即使停工也要支付的照明、取暖及其他与此类似的每人的平均费用损失。

对于直接经济损失，由于保险体制有差别和企业申请保险的水平不同，具体情况会有较大的区别。由于各个企业确定间接经济损失的范围及估算损失不一致，直接经济损失与间接经济损失的比例有的企业小于1：4或大于1：4，这是正常现象。按照这种理论，先计算出事故直接经济损失，再按1：4（或其他比值）的规律，以5倍（或其他比值的倍数）的直接经济损失数量作为事故总经济损失的估算值。

2. 美国西蒙兹计算法

美国的西蒙兹教授对海因里希的事故经济损失计算方法提出了不同的看法，他采取了从企业经济角度出发的观点来对事故损失进行判断。首先，他把"由保险公司支付的金额"定为直接经济损失，把"不由保险公司补偿的金额"定为间接经济损失。他的非保险费用观点与海因里希的间接费用观点虽然相同，但其构成要素不同。他以平均值法来计算事故总经济损失，即

事故总经济损失＝由保险公司支付的费用（直接经济损失）＋不由保险公司补偿的费用（间接经济损失）＝保险损失＋A×停工伤害次数＋B×住院伤害次数＋C×急救医疗伤害次数＋D×无伤害事故次数 (5-8)

式中：A、B、C、D 为各种不同伤害程度事故的非保险费用平均金额，是预先根据小规模试验研究（对某一时间的不同伤害程度的事故经济损失进行调查统计，求其均值）而获得的。西蒙兹没有给出具体的 A、B、C、D 数值，使用时可因不同行业条件采用不同数值，即应随企业或行业的变化，如平均工资、材料费用及其他费用的相应变化，A、B、C、D 的数值也随之变化。

在式 (5-8) 中，没有包括死亡和不能恢复全部劳动能力的残废伤害，当发生这类伤害时，应分别进行计算。

此外，西蒙兹将间接经济损失，即没有得到补偿的费用，分为如下几项进行计算：

(1) 非负伤者由于中止作业而引起的费用损失。

（2）受到损伤的材料和设备的修理、搬走的费用。

（3）负伤者停工作业时间（没有得到补偿）的费用。

（4）加班劳动费用。

（5）监督人员所花费时间的工资。

（6）负伤者返回车间后生产减少的费用。

（7）补充新员工的教育和训练的费用。

（8）公司负担的医疗费用。

（9）进行工伤事故调查付给监督人员和有关人员的费用。

（10）其他特殊损失，如设备租赁费、解除合同所受到损失的费用、为招收替班人员而特别支出的经费、新员工操作引起的机械损耗费用等。

西蒙兹的事故经济损失计算方法得到了美国 NSC（全美安全协会）等权威机构的支持，在美国得到了广泛采用。这种损失计算方法具有较好的可靠性。

3．日本野口三郎计算方法

日本的事故经济损失费用估算采用野口三郎提出的方法。这种方法是把以下各项有关的费用加和起来，估算事故总经济损失。

（1）法定补偿费用（支付保险部分，保险公司承担部分）。

（2）法定补偿费用（日本公司负担部分：歇工 4 天以下的歇工补偿费）。

（3）法定补偿以外的费用支出。

（4）事故造成的人的损失。

（5）事故造成的物的损失。

（6）生产损失。

（7）特殊损失费。

四、国内事故经济损失估算方法

（一）《企业职工伤亡事故经济损失统计标准》（GB/T 6721—1986）的计算方法

我国将伤亡事故经济损失分为直接经济损失和间接经济损失两部分。

1．直接经济损失

直接经济损失是指因事故造成人身伤亡的善后处理支出费用和毁坏财产的价值，包括以下几部分：

（1）人身伤亡所支出的费用。如医疗费用、丧葬及抚恤费用、补助及救济费用、歇工工资。

（2）善后处理费用。如处理事故的事务性费用、现场抢救费用、清理现场费用、事故罚款及赔偿费用。

（3）财产损失价值。如固定资产损失价值、流动资产损失价值。

2．间接经济损失

间接经济损失是指导致产值减少、资源破坏等受事故影响而造成的其他经济损失的价值，包括以下几个部分：

（1）停产减产损失价值。

（2）工作损失价值。

（3）资源损失价值。

（4）处理环境污染的费用。

（5）其他损失费用。

（二）理论计算方法

《企业职工伤亡事故经济损失统计标准》（GB/T 6721—1986）的计算方法仅考虑了"有价损失"（可用货币直接计算的损失），未考虑"无价损失"，为此，根据"理论计算法"，事故总经济损失应按式（5-9）进行计算，即

事故总经济损失（L）＝事故经济损失＋事故非经济损失＝事故直接经济损失（A）＋事故间接经济损失（B）＋事故直接非经济损失（C）＋事故间接非经济损失（D）　　　　　　　　　　（5-9）

式（5-9）中各项指标的计算方法如下。

1. 事故直接经济损失（A）的计算

A 包括如下几项内容：

（1）设备、设施、工具等固定资产的损失。

（2）材料、产品等流动资产的物质损失。

（3）资源（矿产、森林等）的损坏。

2. 事故间接经济损失（B）的计算

B 包括如下几项内容：

（1）事故现场抢救与处理费用，根据实际开支统计。

（2）事故事务性开支，根据实际开支统计。

（3）人员伤亡的丧葬、抚恤、医疗及护理、补助及救济费用。

（4）休工的劳动损失价值（L_E）。劳动损失价值是指受伤害人由于劳动能力一定程度的丧失而少为企业创造的价值。其计算方法有如下三种：

按工资总额计算工作日损失价值　　　　　$L = D_L P_{E1}/H$　　　　　　（5-10）

按净产值计算工作日损失价值　　　　　　$L = D_L P_{E2}/H$　　　　　　（5-11）

按企业税利计算工作日损失价值　　　　　$L = D_L P_{E3}/H$　　　　　　（5-12）

式中　D_L——企业总损失工作日数，可查《企业职工伤亡事故经济损失统计标准》（GB/T 6721—1986）中附录 B 获得；

　　　P_{E1}——企业全年工资总额；

　　　P_{E2}——企业全年净产值；

　　　P_{E3}——企业全年税利；

　　　H——企业全年法定工作日数，可用 $N×300$ 求得。

比较上述三种方法的区别，仅是分子所采用的指标不同。

第一种方法：用的指标是工资，指劳动者的必要劳动创造的，并作为劳动报酬分配给劳动者的那部分价值。用工资总额进行计算，显然不能表明被伤害职工因工作损失少为国家和社会创造的价值。

第二种方法：用的指标是净产值。指劳动者在一定时间内新创造的价值，它包括补偿劳动力的价值和为国家及社会创造的价值两部分。具体地说，它包括利润、税金、利息支出、工资、福利等项目，用净产值计算，工作日损失价值就偏大，因为净产值包括工资、福利费等，这些不是为国家和社会创造的价值，而是用补偿劳动者本身的一些正常开支，是劳动者本身所要消耗的，所以用净产值这个指标进行计算，也不能如实反映被伤害职工因工作日损

失，为国家和社会减少创造的价值。

第三种方法：用的指标是税金与利润之和，它是劳动者超出必要劳动时间所创造的那部分价值，也就是职工在一定时间内为国家和社会所提供的纯收入。因而工作日损失价值用税金加利润进行计算，能如实地反映被伤害职工因工作日损失所减少的为国家和社会创造的价值。税金和利润这两个指标是目前常用来评价企业经济效益的综合指标，用它进行计算比较符合实际情况。

因此，《企业职工伤亡事故经济损失统计标准》（GB/T 6721—1986）中，工作日损失价值建议按第三种方式计算。

（5）事故罚款、诉讼费及赔偿损失，根据实际支出统计。

（6）减产及停产的损失，可按减少的实际产量价值核算。

（7）补充新员工的培训费用。

3. 事故直接非经济损失（C）的计算

C包括如下几项内容：

（1）人的生命与健康的价值损失。人的生命与健康价值损失计算是一个比较复杂的问题，人的生命与健康价值除了经济价值外，还有其他层面的深刻意蕴。人的生命与健康价值有多个维度，人的生命与健康的经济价值并不是人的生命与健康价值的全部。要全面合理评估人的生命与健康价值，理论上首先要从本源上探索人的生命与健康价值意蕴并厘清其与人的生命的经济价值之间的关系，并从哲学角度吸取有价值的理念，丰富经济学意义上人的生命与健康价值意蕴。

（2）环境破坏的损失。按环境污染处理的花费及其未恢复的环境价值计算。

4. 事故间接非经济损失（D）的计算

D包括如下几项内容：

（1）工效影响损失。由于事故造成了职工心理的影响。其计算方法可用时间效率系数法，即

$$工效影响损失 = 影响时间（日）× 工作效率（产值／日）× 影响系数 \qquad (5-13)$$

式中：影响系数根据涉及的职工人数和影响程度确定，以小数计。

（2）声誉损失。可以企业产品经营效益的下降量来估算。它应包含事故对产品质量和产品销售的损失，可用系数法来计算，即

$$声誉损失 = 原有的销售价值 × 事故影响系数 \qquad (5-14)$$

（3）政治与社会安定的损失。这是一种潜在的损失，可用占事故总经济损失比例（或占D部分的损失比例）来估算。

上述"理论计算法"的可操作性较为困难，但并非不可用。如果通过大量的实际调查统计工作，研究分析出不同类型事故的各种损失比例系数关系，则在实际的计算过程中就可采用"比例系数法"来较为准确和迅速地计算出事故的总经济损失量，从而为安全活动的决策提供依据。

5. 职业病经济损失计算

职业病患者劳动期间的工资、治疗费、抚恤费、丧葬费及因劳动能力降低少为国家企业创造的财富等都是职业病给企业带来的经济损失的主要内容。目前对职业病经济损失的计算还缺乏统一标准。根据有关调查分析，职业病经济损失可用式（5-15）估算，即

$$L_{zo} = \sum M_i(L_z + L_j) = Px + Ej + (F+y)t + G(t+j) \qquad (5\text{-}15)$$

式中　L_{zo}——总经济损失，元；

　　　M_i——患职业病人数，人；

　　　L_z——直接经济损失，元；

　　　L_j——间接经济损失，元；

　　　P——平均每年的抚恤费，元；

　　　x——抚恤时间，年；

　　　E——发现职业病至死亡时的平均每年费用，元；

　　　y——患者损失劳动能力期间年均医药费，元；

　　　j——发现职业病至死亡的时间，年；

　　　F——患者损失劳动时间的平均工资，元；

　　　t——患者实际损失劳动时间，年；

　　　G——年均创劳动效益，元。

随着社会的发展，该方法中的某些费用会随之提高，按不同社会发展背景下的价格水平，此种损失费也会随之变化。

第六章　其他利益相关方的安全管理

第一节　业主方的安全管理

建设单位也称为业主单位或项目业主，是指建设工程项目的投资主体或投资者，是建设项目管理的主体和项目法人。建设单位就是建筑市场中的买方，他们通过提供建设项目所需要的资金，购买建筑产品或者服务，从而满足他们的需要。作为建筑市场中最有话语权的业主，建设单位通常对他们所获得的建筑产品及服务有各种要求，包括工程的工期、成本、质量及安全。

一、业主在安全管理中的作用

没有业主对建设工程的强烈需求，建设工程项目就不可能实现既定的目标。由此看来，业主在建设工程项目中扮演着重要角色。这也是业主能够影响建设工程项目安全目标的原因。近几十年来，越来越多的业主，尤其是大型项目的业主逐渐认识到，建设工程安全生产事故同样会给他们带来很多负面的影响和损失。一旦建设工程项目发生安全生产事故，无论合同条款如何保护业主的利益，业主都不得不与承包商共同面对由于事故导致的施工中断，生产效率的降低，乃至由事故引起的经济损失和法律纠纷等。这些直接的后果，不但可能影响业主和承包商的长期合作，损害双方的社会形象和声誉，甚至可能造成整个工程的失败。建设单位之所以对建设工程项目负有责任，还有更重要的原因就是业主对其建造的项目有着深入了解，业主有能力也有义务帮助承包商在项目实施过程中最大限度地避免事故发生。

在我国，越来越多的工程管理人士已经意识到，没有业主的积极参与，建设工程项目安全工作就无法真正地实现既定的目标。我国于2004年2月正式实施的《建设工程安全生产管理条例》，对建设单位在建设工程项目安全管理中应担负的责任进行了具体规定。一旦业主在安全上建立起明确的目标，就可以以多种方式加以实施。譬如，可在招标文件和合同文件中强调安全目标；此外，还可以通过选择承包商在安全生产方面起到积极作用。业主的安全意识可以发挥重要的作用，业主重视建设工程项目的安全，将直接影响项目参与方，有利于提高各工程利益相关者的积极性，减少事故发生，防止因事故影响建设工程项目的进度、质量及社会形象，从而提高了建筑业企业的经济效益、社会效益。再者，业主方重视和参与安全管理，有利于保持与政府部门良好的合作关系，避免因事故而产生负面效应，有利于树立良好的企业形象，有利于项目利益相关方的可持续发展。

（一）业主安全管理的总体思路

（1）业主安全管理的目标是避免和减少安全事故的发生，维持稳定和谐的安全生产形势，保障建设工程项目的顺利进行。

（2）业主安全管理的主要任务是负责整个建设工程项目全面的宏观上的安全生产监督管理，偏重重大问题的组织与协调，为施工单位的安全管理做好必要的支持和配合工作，但不代替各参建单位的安全生产职责。

（二）业主安全管理的特点

（1）全过程。业主安全管理工作贯彻于整个建设工程项目的全过程，从勘察设计到招标和合同签订，再到施工，直到竣工验收。

（2）全方位。业主安全管理不仅包括对施工单位安全生产的监督管理，还包括对监理单位安全监理工作的监督检查。另外，还包括对设备厂家、设计单位、监理单位及各施工单位之间有关安全问题的协调。

（三）业主安全管理的重点方面

1. 内业资料方面

（1）安全管理体系、组织机构及人员配备情况。

（2）安全生产责任制、安全管理制度及其执行情况。

（3）施工组织设计、专项施工方案、应急预案。

（4）监理机构、承包商、分包商的资质证书。

（5）监理工程师、施工单位项目经理、专职安全员、特种作业人员的持证上岗情况，施工作业人员体检情况。

（6）安全教育、安全技术交底、安全考试、安全检查记录、安全专题会议记录。

（7）特种设备、大型施工机械的有效证件。

2. 施工现场方面

（1）总平面布置、定置化管理、封闭式施工措施、施工不扰民措施、工程形象。

（2）劳动防保用品配备、应急物资储备。

（3）"三宝"使用，"四口""五临边"的防护措施。

（4）施工车辆管理、道路维护和洒水降尘，排水措施和积水处理。

（5）机械设备的制动、限位、转动部件的防护。

（6）电源箱、电缆敷设、手提工具、钢丝绳、龙门吊等安全防护及高大设备的防雷接地与防台风措施。

（7）脚手架、围栏、爬梯、盖板、安全通道、消防器材等各种安全设施。

（8）氧气、乙炔、柴油、火工品等危险化学品的使用与存放，吸烟点设置。

（9）电焊、气焊、气割、爆破、起重吊装等特种作业。

（10）施工标示牌、安全警示牌、告示牌、安全标语、宣传栏。

二、业主方安全管理的主要职能

（1）规划职能。业主站在全局的高度，全面考虑整个建设工程项目的安全生产工作，进行总体规划，有效指导各参建单位的安全生产工作，保证安全生产实现预期目标。

（2）组织职能。一方面是指组织机构的建立；另一方面是指组织各种安全会议、安全检查和安全活动。

（3）协调职能。由于建设工程项目实施涉及多个不同的单位，构成了复杂的关系和矛盾，且业主与各参建单位之间是合同的关系，因此各种事情和问题的处理主要是通过协调的方式进行沟通，安全工作也不例外，业主在很大程度上扮演协调者的角色。

（4）监督职能。业主不仅要对施工单位的安全工作进行监督检查，同时也要对监理单位的安全监理工作进行监督检查。

三、业主方安全管理的主要措施和手段

（1）合同措施。如在合同中明确双方在安全管理方面的责任、权利和义务，以及明确奖惩等具体条款，签订安全施工协议书等。

（2）经济措施。主要是指对施工单位进行安全生产的奖励和处罚。

（3）组织措施。如安全管理体系的建立、安全组织机构的设立、安全管理人员的配备等。

（4）管理措施。如进行安全教育、安全技术交底、安全会议、安全检查及安全生产评比等。

（5）技术措施。主要指采取有效的安全施工技术措施、施工方法、施工工艺等。

四、业主全过程的安全管理措施与方法

（一）项目决策阶段

（1）在编制建设工程项目投资计划时，应将劳动安全卫生设施所需投资一并纳入计划，同时编报。引进技术、设备的建设工程项目，原有劳动安全卫生设施不是削减，没有劳动安全卫生设施或设施不能满足国家劳动安全卫生标准规定的，应同时编报国内配套的投资计划，并保证建设工程项目投产后其劳动安全卫生设施符合国家规定的标准。

（2）根据国家规定，新建、改建、扩建的建设工程项目，在工程可行性研究阶段进行劳动安全卫生预评价。业主应当委托有资质的评价单位编制安全预评价报告，报政府安全生产监督管理部门审查批准。

（3）业主还应委托有资质的环境影响评价单位编制环境影响评价大纲和环境影响报告书（表），对建设工程项目产生的污染和对环境的影响作出评价，规定防治措施，经项目主管部门预审并依照规定的程序报环境保护行政主管部门审查批准。

（4）属于《地震安全性评价管理条例》（国务院令第323号）第11条规定的建设工程项目，业主还必须委托有资质的地震安全评价单位编制地震安全性评价报告，报政府地震行政主管部门审查批准。

（5）经政府有关部门批准后的安全预评价报告、环境影响评价报告和地震安全性评价报告，业主应及时转交给设计单位，由设计单位根据批准的要求和内容开展项目设计工作。

（二）勘察设计阶段

根据安全效益的金字塔法则（成本法则）：系统设计1分安全性＝10倍制造安全性＝1000倍应用安全性，加强勘察设计阶段的安全管理，能够有效地减少施工阶段的安全隐患，达到事前控制的效果。在勘察设计阶段，业主方安全管理的主要任务是：

（1）严格执行基本建设程序，坚持先勘察、后设计、再施工的原则。

（2）要求和监督勘察单位按照法律、法规和工程建设强制性标准进行勘察，提供真实、准确的勘察文件，满足建设工程安全生产的需要。

（3）要求和监督设计单位按照法律、法规和工程建设强制性标准进行设计，防止因设计不合理导致安全生产事故的发生，并且对涉及施工安全的重点部位和环节应在设计文件中注明，对安全事故防范提出指导意见。

（4）在编制工程概算时，应当确定建设工程项目安全作业环境及安全施工措施所需的费用。

（5）初步设计会审前，必须向安全生产监督管理部门报送建设工程项目劳动安全卫生预评价报告、初步设计文件（含《劳动安全卫生专篇》），以及有关图纸资料。初步设计方案经

安全生产监督管理部门审查同意后，应及时办理建设工程项目劳动安全卫生初步设计审批表。

（6）对承担建设工程项目的可行性研究、劳动安全卫生预评价、设计、施工等任务的单位提出落实"三同时"规定的具体要求，并负责提供必需的资料和条件。

（三）招标及合同签订阶段

建设工程项目安全管理最重要的环节是施工单位的安全管理，而施工单位的选择大多是通过招标进行的，因此在招标和合同签订阶段加强安全方面控制，择优选择安全管理能力强的施工单位，是保证建设工程项目安全工作的重要手段。监理单位的选择也同样重要，选择一家实力强的监理单位有利于工程安全控制，还可以减轻业主的工作压力。具体做法如下：

（1）在编制招标文件时，要对投标单位提出具体的安全管理要求，同时在招标文件的评标标准中增加安全管理水平评审的标准。

（2）资格审查过程中应注意对投标单位的安全业绩及安全管理能力进行审查，将安全管理业绩差的企业排除在外。

（3）评标时最好在评标委员会中增加安全方面的专家，同时评标委员会成员要对投标单位的安全管理工作水平进行评审。

（4）提出合理的工期及造价。如果工期太紧或价格太低，就会影响施工单位在安全方面的投入，很难保证安全措施到位，难免会出现事故。虽然合理的工期及造价可能给业主造成一定的损失，但从风险角度考虑，合理的工期及造价所付出的代价，与一旦发生安全生产事故所造成的损失相比小了很多，这未尝不是一种有效的控制措施。

（5）由于合同具有法律效力，通过合同来规范施工单位的安全管理能减少争议，更好地对工程安全进行控制。签订安全协议（或在合同中增加相应安全条款）是业主对建设工程项目进行安全管理和经济制约的重要手段。当投标单位中标后，业主应与承包商签订安全协议，明确双方的安全责任和义务；明确安全技术、防护设施、劳动保护费用支付计划等条款；明确发生事故后各自应承担的经济责任；明确安全奖罚规定和安全施工保证金的提取，当发生人身伤亡或存在安全隐患而引起罚款时均将在保证金中扣除。监理合同中也应有有关安全方面的条款，包括监理的安全责任和义务及安全监理人员的配备等事项。

（四）工程施工阶段

工程施工阶段，是建设工程项目安全管理最重要的阶段。业主方安全管理的主要措施和方法有：

（1）建设单位在申请施工许可证之前，应当向当地建设工程安全监督机构提交项目安全管理方案，包括建设单位与施工单位各自的安全责任、安全生产保证体系及安全生产专项施工措施等。

（2）监理单位和施工单位进场前，业主应认真审查监理单位的监理规划，审查施工单位的安全管理体系、安全文明施工管理制度，要求监理、施工单位建立以本单位安全生产第一责任人为核心的分级负责的安全生产责任制，设立安全生产管理机构或配备与工程规模相适应的安全管理人员。同时，还要对监理单位和施工单位的重要岗位人员（总监、监理工程师、项目经理、专职安全员等）资格证件进行动态性的检查，发现有不符合条件的人员要求监理、施工单位进行更换。

（3）工程正式开工之前，业主应进行安全管理策划，制定一套适合本项目实际情况的总体安全管理制度，包括安全检查制度、安全会议制度、文明施工管理制度、安全奖罚制度等，待监理、施工单位进场后组织其进行学习，以便在施工过程中贯彻执行。

（4）安全管理体系是安全管理工作的关键。建设工程项目应按照"业主领导、监理监督、总包单位负主体责任、专业分包各负其责"的原则构建安全管理体系，业主对整个项目安全生产工作进行综合管理和协调，监理单位对所管理的施工单位进行监督管理，从而构建"业主—监理—施工"三级安全管理体系。

（5）组织成立安全委员会，主持安全委员会的日常工作。安全委员会的主要作用是把各参建单位有机地组织起来，便于集中和进行统一管理。安全委员会应由业主牵头，组织监理、施工单位有关人员组成。安全委员会主要任务是在业主的统一指导下，组织、协调工程安全生产工作，研究安全生产工作的重大方案和措施，协调、解决安全生产中的重大问题。安全委员会不代替各参建单位的安全生产管理职责。

（6）业主安全管理人员的配备。一般的项目可以设兼职安全管理人员，大型项目应设专职安全管理部门或专职安全工程师，对整个建设工程项目的安全文明施工进行综合性的管理。

（7）业主应建立完善的安全资金保障制度，足额、及时拨付安全防护文明施工措施费，保证施工单位的安全投入。

（8）认真、严格、及时地组织重大施工方案、重大安全技术措施、重大机械设备进场的审查。施工单位应当针对下列工程编制专项安全施工方案：土方开挖工程，模板工程，起重吊装工程，脚手架工程，施工临时用电工程，垂直运输机械安装拆卸工程，拆除、爆破工程，其他危险性较大的工程。同时，进入施工现场的垂直运输和吊装、提升机械设备应当经检测机构检测合格后方可投入使用。

（9）定期开展安全大检查、召开安全例会，经常组织进行季节性安全大检查、重大节假日前安全大检查，对监理、施工单位制定严格的安全生产管理及考核办法，严格监督，及时跟踪整改。若有多家施工单位，业主还可以定期组织进行安全生产评比活动，给安全生产先进单位颁发流动红旗等。

（10）建立安全奖罚制度。奖罚制度是为了使安全管理工作顺利进行而采取的有效措施，其目的则是减少事故的发生，为安全生产保驾护航。奖罚制度是安全管理工作中一项不可缺少的重要安全管理制度。通过奖罚制度能有效地提高施工单位的安全意识，施工现场的安全管理工作就会得到有效落实，这样就能大大减少安全事故的发生。在施工过程中，业主（或督促监理单位）对施工单位的安全违章现象进行处罚，同时业主应拨出一部分资金作为安全文明施工的专项基金，对安全生产先进单位和个人进行奖励。

（11）在施工过程中，业主还要加强对监理单位安全监督工作的监督检查，促使监理单位重视安全问题，加强对施工单位的监督。例如，要求监理单位加强现场安全检查，发现安全问题或隐患，责令施工单位立即整改。

（12）在遇到突发性的自然灾害或交叉作业现象严重的情况下，需要由业主出面进行统一的集中管理。如台风袭击，业主应成立临时指挥部，统一指挥各施工单位采取防范措施，进行抢险救灾；在同一施工区域有多家施工单位进行爆破施工时，业主应成立爆破协调小组或指挥部，统一指挥爆破施工，避免交叉作业和产生混乱现象。

（13）此外，业主还要负责协调施工单位与政府安全生产监督管理部门或行业主管部门的关系，负责安全动态信息的收集统计、分析与发布。

（14）由于业主的技术人员和管理人员也要经常深入工地了解工程进展和检查工作，因此加强业主公司内部的安全管理工作也不容忽视，如做好对员工的安全教育，配备必需的劳动防保用品，为员工购买工伤保险等。

（五）竣工验收阶段

建设工程项目竣工验收阶段主要是进行劳动安全卫生验收、消防验收和环境保护验收。

1. 劳动安全卫生验收

（1）在生产设备调试阶段，应同时对劳动安全卫生设施进行调试和考核，对其效果做出评价。在人员培训时有劳动安全卫生的内容，应制定完整的劳动安全卫生等方面的规章制度。

（2）建设工程项目预验收前，应自主选择并委托安全生产监督管理部门认可的单位进行劳动条件检测、危害程度分级和有关设备的劳动安全卫生检测、检验，并将试运行中的劳动安全卫生设备的运行情况、措施效果、检测检验数据、存在的问题及拟采取的措施等写入劳动安全卫生验收专题报告，报送安全生产监督管理部门审批。

（3）对预验收中提出的有关劳动安全卫生方面的改进意见应按期整改，并将整改情况及时报告安全生产监督管理部门。

（4）建设工程项目劳动安全卫生设施和技术措施经安全生产监督管理部门验收通过后，应及时办理"建设项目劳动安全卫生验收审批表"。

2. 消防验收

（1）消防验收一般要经过资料审查、实地检测、综合评价三个阶段。同时，根据建设工程项目的大小和复杂程度，还可按预验收和正式验收两个步骤分别进行。建设工程项目完工后，建设单位应向工程项目审批的消防监督机构申报消防验收。

（2）在申报消防验收时，应向公安消防监督机构领取建设工程项目竣工消防验收申请表，如实填报有关情况。同时，还应将该工程项目的有关消防设计、施工和消防产品设施设备质量监测等消防审批文书和竣工图纸一并归档送审。如果上述资料不齐，则不能组织验收。

（3）当消防验收资料齐全后，应组织有关工程技术人员到现场进行检查验收。

3. 环境保护验收

（1）建设工程项目试生产前，建设单位应向有审批权的环境保护行政主管部门提出试生产申请。试生产申请经环境保护行政主管部门同意后，建设单位方可进行试生产。

（2）进行试生产的建设工程项目，建设单位应当自试生产之日起3个月内，向有审批权的环境保护行政主管部门申请建设工程项目竣工环境保护验收。

第二节　监理方的安全管理

监理方是指受建设单位（项目法人）的委托，依据国家批准的工程项目建设文件、有关工程建设的法律、法规和工程建设监理合同及其他工程建设合同，代替建设单位对承建单位的工程建设实施过程在施工质量、建设工期和资金使用等方面实施监控的一种专业化服务单位。监理单位是建筑市场的主体之一，提供的是一种高智能的有偿咨询服务。监理单位作为被建设单位委托而实施建设工程项目管理的主体，建设工程安全管理自然是其主要任务的重要组成。

一、监理安全管理的内涵

建设工程监理安全管理（简称安全监理）包括以下几个方面的内涵：

（1）安全监理是社会化、专业化的工程监理单位受建设单位（或业主）的委托和授权，依据法律、法规、已批准的工程项目建设文件、监理合同及其他建设工程合同对工程建设实施阶段安全生产的监督管理。

（2）安全监理包括对工程建设中的人、机、物、环境及施工全过程的安全生产进行监督管理，并采取组织、技术、经济和合同措施，保证建设行为符合国家安全生产、劳动保护法律法规和有关政策，有效地控制建设工程安全风险在允许的范围内，以确保施工安全性。安全监理属于委托性的安全服务。

（3）安全监理是工程建设监理的重要组成部分，也是建设工程安全生产管理的重要保障。安全监理是提高施工现场安全管理水平的有效方法，也是建设工程项目管理体制中加强安全管理、控制重大伤亡事故的一种新模式。

（4）安全监理应遵守安全生产，"谁主管谁负责的原则"，监理企业实施安全监理并不减免建设单位、勘察设计单位和承包单位的安全责任。

（5）安全监理应坚持"安全第一，预防为主，综合治理"的方针和"以人为本，防微杜渐"的管理原则。

对于施工活动而言，必须预先分析危险源，预测和评估危险源的危害程度，发现和掌握危险源出现的规律，采取相应的防范措施，制定事故应急预案，将危险源消灭在转化为事故之前。"预防为主"是安全生产方针的核心，是实施安全生产的根本。

二、监理单位实施安全管理的主要依据

对于国家和地方政府规定必须实行安全监理的建设工程及建设单位委托安全监理的建设工程进行安全监理时，监理的依据有以下几方面：

（1）建设工程项目监理委托合同。

（2）《中华人民共和国建筑法》《建设工程安全生产管理条例》《关于落实建设工程安全生产监理责任的若干意见》，以及其他国家安全生产法律、法规、政策。

（3）有关劳动保护、环境保护、消防等的法律、法规与标准，建筑业安全生产规章、规范性文件、安全技术规范等。

（4）相关技术性及管理文件，如设计的施工说明书，经过审核、批准的施工组织设计，专项施工方案的安全技术措施。

三、安全监理的任务

建设工程监理安全管理和建设工程监理一样，都是接受建设单位的委托或授权，按照合同的规定，完成委托或授权范围内的工作。只要建设单位委托了施工安全管理工作，监理单位就要认真研究合同所包括的范围，并依据相关的建设工程施工安全生产的法律、法规和标准、规范进行监督管理。

安全监理的任务主要是贯彻落实国家、地方安全生产法律、法规、方针政策和建设工程安全生产管理法规、规章、标准，督促施工单位按照建设工程安全生产管理法规和标准组织施工，落实各项安全技术措施，消除施工中的冒险性和随意性，有效地杜绝各类安全隐患，控制和减少各类安全事故，实现安全生产。为了实现安全监理的目标，安全监理的具体工作主要有以下几方面：

（1）贯彻执行"安全第一、预防为主，综合治理"的方针，以及环境保护、消防等法律法规和行业标准。

（2）督促施工单位落实安全生产组织保证体系和安全生产责任制。

（3）督促施工单位对工人进行安全生产教育及分部分项工程的安全技术交底。

（4）审查施工组织设计的安全技术措施、专项施工方案。

（5）检查并督促施工单位落实分部分项工程或各工序关键部位的安全防护措施。

（6）督促检查施工现场消防安全工作。

（7）组织检查施工现场文明施工。

（8）组织安全综合检查、评价，提出处理意见并限期整改。

（9）发现违章冒险作业的，责令其停止作业；发现严重安全事故隐患的，责令其停工整改。

（10）若发现施工单位拒不整改或不停止施工，应及时报有关部门。

四、施工准备阶段的安全监理内容

根据《关于落实建设工程安全生产监理责任的若干意见》的规定，施工准备阶段监理单位的主要工作内容如下：

（1）监理单位应根据《建设工程安全生产管理条例》的规定，按照工程建设强制性标准、《建设工程监理规范》（GB 50319—2013）和相关行业监理规范的要求，编制包括安全监理内容的项目监理规划，明确安全监理的范围、内容、工作程序和制度措施，以及人员配备计划和职责等。

（2）对中型及以上项目和《建设工程安全生产管理条例》第二十六条规定的危险性较大的分部分项工程，监理单位应当编制监理实施细则。实施细则应当明确安全监理的方法、措施和控制要点，以及对施工单位安全技术措施的检查方案。应单独编制安全监理实施细则的内容主要有基坑支护与降水工程，土方开挖工程，模板工程，起重吊装工程，脚手架工程，拆除、爆破工程，其他危险性较大的分部分项工程等。

（3）审查施工单位编制的施工组织设计中的安全技术措施和危险性较大的分部分项工程安全专项施工方案是否符合工程建设强制性标准要求。审查的主要内容应当包括以下部分：

1）施工单位编制的地下管线保护措施方案是否符合强制性标准要求。

2）基坑支护与降水、土方开挖与边坡防护、模板、起重吊装、脚手架、拆除、爆破等分部分项工程的专项施工方案是否符合强制性标准要求。

3）施工现场临时用电施工组织设计或者安全用电技术措施和电气防火措施是否符合强制性标准要求。

4）冬季、雨季等季节性施工方案的制定是否符合强制性标准要求。

5）施工总平面布置图是否符合安全生产的要求，办公、宿舍、食堂、道路等临时设施设置，以及排水、防火措施是否符合强制性标准要求。

6）检查施工单位在工程项目上的安全生产规章制度和安全监管机构的建立、健全及专职安全生产管理人员配备情况，督促施工单位检查各分包单位的安全生产规章制度的建立情况。

7）审查施工单位资质和安全生产许可证是否合法、有效。

8）审查项目经理和专职安全生产管理人员是否具备合法资格，是否与投标文件相一致。

9）审核特种作业人员的特种作业操作资格证书是否合法、有效。

10）审核施工单位应急救援预案和安全防护措施费用的使用计划。

五、施工阶段的安全监理内容

（1）监督施工单位按施工组织设计或者专项施工方案组织施工，并制止违规施工作业。施工单位应按监理单位已审查的有安全技术措施予以保证的施工组织设计或专项施工方案组织施工。在施工过程中，安全监理工程师应监督施工单位的执行情况，并对违规作业及时制止。对需要修改的安全技术措施计划，施工单位修改后再报工程监理单位审定，方能组织施工。

（2）监督施工单位按工程建设强制性标准组织施工。工程建设强制性标准是工程参与各方主体必须遵守和执行的，监理工程师无权使施工单位降低工程建设强制性标准。工程监理单位的安全责任规定了监理工程师必须履行其安全管理职责，即监督施工单位按工程建设强制性标准组织施工。

（3）加强现场巡视检查，发现安全事故隐患，及时进行处理。加强现场巡视检查，对施工安全生产情况进行安全检查，验证施工作业人员是否按安全技术防范措施和规程规定进行操作。现场巡视检查，每天不少于一次，对每道工序检查后，做好记录并予以确认。

安全监理人员发现严重违规施工或者安全事故隐患的，应当责令施工单位整改，下达整改通知书，应及时向建设单位报告。

（4）发现严重冒险作业和严重安全事故隐患的，应责令其暂时停工并进行整改。对施工作业人员严重冒险作业或者安全事故隐患情况严重的，安全监理人员应立即责令其暂行停工并进行整改，报总监理工程师由总监理工程师下达工程暂停令后报建设单位。施工单位拒不整改或不停止施工的，监理单位应及时向建设行政主管部门报告。

（5）对高危作业或涉及施工安全的重要部位、环节的关键工序进行现场跟班监督检查。高危作业或涉及施工安全的重要部位、环节是安全事故发生的高发地带，监理人员应进行现场跟班监督检查。施工前，安全监理人员应督促施工单位做好安全技术交底；在施工过程中，安全监理人员做好监控，发现违规行为应立即制止。

（6）复核施工单位安全防护用具、施工机械、安全设施的验收手续，并签署意见。施工过程中的安全防护用具、施工机械、安全机具、安全设施等质量直接关系到施工安全，历史上发生的建设工程施工安全事故暴露出劣质产品的极大危害，同时，市场上大量存在的劣质产品给建设工程施工安全带来了安全隐患。

监理工程师应对施工单位的安全防护用具、施工机械、安全机具、安全设施等的生产（制造）许可证、产品合格证的查验情况进行复核，并签署意见。凡未经安全监理工程师签署认可的，施工单位不应投入使用。

（7）监督检查施工现场的消防安全工作。安全监理工程师监督检查施工单位施工现场的消防安全责任制度、消防安全责任人、消防安全管理制度和操作规程、消防通道、消防水源、消防设施和灭火器材等，以及消防安全教育等。

（8）组织和参与施工现场的安全检查工作。安全监理工程师应定期组织施工单位进行现场安全检查，对存在安全隐患的，责令其整改或消除。此外，安全监理工程师可参与施工单位组织的安全检查，对存在安全隐患的，应责令施工单位整改消除。

（9）督促施工单位进行分部分项工程安全技术交底和安全验收。做好安全技术交底和安全验收，是保证施工安全的重要措施之一，施工单位和作业人员应严格执行。安全监理工程师应督促施工单位做好安全技术交底和安全验收制度，减少或杜绝一般安全事故的发生。

（10）定期召开工地例会。总监理工程师定期主持召开工地例会，安全监理工程师应参加并分析工程项目施工安全状况，针对存在的安全问题提出改进意见。

（11）安全专题会议。针对施工过程中存在的重大问题，总监理工程师或安全监理工程师应及时组织安全专题会议，并对存在的安全问题及时予以解决。

（12）参与处理重大安全事故。当发生重大安全事故时，项目监理机构必须在24h内向监理企业和建设单位书面报告，特大事故不能超过2h。

项目监理机构应要求事故发生单位严格保护事故现场，采取有效措施抢救人员和财产，防止事故扩大。

项目监理机构应配合事故调查，以监理的角度，向调查组提供各种真实的情况，并做好维权、举证工作。

（13）建立安全监理台账。监理机构应建立施工安全监理台账，并由专人负责。监理人员应将每次巡视、检查、旁站中发现的涉及施工安全的情况、存在的问题、监理的指令及施工单位处理的措施和结果及时记入台账。总监理工程师和驻地监理工程师应定期检查施工安全监理台账记录情况。

六、安全监理资料的收集整理

监理单位应当建立严格的安全监理资料管理制度，规范资料管理工作。安全监理资料必须真实、完整，能够反映监理单位及监理人员依法履行安全监理职责的全貌。在实施安全监理过程中，应当以文字资料作为传递、反馈、记录各类信息的凭证。

监理人员应在监理日记中记录当天施工现场安全生产及安全监理的工作情况，记录发现和处理的安全问题。总监理工程师应定期审阅并签署意见。

监理月报应包括安全监理内容，对当月施工现场安全施工状况和安全监理工作作出评述，报建设单位，必要时，应当报工程所在地建设行政主管部门。提倡使用影像资料记录施工现场安全生产重要情况和施工安全隐患，并摘要记入监理月报。

第三节　设计方的安全管理

建设工程设计是指根据建设工程的要求，对建设工程所需的技术、质量、经济、资源、环境等条件进行综合分析、论证，编制建设工程设计文件的活动，也是工程设计人员运用科技知识和方法，有目标地创造工程产品构思和计划的过程。设计方则是提供工程设计成果及相关服务的专业技术服务组织，设计工作是一种高智力的专业服务。设计方处于工程产品链的上游，是建设工程全生命周期的重要环节。虽然工程设计任务实施过程中的安全风险很小，但是工程设计安全性涉及施工建造过程的安全性，以及设计成果的最终经济性和社会价值、建设工程产品投产使用后的正常运转和可靠性。

一、日本的设计安全管理

（一）日本建设工程安全管理的法律发展

从国家立法看，日本在建筑安全与生产管理方面都比较完善，如日本政府先后颁布有《劳动安全卫生法》《劳动安全卫生法实施令》和《劳动安全卫生法规则》等。多年来，日本政府颁布了完整的建筑安全法律制度体系，强制业主执行。

日本比欧美先进国家迟了将近一个世纪进入工业化。最初支撑日本的近代产业是纺织产业，在工厂里劳动的女工生活环境特别恶劣，患有很多疾病。1911 年，日本政府颁布了《工厂法》并以女工为中心开展了明治时代的劳动安全保护。《工厂法》对女子、年少者劳动时间的限制、事故赔偿做了规定，而对有关安全健康的具体规定却不是十分充分，1926 年又实施了《改正法》。1931 年，日本政府通过国会颁布了《工人意外伤害补偿法》。

第二次世界大战后民主化政策的实施带来了日本社会的变革。1947 年，劳动省创立，实施了《劳动基准法》和其他法规，并且以建筑业为主制定了劳动基准监督管理制度。1950 年，产业界出现了恢复的迹象，因战争而消失的安全团体组织也伴随 1953 年的日本产业安全协会（JISA）的成立而重新开始活动。1959 年，作为推进劳动健康的日本职业健康协会（JOHA）宣告成立。

1956 年以后，"日本第二次技术革新潮流"在所有领域都得到了发展，建筑业伴随新材料、新工艺的采用，意外事故也呈现了扩大的趋势，且不断发现新的职业病。建筑业事故的数目也急剧增加，1961 年达到了受伤 81 万人次（受伤定义为导致误工 1 日以上），死亡 6712 人的最高纪录。作为对策，从 1958 年开始日本政府制定了《工伤事故预防 5 年规划》，1963 年开始的第 2 个五年规划中制定了有关职业事故预防团体等的相关法律、法规。1964 年，日本政府颁布了《生产事故预防组织法》；同年，日本又诞生了包括中央劳动意外事故预防协会等 5 个产业协会。

1964 年，随着筹办东京奥运会基础建设的井喷发展，1965 年以后，日本建筑产业结构发生了巨大的变化，《劳动基准法》中关于意外事故预防的规定也与社会现状越来越不适应。为了适应意外事故发生状况的改变，日本政府对《劳动基准法》进行了修正发展；1972 年，又制定了《产业安全与健康法》和《安全生产与职业健康法》，于是成立了"建筑业安全健康协会"，规定施工现场推行总、分包各负其责的全面安全管理体系。

1977 年，日本政府增加了有关职业性疾病对策内容的条款，1980 年增加了关于建筑业中意外事故预防的条款，1988 年为了充实中小规模施工现场中的安全健康体制，再次修订了《产业安全与健康法》。1992 年，以确立建筑业综合意外事故预防对策和创造舒适的作业环境为中心，对《产业安全与健康法》进行了全面的修改。2000 年 6 月，日本政府对《建筑基准法》做了全面修订，标志着日本的建筑物安全性能化设计和评估有了法律保障。2005 年，日本政府颁发了《劳动灾害防止团体法》，其目的是对从业人员的安全健康、保护提供团体性援助和指导。2011 年，日本沿海特大地震及海啸促使日本政府修订了《建筑基准法安全实施条例》，使其更加细化建筑技术法规中建筑结构安全和建筑疏散系统要求。

（二）日本建筑设计和结构设计规范的特点

日本的建筑设计业务仅由政府颁发设计许可营业执照的设计事务所、建筑公司和房地产开发公司等承担。目前，日本的设计单位，设计人员在 10 人以上的有 60 个左右，设计人员在 500 人以上的有 9 个，即日本工营、日建设计、竹中工务店、鹿岛建设、大林组、清水建设、大成建设、熊谷组和八千代 ENC。其中前三家较大，各有 1000 人以上的设计力量。

日本建筑设计规范的主要特点体现在对于建筑物的地区范围、面积和高度的限制很具体，对防火要求较严格。城市规划中将所有地区主要划分为 8 类，即第一种居住专用区、第二种居住专用区、居住区、邻近商业区、商业区、准工业区、工业区和专用工业区。对以上各类区域可以建造或不可建造哪种用途的建筑物都有具体规定。同时，具体规定了各地区允许的建筑物占地面积与总占地面积和总建筑面积与总占地面积的百分比。此外，对各种区域建筑物的允许高度、与道路的相邻关系，以及对邻近建筑的日照时间限制等都有相应规定。在防火要求上对耐火建筑、简易耐火建筑和防火构造建筑所相应允许的面积、层数、材料等都做了规定。各设计部门按业主提供的地区范围，根据这些条件和限制设计建筑物的高度、面积等。

结构设计计算中，日本对防震抗震的要求和规定较具体。此外，在一般计算中，荷载和应力计算都按长期荷载对应长期材料许用应力和短期荷载对应材料短期许用应力分别计算而取其大值为设计值。长期荷载是指结构物静荷载和人员设备活荷载，在积雪地区再加上70%的雪荷载；短期荷载是指长期荷载加上风荷载和地震荷载。

二、美国的设计安全管理

美国实行以法律管理为主的安全管理体系，这种体系下设计安全管理活动均在严格、细致的法律、法规监督下进行，政府安全监督管理部门在推动设计安全管理活动中处于主导地位，政府通过立法规定设计安全管理行为，并依法（如 OSHA 标准等）进行不定期检查和评价，对设计安全管理违规行为进行处罚或诉讼。设计安全管理活动接受监督机构的监督，并将安全信息及时反馈给相关研究机构便于日后安全立法的修订。

在设计过程中考虑如何建造、确保维修建筑物以及相关者（实施者和使用者）的健康和安全方面，设计师在建设工程项目中起着关键作用。委任设计师的客户必须对设计师的能力充分满意，而且设计师资格不是评估能力的唯一标准。设计人员还需要具有相关的安全知识，才能明确如何通过设计避免或减少建设工程项目施工中对健康和安全造成的危害。

设计单位和施工单位之间的界面存在诸多问题，其中一个方面是建筑施工作业人员的安全。与其他行业相比，建筑业每年发生的工伤事故和工伤致残事故占了很大比例，美国国家安全委员会（NSC）报告统计，1996 年建筑业每 10 万名施工作业人员中有 15 人死亡，而工业每 10 万名作业人员中仅有 4 人死亡，只有农业和采矿业的死亡率高于建筑业。关于1996 年的致残伤亡率，建筑业每 10 万名施工作业人员的伤亡率是所有工业类别中最高的，超过 5300 人，而所有工业的伤亡率则较低，约为 3100 人。回顾 NSC 过去 45 年的报告，建筑业的致死率和致残率持续高于其他行业。由于建筑施工现场造成的受伤和死亡有关的高费用和建筑施工现场事故造成的第三方诉讼的增加，改善施工现场安全已成为建设工程的一个主要问题。在传统的 DBB 模式中，通常是建筑业企业对作业工人的安全负责。因此，美国安全立法研究主要讨论了建筑业企业在安全方面的作用。从历史上看，设计行业在其服务范围内并没有涉及建设工程施工现场的安全问题，设计师觉得没有接受过足够的培训或教育来解决施工作业人员的安全问题，而他们确实没有合同规定的权力或地位来规定施工现场的活动。设计师认为没有任何信息或工具可以帮助他们设计，以提高或确保施工作业人员的安全，这种对施工作业人员安全的专业疏忽应得到法律顾问和保险公司的建议和支持，可以使责任风险最小。

虽然现有的安全知识主要是涉及建筑业企业，但社会以及科技的发展暴露了设计企业在保障安全施工方面的缺陷。设计专业人员通过设计文件规定设备的结构和部件，以及明确设计的性质，从而影响施工现场的安全施工。美国相关设计安全管理研究者强调了与设计相关的安全隐患，并就如何设计一个项目以最小化或消除这些隐患提出了建议。例如，有一个有关女儿墙高度的设计建议。统一建筑规范（UBC）标准要求护栏高度至少为 0.76m（30in）。职业安全与健康管理局（OSHA）建筑安全标准要求临时护栏高度为 1.07m（42in），将女儿墙的高度增加到 1.07m（42in）符合 UBC 和 OSHA 的要求。较高的护栏在施工过程中起到了防护作用，同时也消除了在未来屋顶维护和维修过程中建造护栏的需要。设计工具不会基于风险管理实践做出任何决策，而是设计者需要考虑的，因此设计者必须权衡实施安全知识的优势，不仅要考虑每个具体项目的特点，如不可抗力、项目资金和进度等，还要考虑与所承担的专业职责相关的预期后果。

然而，在实施安全设计信息之前，设计工程师必须首先接受并愿意使用这些知识，了解应用安全知识将如何影响施工作业工作场所安全的法律责任，对施工工人受伤承担的责任，这些将极大地影响设计师执行知识的意愿。在 DBB 项目交付模式中，安全知识是否纳入设计人员的知识体系，将如何影响设计工程师确保施工现场安全的职责？如果使用这些知识，设计师对建筑工人伤害的责任风险会增加吗？责任的大幅增加可能会阻碍设计师实施安全知识吗？对现行安全法规、专业实践和过去的法律案例进行了审查，以调查与建筑工人安全设计相关的责任暴露。

建设工程项目施工现场的安全受到许多因素的影响，设计只是影响安全的其中一个因素。虽然安全设计可以有效地消除和减少危险，并为工人提供更安全的工作环境，但它不是万能的。建设工程安全生产事故的因果关系是复杂而动态变化的。建设工程项目的安全设计需要采用以团队为导向的方法，依赖于设计者、所有者、施工作业方和其他项目参与方的协作，这样才能够达到预期的效果。为建设工程施工作业工人安全作业环境进行的安全设计应该是整体方法中的一个组成部分，以最小化建设项目风险，提高工人的安全。

传统上，在建筑行业，施工现场的安全是承建的建筑业企业的责任。这种责任反映了承包单位对作业工人的控制、项目进度、工作方法和顺序。然而，越来越多的证据表明，建筑设计工程师和结构设计工程师能够而且应该在保障建设工程项目现场安全方面发挥作用。他们参与的基础是职业安全与健康原则，即确保工人安全的最有效手段是事前消除工作场所的安全危害。设计消除或避免危害比简单地控制危害或保护工人免受危害具有更高的优先级。无论在哪个行业，通过设计提高安全性是安全专业人士公认的消除危害和降低风险的首要方法。设计师对建筑工地安全的影响，以及在项目生命周期早期解决安全问题的需要，在施工过程中并没有被忽视。在概念和初步设计阶段，施工作业人员的安全是规划者和设计者的首要考虑因素。随着项目的进展，在施工阶段之前，规划和设计阶段都有机会降低或者尽可能消除危险源。如果不考虑施工现场的安全问题，就会丧失相当一部分积极有效地影响施工现场安全的能力。

三、英国的设计安全管理

英国实行政府引导业主自发参与为主的安全管理体系，这种体系以业主作为安全管理主体，政府相关部门和社会团体成立安全咨询或培训机构，通过政府政策引导业主与安全咨询机构等建立合作关系，定期为建筑业主安全管理活动提供安全指导，保证业主安全管理活动适时、有效，这种合作是建立在业主、政府和相关咨询机构有着共同安全承诺的基础之上的。

英国是较早提出从设计阶段开始预防安全风险的国家之一。从设计阶段开始，设计人员就应当考虑运用设计知识避免或减少施工中可能遇到的风险，对于设计阶段不能避免的风险则应当告知业主和承包商，以采取建立施工阶段的安全保护措施进行防范、保护。设计单位

的安全管理是着重于事前安全检查、消除隐患，防患于未然。1995 年 3 月 31 日生效的
《1994 年建筑（设计和管理）条例》，将上述理念融入其中。2007 年和 2015 年，该条例先后
进行了两次修订，其所依据的基本原则如下：

（1）从项目开始（前期策划阶段）就应逐步系统地考虑安全性。

（2）所有为健康和安全做出贡献的措施、方法都应包括在内。

（3）从项目开始必须进行适当的计划和协调。

（4）应在规定范围内实施健康和安全管理的胜任组织。

（5）交流和信息共享各方之间必须包括在内。

（6）未来安全信息的正式记录必须使用。

该法规带来了健康和安全管理，在强制性的基础上，纳入规划和建设工程设计。因此承
包商健康安全的责任不仅是施工期间的安全管理，还包括：

1. 客户群

通过法规改善健康和安全管理的理念始于建立一个有能力和资源管理项目而不对健康和
安全造成任何不当风险的项目团队。计划主管的任命是客户职责的核心。应尽早任命规划主
管，以便有足够的时间处理规划和设计阶段的问题，包括编制投标前阶段的健康和安全
计划。

2. 规划主管

规划主管岗位是一项新的法定要求。业主对规划主管的这一任命是从健康和安全的角度
协调前期规划和设计工作，目的是确保项目建设中的风险（包括与维护或拆除相关的风险）
被消除或最小化。

3. 设计方

设计师可能包括建筑工程师、咨询工程师、测量师、专业人员、总承包商和专业分包
商。"设计"一词在《条例》中有广泛的含义；它包括图纸、细节和规格。设计师主要是通
过设计出"在合理可行的范围内"来处理健康和安全问题，即通过平衡风险和避免风险的
成本。

4. 总承包商

客户如委聘总承包商，必须确保该承包商具备进行或管理建设工程项目的能力，并有足
够资源符合法律规定。一旦总承包商被任命，职业健康和安全计划将发展成一个项目工作文
件，确保其拥有所有必要的信息，以保障所有施工作业人员和那些可能受到影响人员的健康
和安全。

5. 其他承包商（分包商）

根据 DMC 法规，其他承包商的职责是支持总承包商的合同和安全责任。同样，根据现
行的卫生和安全立法，他们对自己雇员和其他受其工作影响人员的健康和安全负有责任。主
要职责是给总承包商提供安全信息、风险评估、管理实施，并给出如何进行某项工作以及将
采取什么步骤控制和管理各种风险的建议。

6. 健康安全计划

施工阶段的健康和安全计划应该为每个施工作业人员和其他可能受到影响的人的健康和
安全做出安排。健康和安全的内容将根据建筑物的类型和必须管理的未来风险而有所不同。
HSE 已经列出了以下典型信息，这些信息可以包括在：

（1）在整个施工过程中，记录或制作使用的图纸。

（2）设计准则的细节。

（3）施工方法和材料的一般细节。

（4）结构内设备和维护设施的详细信息。

（5）结构的维护程序和要求。

（6）由专业承包商和供应商制作的手册，概述工厂设备的操作和维护程序，以及时间表。

7. 执行规例

HSE 规定的政策是促进和解释清洁发展机制（CDM）的规定，鼓励和支持责任人员遵守规定，最初的意图是通过提供建议来确保遵守。但是，在严重的情况下，改进通知甚至禁止通知将被考虑。可以采取这种行动的例子，特别是对复杂或高风险的项目：

（1）客户未能委任规划主管或总承建商。

（2）未能确保编制投标前健康和安全计划。设计者在设计阶段未能提供足够的信息。

（3）未能在投标计划中提供有关高风险方面的资料，例如受污染的土地。

（4）客户未能确保在施工开始前已准备好适当的施工阶段计划。

（5）总承建商未能在建造阶段计划内包括高风险的项目，例如使用有毒物料。

（6）总承建商未能采取合理步骤，避免未经许可进入高风险地点。

英国有很多历史悠久的行业协会，有的已经形成了自己的规范。其中建筑业协会对建筑业的发展起着一定的推动作用，而健康与安全也是这些行业协会关注的重点。英国皇家特许建造师学会（CIOB）是一个涉及建设全过程管理的国际化专业学会，该学会很重视建筑业从业人员的健康和安全问题，其通过研究、培训、伙伴关系等方式，以提高从业人员的健康安全水平。英国皇家土木工程师学会（ICE）1818 年成立，是一个专业学会、是土木工程的专业机构，致力于提升土木工程专业人士的素质和能力，并促进其对社会的贡献。健康与安全是土木工程活动中最重要的问题之一，也是 ICE 的核心价值。英国皇家特许建筑师协会（RIBA）在健康和安全方面，主要关注设计阶段的安全问题。例如，制定了一个健康与安全计划，包括促使建筑师遵守 CDM 规定、提高建筑师对其健康与安全责任的意识、解决建筑业中设计和施工缺乏一体化的问题等。

四、我国建设工程设计安全管理

由于安全事故主要发生在工程项目的施工阶段，因此，"安全"多年以来都被认为是施工企业的职责所在。随着建筑业的发展及对安全的不断重视，安全问题涉及建设工程系统的每一个组成部分。设计单位作为建设工程产业链的上游企业，其工作成果作为施工企业建造施工过程的输入，对现场施工作业及工程产品的安全质量的影响是至关重要的。与国外的大多数设计企业一样，我国建设工程设计企业的安全管理主要还是从工程产品质量的视角，即在设计过程中考虑建设工程产品的抗震、抗压、风荷载、雪荷载等性能作用，或者建设工程产品的使用过程中考虑发生火灾、战争等不利事件。在设计过程中通过结构、建筑等专业来提升建设工程产品的安全性和可靠性。如何通过工程设计加强施工建造过程中的安全管理对于国内的工程设计企业仍然是一个较新和亟待解决的现实问题。但是随着国内承发包模式和建筑业生产方式的转变，设计任务的功能在不断向后延伸，安全设计必定会成为工程设计人员的职责之一。

我国现有的法律、法规涉及设计安全的有《中华人民共和国建筑法》《建设工程安全生产管理条例》及各类工程设计标准、规范等。设计安全的重点还是工程产品结构构成的安全性，以及工程产品投入使用后的安全性和可靠性，对于涉及施工安全的规定相对比较笼统，例如，《建设工程安全生产管理条例》要求设计方提出防范安全生产事故的指导意见和措施建议。设计单位应当考虑施工安全操作和防护的需要，对涉及施工安全的重点部位和环节在设计文件中注明，并对防范安全生产事故提出指导意见。采用新结构、新材料、新工艺的建设工程和特殊结构的建设工程，设计单位应当在设计中提出保障施工作业人员安全和预防安全生产事故的措施建议。但是对于上述规定中涉及的详细内容没有再进一步的解释和说明。

工程设计人员的安全意识不足。工程设计人员从专业的角度保证工程设计成果的安全是为了保障工程产品投入运行的安全性和可靠性，如提高结构设计的安全系数，加大节点的配筋率；幼儿园楼梯栏杆垂直杆件间的净距不应大于 110mm，幼儿园阳台的护栏净高不应小于 1.2m；安全门的高宽是否满足疏散要求等。

工程设计图纸的可施工性差是工程设计文件中一直不能很好解决的问题，而这一问题的主要的原因是：工程设计人员缺乏施工作业的知识，对施工现场环境和作业条件不了解。以上原因也解释了为什么工程设计人员缺乏对施工安全性的考量。

虽然我国的工程设计安全还在初步发展过程中，但是 BIM 信息技术的出现、装配式建筑的实施，以及工程总承包模式的推广加快了这一进程。装配式建筑工程设计过程中，不仅要考虑施工建造的安全性问题，还需要考虑加工制作和运输过程的安全性问题。

第四节 分包商与供应商的安全管理

一、分包商的安全管理

工程分包是指总承包单位将其所承包的部分工程发包给其他具有相应资质条件的承包单位的活动。按照分包的内容，工程分包可分为专业工程分包和劳务作业分包。专业工程分包是指总承包单位将其所承包工程中的专业工程发包给具有相应资质的其他承包单位完成的活动；劳务作业分包是指施工总承包单位或者专业分包单位将其承包工程的劳务作业发包给劳务分包单位完成的活动。所谓分包商，就是指从事上述分包业务的承包单位。《中华人民共和国建筑法》第 29 条规定，建筑工程总承包单位可以将承包工程中的部分工程发包给具有相应资质条件的分包单位。但是，除总承包合同中已约定的分包外，必须经建设单位认可。

对建设工程的非主体部分的分部分项工程实施专业工程分包及劳务作业分包是国内外建筑业的一般做法。近年来，建设工程分包工程所占比例越来越大，分包商在建设中发挥着不可替代的作用，但是分包队伍的人员素质和施工能力参差不齐，出现了在作业过程中片面追求效益，发包单位监管不到位等诸多问题，存在诸多隐患，是事故多发、高发群体。只有从根本上做好分包商的安全管理工作，才能最大限度地减少安全事故的发生。为了维护施工企业自身的合法权益，保护劳动者在工作过程中的人身安全与健康，避免和减少安全生产事故的发生，为国家、企业和个人减少不必要的损失，应着重做好以下几项工作：

（1）建设行政管理部门应尽快建立劳务管理二级市场，使劳务作业分包进入建筑二级市场进行交易。对劳务作业分包队伍纳入法制化的管理范畴。同时，施工企业在实施工程项目分包或劳务作业分包时，必须选择具备安全生产条件或者相应资质的单位或个人。建立健全合格的专业分包商、劳务作业分包商名录，定期考察评价，杜绝零散用工。建筑业企业将工程项目分包给具备安全生产条件或者相应资质的单位签订管理协议是法律所规定的，选择专业分包商、劳务分包商，不能只为了经济利益而对其安全生产条件、相应资质及工程业绩不闻不问。一旦发生安全生产事故，给他人造成损害的，还应当与总承包方承担连带赔偿责任。

（2）总承包商、专业分包商、劳务分包商必须依据有关规定健全管理人员，建立各级人员岗位责任制，认真履行本岗位职责。

（3）未在分包合同中明确各自的安全生产管理职责，或者未对承建的建设工程项目的安全生产管理工作统一协调、统一管理。责令限制改正，预期未改正的，责令停产停业整顿。

（4）加强对建设工程项目各种技术资料交接工作的管理，使工程的管理层和操作层在施工安全上不脱节。认真进行安全技术交底、安全教育、班组活动等，并将情况记录在案。

（5）建筑安全监督机构和施工项目管理机构都应该加大对施工现场的安全检查力度，最大限度地防止安全事故的发生。

（6）做好职工意外伤害保险工作。使工人在发生意外伤害事故后，能得到必要的赔偿和治疗。

因此，建筑业企业在实施专业分包或劳务分包时，应选择具备安全生产条件或者相应资质的单位，签订安全生产管理协议，明确双方职责，加强工程项目安全生产的管理，提高施工作业人员的安全意识，杜绝"三违"现象。不要盲目地分包给不具备安全生产或相应资质的单位和个人，以免给企业造成隐患和不必要的经济损失。建筑业企业做好分包商安全管理工作，是贯彻落实"生命至上，安全发展"的科学发展理念，是增强建筑业企业核心竞争力的重要手段，是落实建筑业企业社会责任，树立企业形象的必然要求。

二、分包商对安全管理的影响与作用

建设工程项目的实施是动态的，其状态时时刻刻都在变化。施工现场不安全因素特别多，一旦发生安全事故则后果将是严重的，损失也将是巨大的。发生安全事故的损失不仅仅是直接的经济损失，还包含对企业资质、形象、投标资格等方面的损害。发生安全事故不仅仅是分包商产生损失和受到处罚，总承包商也要承担连带责任，同时也会对整个建设工程项目造成严重的负面影响。因而，施工建造过程中对分包商的安全管理显得特别重要，并且管控不能间断，使整个工程的安全状态处于受控状态。安全管控的目的就是通过各种安全防护和安全措施来降低事故发生的概率，确保无重大安全事故发生，避免人员伤亡和经济损失。分包商对安全管理的影响与作用主要体现在以下几方面：

（1）在分包合同中明确了总分包双方的安全管理职责，并签订安全管理协议，交纳一定的安全保证金，从制度和经济两方面对分包商进行约束。

（2）分包商建立了自身的安全管理和保障体系，并融入总承包商的安全管理体系之中，在分包商的安全管理体系中根据分包项目的规模大小、施工的复杂程度设立了专职或兼职的安全管理人员。

（3）分包商制定了成套的安全管理制度，包括各种例会、教育培训、检查评比、奖罚惩处制度，各种专项安全管理制度，如安全用电、机械操作、防火安全等。

（4）分包商加强了安全教育和安全培训，安全管理的重心是工程参与人员对安全施工的认知与理解。因而，分包商的安全管理不能以包代管，必须加强对其安全教育及分包商自身安全教育的检查与监督。安全教育的目的是使所有参与建筑施工的操作人员和管理人员在施工作业过程中有安全意识，且具备安全操作及防护技能。

（5）分包商制订了安全操作规程并在醒目处张贴悬挂，同时印制便携式安全手册发放到施工作业人员手中，让每个人懂得各种安全风险以及怎样做才是安全的。

（6）分包商建立了安全事故应急预案，并把自身的预案措施纳入总承包商的预案体系之中。确保安全事故发生时及时处理并防止事故的扩大。

三、分包商安全管理的实施

1. 严把施工分包商准入关

施工分包商的选择对建设工程项目至关重要，好的施工分包商会推动和促进建设工程项目的工作；反之，则会影响和拖累项目的进度。所以对施工分包商的选择要严把准入关，其安全管理方面主要从以下几个方面考核：

（1）施工资质。

（2）专职安全管理人员数目与经验。

（3）队伍的工程业绩。

（4）安全业绩和社会信誉。

（5）事故调查与处理的管理等。

2. 签订安全生产合同

选择好施工分包商，就要与施工分包商及时签订一份严密并符合法律规定的分包合同，合同内容不留死角，明确双方的义务和责任，将工作界面划分清楚。同时，也要和施工分包商做好交底，避免合同执行过程中发生扯皮与推诿现象。签订完分包合同，务必要与施工分包商签订安全生产合同，双方的安全管理责任和义务界面在此合同中进行详细地说明。对施工分包商的安全管理主要从以下方面来明确：

（1）安全管理组织机构和安全资金投入。

（2）人员安全教育培训。

（3）安全专题会议。

（4）"两书一表"（HSE 作业指导书、HSE 作业计划书和施工现场检查表）规章制度。

（5）劳动防保用品及防护设施。

（6）特种人员资质管理。

（7）施工设施的维护与保养。

（8）危险化学品的管理。

（9）现场的文明施工。

（10）职业健康。

（11）环境保护。

（12）交通安全。

（13）消防安全。

（14）防恐安全与应急预案等。

3. 加强对施工分包商的过程控制

在合同执行过程中，从对施工分包商人员的安全教育培训工作、统一管理机制、风险控制到考核与评估各个阶段，严格监管，保证施工分包商的安全管理受控。

（1）每年年初，与施工分包商负责人签订安全责任书，一方面将安全压力和责任进行分解，层层传递；另一方面再次强调项目执行过程中安全的重要性。

（2）施工分包商施工作业人员大多知识水平较低，且安全意识、自我约束意识、服务意识及法律意识相对淡薄，施工中在施工单位人员监管不到位的情况下，容易发生重大安全事故，造成无法挽回的损失。故在建设工程项目执行前期，按照分包商人员安全教育培训需求制定《安全教育培训计划》，并且按照计划，有步骤、分阶段地对分包商作业人员进行培训。通过业务知识培训和专业技能培训，增强他们的质量意识、安全意识和团队意识，提高分包队伍的整体素质。

（3）贯彻实施安全管理基本原则，深入落实"直线责任、属地管理"的要求，把施工分包商作为项目部的管理单元来对待，将其内部组织机构、规章制度、体系建设、驻地布局、视觉形象、人员教育培训、设施设备管理等都纳入项目部安全管理体系中进行统一管理。对施工分包商施工全过程进行跟踪控制管理，杜绝以包代管现象。同时，也要对施工分包商明确各项考核目标、指标，制定奖惩措施，兑现奖罚承诺，形成良性竞争氛围，充分调动施工分包商的积极性。

（4）认真组织施工分包商开工前进行安全检查，提高施工分包商项目开工各项安全措施的门槛；在每个项目开工前，由项目经理主持，按照开工前安全管理检查表规定的内容，对施工分包商进行安全检查，合格后方得开工，以此促进施工分包商项目开工前的各项安全准备和落实工作。

（5）项目部应对分包商作业进行严格的日常安全监督检查，特殊任务作业应进行专项安全检查，每次检查都应记录在案。发现施工分包商的违章行为，根据情节轻重，下发整改通知单要求限期整改或者立即停工整改。

（6）在现场进行施工活动之前，必须进行工作前安全风险分析（JSA）。成立由项目部技术负责人为组长，技术管理、专职安全工程师（专职安全员）、施工分包商队长、施工分包商管理人员、操作人员等为成员的JSA工作小组，将此项工作按照先后顺序分解成若干步骤，识别出每个步骤的相关危害，并且制定相应的风险控制措施。之后，通过班前会或安全专题会等形式，对参与此项工作的每个人，以及受此项工作影响的单位或员工，进行有效的沟通，当所有参与人员取得一致意见后，再开始工作。

（7）认真执行《作业许可管理规定》，要把风险管理落实到作业许可中，确保重点作业、关键环节安全生产过程受控。加强对吊装、有限空间、临时用电、高处作业等的作业管理，严格作业方案审查和技术交底。落实风险防范措施，逐项传达到全体作业人员。加大作业许可证的管理力度，禁止施工分包商人员私自更改票据上的任何信息。如有发现，立即停止作业，重新进行危害因素识别，重新办理作业许可证。同时，也要做好特种作业人员培训和资质管理工作，杜绝无证上岗操作。

四、供应商的安全管理

建设工程项目涉及的供应商主要是材料、半成品、机械设备等物品的供应组织机构，如脚手架租赁供应商、塔吊的租赁供应商、升降机生产商、活动板房租赁供应商等，以上设施的使用对建设工程项目的顺利实施、经济效益及现场作业安全都起到重要的作用。为了确保建设工程项目安全顺利实施，施工单位应当对供应商进行施工全过程的管理，供货商也应当加强自身管理。

（一）招标阶段的管理

建筑业企业应当多了解市场信息，考察各供应商的综合实力在建设工程项目和已完工程中的具体表现等，建立供应商信息库（主要是供应商产品的品质性能、市场份额、货品价格、社会信誉、联系方法等）。建筑业企业在招标过程中，尽可能地与自己熟悉的供应商合作。建筑业企业在进行招标管理时要明确招标的准则及安全职责与要求，同时还要求竞标的供应商必须具备相应的资质。

1. 招标准则

对供应商的选择主要根据一定的准则进行评估，该准则是建筑业企业结合生产作业任务及企业的安全管理需要制定的。此外，供应商应该提供以往的安全管理工作经验、详细的书面安全记录、所拥有的安全技能人员的数量及安全管理水平情况。

2. 对供应商的要求

招标时，建筑业企业要明确安全管理的责任并将其写入合同或者安全协议中。

3. 供应商的资质

参加竞标的供应商及供应商的员工必须符合国家相关法律、法规的要求，需经过相关的安全管理培训，且拥有安全执业资格证书。

（二）施工作业阶段的管理

作业安全管理通常是指作业活动现场的安全管理工作的整个周期，主要包括危险识别与风险控制、作业前安全培训、安全作业监督及事故报告和调查分析四方面内容。应根据作业活动现场和作业特点进行危险源辨识、隐患排查等工作，以确保将事故扼杀于摇篮之中，同时还要对相关工作规章制度、工作流程及应急预案等进行审核；在供应商开始作业之前要对供应商进行安全生产培训，包括法律、法规、规章制度、作业过程可能遇到的危险及危险的应急处置措施等的培训；建筑业企业还要对供应商进行严格的监督，监督其安全生产管理工作的落实情况，以确保企业生产的安全进行；事故一旦发生，业主企业一定要成立事故调查小组，展开事故调查工作，对事故发生的原因、经过、结果进行详细地调查，并根据调查报告，总结经验教训，避免相似事故再次发生，同时还要对事故报告进行存档管理。

（三）安全绩效评价

建筑业企业对供应商进行施工作业期间的安全绩效考核，包含两个层面：第一个层面需要考核供应商为施工现场提供物品的品质是否能够保证施工现场安全生产，如脚手架构件的尺寸、强度都满足安全使用标准规范的要求；第二个层面是通过对供应商施工现场生产活动的检查，找出其中存在的问题，并要求供应商不断规范安全作业流程，促进安全管理工作的实施来提高安全绩效水平。建筑业企业对供应商的安全考核形式有多种，可进行定期或者不定期的现场检查，即可以通过书面沟通、会议等方式进行。此外，还可以通过员工来了解。在供应商完成施工作业后，通过对整体工作情况的考核来评审供应商的安全业绩。

第七章 特殊类型工程项目安全管理

第一节 超高层建筑安全管理

一、超高层建筑的定义

超高层建筑已经成为我国经济社会发展和城市化进程的重要标志之一，同时也已经成为我国建筑业面临的重大现实安全课题之一。

《民用建筑设计通则》（GB 50352—2005）规定，建筑高度超过 100m 时，不论是住宅还是公共建筑均为超高层建筑。

二、超高层建筑安全管理的特点

超高层建筑结构超高、规模庞大、功能繁多、系统复杂、建设标准高。其施工过程具有非常鲜明的特点，其超深基础施工、垂直运输体系、施工测量技术、脚手架高支模防护措施体系、钢结构安装、机电设施，以及幕墙安装等都是技术难点。从环境影响层面来说，超高层建筑相对于普通建筑，高度更高，昼夜和季节性的温差、日照、大地潮、风荷载对其高耸结构造成竖向高度变化、侧向挠曲、扭转、摆动等一系列难以克服的难题，这些因素都对施工安全造成了额外的威胁。因此，由于超高层建筑自身结构特殊性及其施工管理和控制困难，安全隐患比普通建筑物严重许多，其施工安全隐患主要表现在以下几个方面：

（1）由于基础深度的增加，其工程周边的震动、地质条件的恶劣等因素都对深基坑工程施工安全带来威胁，集中表现在边坡维护方面，塌方和人员坠落威胁大大增加。

（2）超高层建筑一般都建造在市中心繁华地段，形成标志性建筑。因此，其施工场面狭窄，材料堆放困难，大型施工机械进入困难，协同工作多，火灾、机械伤害事故非常容易发生。

（3）施工过程中，高处作业多，预留洞口较多，临边防护工作量大，对人的心理造成一定压力，发生高处人员坠落概率大，高处物体坠落现象难以杜绝。

（4）经常需要采用塔吊爬升、核心筒爬模、超高泵送混凝土、高支模施工等技术，施工困难增加，施工安全控制难度增加。

（5）由于结构复杂，施工交叉作业多，各种冲突激增，矛盾复杂，安全隐患激增。

根据《危险性较大的分部分项工程安全管理规定》（住房城乡建设部令第 37 号），超高层建筑具有较多的危险性较大的分部分项工程与超过一定规模的危险性较大的分部分项工程，主要包括基坑支护与降水工程、土方开挖工程、模板工程、起重吊装工程、脚手架工程等。超高层建筑实施周期长，运用的新型材料和起重设备及防护设施多，结构复杂，技术难度大。

三、超高层建筑安全管理中的重大危险源

1. 深基坑工程

由于超高层建筑高度较高，出于抗拔和抗浮的需要，一般工程桩都比较长，有的深达八、九十米，超高层建筑一般都位于城市商业金融核心区，因此出于充分利用土地资源的考虑，地下结构一般都比较大、比较深，基坑深通常达到 30m 左右，有的甚至达到 50m，这

与普通房屋建筑的浅基坑相比，难度和危险指数增加。基坑越深，地下承压水头处理越难，因此，深基坑的支护和降水的难度较大，比较难处理，尤其是地下层间的滞水和承压水处理都是难点，施工的同时也伴随着巨大的安全隐患和危险，需要重点关注和监控。由于基坑超深，临边高处坠落现象严重，临边防护需要做特殊处理；基坑结构复杂，现场堆积易燃材料多，空间狭窄，火灾事故风险也较高。

2. 高大模板支撑工程

高大模板支撑系统是指建设工程施工现场混凝土构件模板支撑高度超过 8m，或搭设跨度超过 18m，或施工总荷载大于 $15kN/m^2$，或集中线荷载大于 $20kN/m$ 的模板支撑系统。由于超高层建筑的大堂、大宴会厅、商场的中庭等部位的高度一般都超过 10m 以上，因此在超高层土建施工过程中，不可避免地会遇到高大模板支撑系统。因此，与一般房屋建筑工程项目关注重点不同，对高大模板支撑系统要重点监控。

3. 塔吊作业

由于超高层建筑体量巨大，垂直运输量大，各种物资和构件基本靠塔吊和起重设备运到高层，因此大部分超高层建筑的施工现场对于塔吊的数量要求高，多的甚至要达到十几台。为满足工程不同阶段施工和垂直运输的要求，多台塔吊在施工现场同时作业时，存在交叉作业及覆盖范围的重叠，对于大型钢构件有时还需要两台塔吊协作配合运输，这对施工现场的安全管理提出很高的要求。经过对以往超高层建筑安全事故的总结，有相当一部分是塔吊事故引起的，而且一旦发生事故，后果都很严重，教训都极为惨痛，因此需要加以重点关注。

4. 幕墙工程

超高层建筑的幕墙体系大部分是单元式幕墙，工艺复杂，施工难度大，有的还带有遮阳的竖向玻璃翼，局部还带有灯条，这与普通房屋建筑的石材幕墙和明框及隐框幕墙有很大的不同，在安装和吊运上要求很高，涉及屋面的安装、吊篮的使用、单元体的吊运、单元体的安装等环节。这些都需要在高空中作业，安装人员面临的风险和材料坠落的隐患都比较突出，因此需要重点监控。

5. 消防安全

超高层建筑火灾的特点决定了消防安全是一个重点。因此，安全管理人员对消防安全要给予重点关注，尤其是对于火灾源头的控制，因此对于临时消防水系统、消防水泵的值守制度、现场动火审批制度、灭火器的数量、看火人的配备、消防灭火的演习、消防环形通道的无障碍、现场消防巡查等都是安全检查的重点。同时，也要加强对火灾情况下的逃生和自救的宣传教育，以防万一情况的发生，这些工作都是重中之重，需要认真严格落实和监督。

6. 新技术应用带来的安全问题

由于新技术的出现，超高层建筑才成为可能。因此，超高层建筑区别一般建筑的一个特征就是新技术的全面应用。但是新技术和新材料的应用同时也给超高层建筑施工带来额外的风险。由于引进的新材料和新工艺在施工时并没有具体的有针对性的指导方案和措施，而施工作业人员往往不熟悉新工艺、新技术，这就产生了很多的安全隐患。例如，有很多企业培训投入太少，施工作业人员往往还是按照老方法施工，从而带来严重的安全隐患。

四、超高层建筑安全管理的内容

根据超高层建筑的特点，把高处坠落和物体打击、消防安全、起重机械、危险性较大的分部分项工程、用电设施和临时电路作为安全管理工作的重要内容。

1. 高处坠落和物体打击管理

项目部应分析施工作业的流程，预判可能存在的安全隐患，采取切实有效的防护措施，并进行安全防护专项检查，避免高处坠落和物体打击的发生。具体措施有如下：

（1）钢结构焊接过程中，要求下方的土建结构错开区域施工，避免焊渣和坠物对钢筋工、木工的伤害。

（2）钢结构安装过程中，施工作业人员务必须系好安全带，选择牢固的挂点，防止高处坠落的发生。施工作业人员必须配备工具袋，操作工具和螺栓等小零件要可靠地放在工具袋里，防止物体坠落伤人。

（3）土建结构和幕墙交叉施工时，在土建结构和幕墙施工区域之间的每个楼层做好防护，防止土建混凝土施工时对幕墙安装施工作业人员的伤害。设置水平安全网，可定制安全小眼网，以有效阻止坠物的下落，防止坠物伤人。

（4）在日常安全检查中，加强对施工作业人员的督促和提醒，发现问题隐患及时发出监理指令，防患于未然，切实保障工程顺利实施。

2. 消防安全管理

消防安全管理的重点是消防设施系统、消防器材、动用明火作业、临时仓库、现场吸烟等涉及消防安全的设施、活动的管理，施工单位须编制消防安全管理方案及紧急情况的预案，同时提出以下要求：

（1）项目部成立消防安全小组，实行逐级防火责任制，制定严格的管理制度，特别是坚持防火交底制度，签订责任书。

（2）确保在施工现场安排有足够的消防水源，合理布置消防器材和消火栓。消火栓处昼夜要有明显标志，配备足够的水龙带，周围 3m 内，不准存放任何物品。

（3）确保在施工现场设置专门存放易燃、易爆物品的库房和区域，划分防火禁区，加设明显防火标志；要求施工单位必须做好现场动用明火的管理措施，必须经安全部门批准，领取用火证，方可作业，用火证只在指定地点和限定时间内有效。

（4）确保在建的工程不应作为库房使用，不准存放易燃、可燃材料，因工程需要进入施工现场的可燃材料，要根据工程计划限量进入，并应采取可靠的防火措施。

（5）要求楼层内配备灭火器和消防水缸或水桶，经常进行检查，确保有水。

（6）加强义务消防安全小组的管理，加强对消防安全知识的培训和学习，进行日常消防灭火演练，至少每个月保证一次，确保消防应急能力。

（7）邀请消防人员现场指导调研，针对超高层建筑消防灭火课题，进行预先灭火演练。

（8）确保临时消防水管和水泵的正常运转，临水管理和维护队伍将由有经验的专业技术人员组成，每个临时消防水泵房均 24 小时值班，现场按照三个区域划分，要求每个区域每小时巡查一次。临时消防水管理人员每人配备一台对讲机，使用专用频道，方便在临时消防水管线有突发事件时能够及时与管理部和临时消防水泵房取得联系。

3. 起重机械管理

塔吊顶升和倒塌的安全事故屡见不鲜，部分工地还出现塔吊之间的碰撞事故、吊运的材料或者构件高处坠落等，而超高层建筑还面临着风的影响，因此，群塔管理是超高层建筑安全管理的重中之重。具体内容如下：

（1）首先施工单位应编制塔吊作业施工方案，然后监理单位在审核方案时，要重点审查其平面布置图上塔吊位置是否合理,是否满足垂直运输的需要,有无塔吊使用的安全措施,并对塔吊作业的施工部署、防碰撞技术措施、作业技术措施、作业管理措施、作业安全控制措施提出明确要求。

(2)塔吊安装前,塔吊安拆单位向监理方提交完整的塔吊安装及拆除方案。塔吊与信号指挥人员必须配备对讲机,对讲机确定频率后统一锁定,使用人员不准调改频率,必须做到专机专用,不得转借。

(3)须加强塔机的顶升管理,塔机租赁单位需派专人进行现场管理,确保顶升过程的安全。

(4)加强对人员的管理,要选择有丰富工作经验和较强责任心的塔司、信号工、起重工。塔机管理人员必须掌握塔吊施工的各阶段的特点,并对塔司、信号工、起重工进行有针对性的安全技术交底。

(5)现场进行动态管理,发现违章、违规行为要及时予以制止和纠正。

4. 危险性较大的分部分项工程管理

在危险性较大的分部分项工程施工前,依据《危险性较大的分部分项工程安全管理规定》(住房城乡建设部令第 37 号)等法规的要求,施工单位需要编制专项施工方案,专项施工方案应由施工单位的专业技术人员编写,施工单位技术、安全、质量等部门的负责人审核,施工单位的技术负责人签字。超过一定规模的危险性较大的分部分项工程,由施工单位组织对专项施工方案进行论证,建设单位的总工或项目经理、项目监理部的总监、安全监理人员和专业监理工程师参加论证会,论证结束后论证报告作为专项施工方案的附件报送项目监理部。项目监理部总监理工程师组织监理人员进行审查,不需要修改时,由总监理工程师和建设单位负责人签字确认。专项施工方案做好安全技术交底,确保施工作业人员对专项施工方案能够正确理解,顺利实施。

五、超高层建筑安全管理案例

案例 7-1 2009 年 2 月 9 日 20 时 26 分,位于北京市朝阳区东三环路东的中央电视台新址在建配楼附属文化中心因为违规燃放大型礼花发生严重火灾。熊熊大火迅速蔓延,浓烟烈火一度蹿高百米以上,直到次日凌晨 2 时才被扑灭。火灾使文化中心严重受损,过火面积达 10 余万平方米。在救援中 1 人死亡、8 人受伤,直接经济损失 1.63 亿元。经过调查发现,事故的直接原因是违规燃放礼花弹,未燃尽的焰火又引燃了检修通道的可燃材料,引起内部大火。事后查明消防系统隐患重重,消防主管的水由于怕冻被放掉,导致火灾发生时候消防栓系统内没水,消防泵因停电停运,部分喷淋头被冻裂遇火失灵等。事故原因分析:

依据《建设工程施工现场环境保护及保卫消防标准》(DBJ 01-83—2003)、《北京市建设工程施工现场消防安全管理规定》的规定,工程内不应存放易燃、易爆物品,燃放烟花爆竹更是属于违法行为,承建单位应该进行安全专项检查,检查易燃、易爆物品存放情况,检查消防供水系统及消火栓是否供水有效,消防制度是否健全,应急预案是否合理等。安全监理人员要特别加强对动火作业的巡视和检查,严把进场材料的质量关,进一步规范对进场材料的抽样复验程序。从事后的反思来看,相关单位对这些规定并没有完全尽到责任,没有检查存放的易燃、易爆物品,也没有禁止燃放,对于不合格的保温材料也没有进行退场处理,一系列的失误遗留了安全隐患。

案例 7-2 2009 年 12 月 4 日下午 4 点 10 分左右,广东省东莞市某大厦发生重大安全事故，30 余吨重的塔吊从近 50 层高的楼顶直接坠落，坠落的塔吊将 35～40 层的钢板砸断，将地面的工作平台砸穿，击穿 3 层地下室，造成 3 人死亡，5 人重伤，直接经济损失几百万元。事后调查事故原因，是由于塔吊顶升的时候操作不当引起塔吊上部结构严重失衡导致坠落，酿成较大安全事故。

事故原因分析：

按照《建筑起重机械安全监督管理规定》(建设部令第 166 号)、《建设工程安全管理条例等》等规定，总承包企业应核查拆装单位的企业资质、设备的定期检测报告及特种作业人员上岗证、专项拆装方案和塔吊施工方案，监督拆装单位严格按照专项方案和规程规定进行拆装。起重机械必须登记备案，安装拆卸要告知，使用要有登记，要有第三方检测单位的检测报告；起重机械司机、拆装作业人员信号工等特种作业人员必须持证上岗。监理单位要监督检查起重器械的使用运行情况，发现问题，及时发出停止作业的指令，要求施工单位彻底整改落实，消除危险。该事故中首先是作业人员没有严格按照专项施工方案进行顶升，针对施工过程中的不规范操作，安全监理人员没有有效监督，没有及时发现问题并发出停工整改指令。

案例 7-3　2010 年 3 月 13 日 15 时 27 分，广东省深圳市某工程发生一起建设工程重大安全事故，作业人员在该工程层防护棚上铺设防护板时，防护棚发生坍塌，事故造成 9 人死亡、1 重伤的惨剧。事故初步原因：①在 23 层新设置的悬挑防护棚没有按照施工专项方案搭设。②将悬挑防护棚当作临时卸料平台使用。事故发生时，坍塌部位站了 11 名施工作业人员并堆放了约 800kg 用于防护棚铺设的木板，防护棚局部荷载过大，导致防护棚坍塌。③悬挑防护棚所用的钢丝绳采用废旧产品，钢丝绳规格与施工专项方案要求不符，且钢丝绳连接形式、绳夹的数量均不符合规范要求。④高处作业的 11 名施工作业人员均没有佩戴安全带。

事故原因分析：

按照《危险性较大的分部分项工程管理办法》(建质〔2009〕87 号)的规定，专项方案应当由施工单位技术部门组织本单位施工技术、安全、质量等部门的专业技术人员进行审核。经审核合格的，由施工单位技术负责人签字。实行施工总承包的，专项方案应当由总承包单位技术负责人及相关专业承包单位技术负责人签字。不需专家论证的专项方案，经施工单位审核合格后报监理单位，由项目总监理工程师审核签字。外脚手架施工专项方案需要施工方和监理方审查，审查外脚手架施工专项方案是否严格按照有关规定进行编审、专家论证、技术交底、组织实施和验收等工作；施工专项方案根据实际情况做出变更后，按照规定应重新进行专家论证，并对修改后的专项方案重新审核。

施工单位应当指定专人对专项方案实施情况进行现场监督和按规定进行监测。发现不按照专项方案施工的，应当要求其立即整改；发现有危及人身安全紧急情况的，应当立即组织作业人员撤离危险区域。施工单位技术负责人应当定期巡查专项方案实施情况。

监理单位应对专项施工方案进行现场监理，对不按方案实施的，应当要求施工单位整改。按照《建筑施工高处作业安全技术规范》(JGJ 80—2016)的规定，安全监理工程师应核查架子工、建筑起重机械司机、指挥、司索信号工等特种作业人员是否持省级住房和城乡建设行政主管部门核发的资格证，检查高处作业安全技术措施，发现隐患应及时发出监理指令。在该案例中，施工方和监理方并没有按照法规规定承担相应的责任，给安全管理留下了隐患。

第二节　装配式建筑安全管理

装配式建筑是指把传统建造方式中的大量现场作业工作转移到工厂进行，在工厂加工制作好建筑用构件和配件（如楼板、墙板、楼梯、阳台等），运输到建筑施工现场，通过可靠的连接方式在施工现场装配安装而成的工程产品。装配式建筑主要包括预制装配式混凝土结构、钢结构、现代木结构建筑等，因为采用标准化设计、工厂化生产、装配化施工、信息化管理、智能化应用，所以装配式建筑是现代工业化生产方式的代表。

装配式建筑有着工期短、节能环保等特征，与我国所大力提倡的绿色环保建筑理念相符合。当前，是我国建筑工业化技术的高速发展和革新时期，房屋的建造将实现构件化生产组装。在一定程度上，只要将预制好的相关房屋构件运输到施工现场，依据装配要求进行合理地装配即可。在装配式建筑施工过程中，安全管理是实现装配式建筑施工日常管理路径的重要环节，更是对装配式建筑施工质量与安全性的重要保障。因而，为了能够更好地保障装配式建筑施工的安全性与质量，就必须对装配式建筑施工的安全管理相关要点进行深度的分析与研究，从而更好地把握装配式建筑施工的安全管理要点，不断强化装配式建筑施工的安全管理，为我国装配式建筑事业的可持续发展奠定基础。

一、装配式建筑安全管理的特点

（一）预制构件生产、运输、堆放及安装

预制构件生产、运输、堆放及安装施工不便。装配式建筑施工所使用的部分三维构件重量大，造型上不便于集中运输和在施工现场的堆放与保存，这就对现场管理人员的统筹调度能力及场地空间环境提出了更高的要求。

（二）预制构件尺寸

预制构件尺寸也存在一定误差，拼装时缝隙有时过大或不均匀。尽管是工厂化流水线生产，预制构件也可能有一定的尺寸偏差，同时由于现场施工时的人为误差，有拼装时产生缝隙过大或不均匀的现象，容易造成现场吊装困难，严重者形成结构的不当受力。一旦出现误差的情况，在现场很难及时调整，可能会返厂处理或者整个构件报废。

（三）预留孔洞位置

由于工厂化的生产，使预制构件的尺寸已经定死。如果放线时尺寸偏小，将使预制构件安装不下，如果放线时尺寸偏大，则又会造成拼缝偏大的现象。同时，在现场施工时，剪力墙的标高也要控制好，否则，将会造成叠合板安装不平整或是将叠合板安平了，也会造成板与剪力墙间有较大的缝隙，必须重新支模浇筑混凝土。所以就要求施工作业人员放线准确，标高测量精确。

二、装配式建筑安全管理的重大危险源

较之于普通建筑，装配式建筑特殊性十分突出，所以施工安全隐患也始终存在。

（一）预制构件吊装

（1）连接部位失效。在装配式建筑施工过程中，需要用塔吊将预制构件进行吊装，吊装过程中塔吊的吊钩与钢筋或与吊点连接。实际施工过程中，预埋钢筋长度不足或吊点强度不足等而导致构件脱钩对施工作业人员构成安全威胁。

（2）吊装设备问题。塔吊出现问题会导致预制构件长期滞空，从而造成非常严重的后果。

（二）预制构件现场存放

材料堆放是装配式建筑施工中比较重要的环节，其涉及材料运输、塔吊旋转直径、堆放地固定等问题，要尽量避免构件在现场的二次转运。预制构件的存放区要尽量保证场地平整、排水通畅，且地基具有足够的承载能力。

（三）构件间掉落或碰撞

由于传统的二维平面图不够直观，技术人员无法根据二维平面图来判断构件间的碰撞。预制装配结构对节点的要求较高，若预制构件的连接发生极小位移，可能会导致其他预制构件无法准确定位，影响施工进度；预制构件如果采用吊装运输，如果吊点位置不合适、没有采用专用吊具或者构件设计不合理，可能会发生导致构件开裂、吊点破坏而导致高处坠落和物体打击事故；如果在吊装过程中，吊装路线没有进行合理规划，或者塔吊操作司机与信号工没有良好的配合，则会引发吊装构件发生碰撞会引发安全事故，例如，遭遇扰动等导致墙板倾覆造成人体挤压伤害，或者吊装构件将施工作业人员撞下操作平台。

（四）吊装作业的机械设备

吊装作业中机械设备是必备不可少的，机械设备的性能直接影响装配式施工的质量，例如，起重机选择不当，会对吊装安全产生影响；若起重机能力小于要吊装的构件，则会造成构件滑落，进而造成伤人、碰撞事故。

（五）高处作业安全防护

对于装配式框架结构尤其是钢框架结构的施工而言，施工作业人员个体高处作业的坠落隐患凸显。除了加强发放安全带、安全绳及防高处坠落安全教育培训、监管等措施，还可通过设置安全母索（水平安全母索、垂直安全母索）和防坠安全平网的方式对高处坠落事故进行主动防御。

三、装配式建筑安全管理的防范重点

（一）人员安全生产教育

（1）管理人员。要对相关管理人员进行安全生产教育与考核，达标后才可上岗工作；要求相关人员参加定期的安全主题宣讲例会，要让管理人员树立安全意识。

（2）作业人员。对基层施工作业人员进行定期安全教育，考核合格后才可上岗作业，对于特殊性类别工作等，需持相关的职业技能证上岗；此外，日常还可通过开展安全知识竞赛、抢答、主题会议等形式，有效提升基层施工作业人员的安全意识和安全技能。

（二）安全专项资金投入

应保证安全管理资金数额足够应对实际需要。严格把控该项费用的使用情况，可制定专项安全管理资金使用准则，建立资金台账，其中清楚记录各项资金的用途与数额，并且各部门对其进行有效监管。

（三）施工现场的安全管理

施工作业人员在高处施工作业时，存在极大的风险。装配式建筑工程施工期间，并不设脚手架，且安全带无固定的悬挂位置，一定程度上加大了高处坠落的概率，因此，应在施工现场采取有效的安全措施，加强管理，从而有效地规避相关风险。

（四）预制件安全吊装

预制件吊装是装配式建筑施工安全管理的核心。确保预制件吊装的科学性，能够有效地避免装配式建筑施工安全问题的发生。施工过程中，要实现装配式预制件的安全吊装，就必须在建立定时定量施工分析制度的基础上，注重起重设备能力核算、附着措施保证、专用吊架等方面的安全管控。

具体而言，清晰化的施工分析制度是预制件吊装安全管理的重要保证，在施工过程中，建设团队首先应对吊装期间内的施工内容进行定时定量的细致划分，譬如时间节点控制、人员安排、设备数量、安装数量、安装编号等，避免因任务目标不明确、施工职责不清晰及机械保障不充分带来的安全问题。其次，要保证机械设备的规格能力与预制件的高度相匹配，严禁超负荷作业；在起重前期，施工作业人员应在测量预制件尺寸、数量、质量、吊装高度的基础上，对其需求的设备能力进行计算，然后选择合适的吊装器械。再次，塔吊是装配式建筑施工的主要设备，机械化自动管理对施工作业提出较高要求，工程人员应进行及时的技术交底，确保预制件规格与放置位置的高度精确，确保预制件在建筑主体上附着的安全。最后，为保证装配式预制件自身及吊点的安全性，应采用平衡梁进行技术处理，确保起吊的安全稳定。

（五）对高处坠物的防范

在装配式建筑施工中，高处坠落是比较常见的安全事故，如预制构配件吊装时，若是混凝土的强度不够，或是塔吊司机操作不当，构件及主体结构可能会被碰坏，这样大块的混凝土便会从高处坠落，容易砸伤地面的施工作业人员。这就要求施工作业人员严格按照现场吊装的规定，吊物下及周边不应有人，待吊物稳定后再进行作业。

（六）构件吊装完毕后焊接等带电作业

预制构件吊装完成后往往需要安排防水、焊接等作业。这就使装配式施工比起传统现场浇筑施工多出许多手持式电动电焊工具。这就要求电焊工必须持证上岗，规范施工现场做好用电、用火监理旁站，做到三级配电三级漏电保护系统的规范设置，确保"一机一闸一漏电"的保护设置。

第三节　地铁轨道工程安全管理

在经济发展的带动下，我国的城市化进程不断加快，城市人口的爆炸式增长不仅使现代城市的规模越发扩大，交通矛盾越发严重。因此政府部门采取有效措施，对地表交通运输的压力进行缓解，为人们的日常出行提供便利。地铁是在城市中大运量、用电力牵引、环保的轨道交通，列车在全封闭的线路上运行，位于中心城区的线路基本设在地下隧道内，中心城区以外的线路一般设在高架桥或地面上。地铁的建设可以对地表交通运输压力进行分流，而且相比较汽车、公交等运输方式，地铁具备更加明显的优势。但是，地铁轨道工程的施工是一个长期性、复杂性的过程，因为其本身需要在地下建设，因此相比较市政道路工程，地铁轨道工程施工中的影响因素更多，情况更加复杂，对于施工安全管理也有着更加严格的要求。

一、地铁轨道工程安全管理的特点

（一）管理方面

1. 地铁轨道工程安全管理复杂

（1）地铁在国内起步较晚，管理人员对地铁轨道工程施工的安全风险认识不全面，安全管理思路和措施也未能落实到位，经验不足。

（2）气候相对恶劣，如南方沿海地区，暴雨、台风等恶劣天气频发，对安全管理影响很大。

（3）施工作业人员安全意识偏弱，地铁轨道工程施工一线作业人员受教育程度偏低，对地铁轨道工程施工的认知较为片面，对施工管理制度的解读不够深入，难以理解安全施工的重要性。因此在实际施工中，往往会存在施工工艺不规范的情况，加大了地铁轨道工程的安全隐患。

2. 大型专用机械设备多

地铁轨道工程施工采用的大型专用机械设备主要有三轴搅拌机、成槽机、盾构机等。盾构机组装及拆机过程中需要大型设备的吊装，龙门吊垂直运输、洞内电瓶车水平运输及叉车等特种设备使用频繁，是安全管控的难点。

（二）施工方面

1. 前期准备工作繁杂、环节多

地铁轨道工程施工面临交通疏解、管线迁改、征地拆迁及绿化迁移前期工程的实施，需要迁移的管线种类较多，涉及产权单位也多，需要与居民、交警、管线权属部门及政府部门进行协商沟通，程序繁琐。

2. 施工中涉及危险源多

地铁轨道工程施工面对大量管线、民房、河道、桥梁等情况，施工过程中盾构机吊装、盾构进出洞、盾构穿越河流、高大模板安装及拆除等工作，施工重大危险源较多。

3. 深大基坑开挖施工难度大

地铁轨道工程均在地下施工，开挖深度较深，受地质水文条件影响较大，易导致基坑坍塌、地下管线损坏及地面坍塌等风险，施工难度大。

4. 盾构施工技术难度大

盾构区间穿越地下，地质情况复杂多变，施工过程中需要根据不同的地质情况制定相应的掘进参数，否则掘进容易出现"喷涌"情况，盾构机在泥岩中掘进容易发生"泥饼"现象；另外，盾构机下穿高压燃气、污水管及自来水管等重要管线、居民房屋、桥涵及河道，施工过程中如控制不当容易出现管线损坏、房屋及桥涵沉降过大、击穿河床导致河水倒灌等风险。

（三）制度方面

施工管理制度不完善，在地铁轨道工程的施工中，施工管理制度作为指导施工队伍开展工作的重要依据，其完善程度与施工安全具有密切的关联。如果在施工管理制度中，没有明确地规定地下管线位置、凹槽结构、建筑边界、施工作业人员的操作流程等细节，那么在实际施工中，监管人员的工作职责难以明确，无法准确查明施工中的安全隐患，随着安全隐患数量的增多，施工作业人员的安全意识也会因此减弱，安全问题的严重性也在不断加大，一旦出现安全事故，必然会使地铁轨道工程及相关人员遭受损伤。

二、地铁轨道工程重大危险源

地铁轨道工程施工重大危险源是指在地铁轨道工程施工过程中，风险、危险程度等于或超过临界量，从而可能造成人员伤亡、财产损失、环境破坏的施工单元。根据国内外地铁轨道工程施工的实践经验，地铁轨道工程重大危险源具体见表7-1。

表 7-1　　　　　　　　　　　　　地铁轨道工程重大危险源

序号	危险源名称	易发部位	潜在事故	控制措施及方法
1	起重机械安装、使用和拆卸	起重吊装	高处坠落、起重伤害、物体打击、触电等	(1) 认真编制起重机械安装拆卸方案，经有关部门审核批准；安装拆卸起重机械必须具备专业资质。 (2) 特种作业人员持证上岗，严格执行起重机械安全操作规程。 (3) 在高处作业和检修机械时，必须严格遵守高处作业安全规定，系好安全带。 (4) 起重物下严禁站人，吊物捆绑牢固，严禁从人头顶通过
2	施工临时用电	用电部位	触电、火灾	(1) 严格按批准的临电方案施工，执行《施工现场临时用电安全技术规范 (附条文说明)》 (JGJ 46—2005) 的规定。 (2) 遵守操作规程，操作人员必须持证上岗。 (3) 按规范要求使用防爆、防水等用电设备
3	竖井、基坑支护及土方开挖	竖井、基坑结构	坍塌	(1) 确保基坑周边地基注浆加固施工质量。 (2) 土方施工遵循分层开挖、先撑后挖、严禁超挖的原则，严禁施工机械碰撞支撑体系。 (3) 混凝土支撑严格工程质量控制、钢支撑严禁使用非标准产品。 (4) 加强深基坑周边安全监测工作，如实记录反馈信息，以指导施工。 (5) 加强基坑降排水施工控制，降水施工与土方开挖、围护支撑相匹配。 (6) 加强现场管控，严格执行施工方案
4	模板混凝土施工	主体结构	模板支撑体系坍塌	(1) 严格执行施工方案进行脚手架施工搭设并执行验收签证制度。 (2) 严格进行荷载试验，确保支撑体系受力符合设计要求。 (3) 混凝土浇筑严格按施工方案规定的施工顺序进行，模板上有集中载荷存在
5	隧道暗挖施工	洞内施工	隧道拱顶坍塌、隧道初支失稳、存在有毒有害气体、通风不到位	(1) 严格按照经批准的方案施工。 (2) 勤检测、勤通风，遵循"管超前、严注浆、短进尺、强支护、早封闭、勤测量"的原则，做好隧道监测
6	隧道暗挖施工	地质不良地段	涌水、涌沙、地面沉降、隧道结构损坏	(1) 对地层进行加固处理 (或降水处理)，确保加固效果良好方可进行施工。 (2) 不良地质段采取"先治水、短进尺、强支护、早衬砌、勤量测"等施工措施。 (3) 加强监控量测选择可行工法，确保地层变形量在允许范围之内

续表

序号	危险源名称	易发部位	潜在事故	控制措施及方法
7	隧道暗挖施工	下穿地面建（构）筑物	地面变形沉降、建筑物倾斜	（1）在暗挖下穿房屋建筑施工之前，委托房屋建筑鉴定机构，对区间隧道影响的上部房屋建筑及周边房屋建筑进行鉴定。 （2）下穿房屋建筑下方时，若沉降量、倾斜值大于预警值，则应考虑进行地面跟踪注浆的应急措施。 （3）加强地面沉降监测，根据施工和变形情况调节观测的频率，及时反馈指导

三、地铁轨道工程的安全事故

近年来，地铁轨道工程建设中安全事故频发，国内地铁轨道工程施工安全典型事故见表 7-2。地铁轨道工程的安全事故中以坍塌和中毒事故占比较多，由于在相对封闭环境中施工作业，安全事故发生后容易造成较多人员伤亡，造成道路中断、管线断裂，并对附近居民的正常生活造成很大影响。

表 7-2　　　　　　　　　　　　国内地铁工程施工安全典型事故

事故时间	事故地点	事故类型	伤亡及直接经济损失	事件及直接原因
2003 年 7 月 1 日	上海地铁 4 号线	坍塌	地面坍塌及建（构）物倾斜、倒塌，直接经济损失数亿元	盾构联络通道冻结法施工中，由于减少冻结管数量及停电等原因，冻结效果不足以抵御该部位水土压力，出现涌水、涌沙，引起道路塌陷和建筑物坍塌
2007 年 3 月 28 日	北京地铁 10 号线	坍塌	6 名施工工人被埋身亡，并在地面形成面积约 20m² 、深约 7m 的塌坑	坍塌处地质及水文条件极差，环境复杂等多种不利因素，且该暗挖结构本身处于复杂的空间受力状态；发生少量土方坍塌的情况下，没有制定并采取任何安全措施
2008 年 11 月 15 日	杭州地铁 1 号线	坍塌	21 人死亡，24 人受伤（其中 4 人重伤），直接经济损失约 4961 万元	萧山湘湖站北 2 基坑大面积坍塌，现场作业不规范，施工作业过程中没有按照要求进行支护和降水，并且有超挖行为。现场工人安全教育培训流于形式，违法转包等造成事故发生
2012 年 12 月 31 日	上海地铁 12 号线	坍塌	5 人死亡，18 人受伤	地铁施工的模架结构存在施工搭设缺陷，在混凝土自重与施工载荷作用下，使模架结构产生局部失稳，最终导致坍塌
2019 年 5 月 27 日	青岛地铁 4 号线	坍塌	5 人死亡	沙子口静沙区间施工段发生坍塌，该次坍塌地段为矿山法暗挖施工隧道，隧道上部至道路路面之间存在大量的回填软土、砂土、粉土等松散软弱地层。由于青岛地处海边，地下水位较高，含水量丰富，软土、砂土、粉土等松散软弱土在水的作用下，增加了流动性，从而导致坍塌

由表 7-2 可知，地铁轨道工程施工安全事故会造成严重的人员伤亡，巨大的财产损失。当下我国地铁轨道工程建设安全形势严峻，所以各方都要加强对地铁轨道工程施工安全事故的管理，以及加强防范措施，避免或减少事故的发生。

四、地铁轨道工程安全管理的防范重点

(一) 做好前期准备工作

好的管理方案离不开前期切实的勘测与考察工作。在工程进行设计之前，就应对设计的地铁线路、施工地点、工作设备、施工材料等各方面进行充分地考虑。例如，在施工之前可以提前对施工所在地的土质、土壤结构进行测试；或者对周围的建筑、管道等的抗震性能进行检测或预测，最值得注意的是，周围一些老的建筑与管道的承压、抗震能力，为工程的设计提供准确可靠的数据依据，以此来判断地下管道的分布与排列的规律，从而在工程进行设计时可以科学、准确、安全地从复杂的地下管道中穿过。只有在保证周围建筑与附近地下管道的安全的情况下，才能保证地铁轨道工程施工过程的顺利进行，以达到对周围环境影响的最低化，确保地铁线路不会影响周围的地下管道与建筑，避免影响人们的正常生活。

(二) 建立健全安全管理体系

立足实际情况，通过对人的不安全行为、物的不安全状态和环境影响三大要件进行研判，对施工过程中的人、机、物、环、法进行细化控制，建立健全安全生产保证体系，构建安全生产长效机制，确保生产始终处于"可控、在控"状态。

1. 健全安全生产保证体系

在组织体系中，应建立以经理为第一责任者的安全生产领导小组，配备充足的安全员，配合安全生产领导小组开展安全管理工作，自上而下形成安全生产监督、保证体系。坚持"谁主管谁负责""管生产必须管安全"的原则，各级领导分层负责、层层落实、人人把关，确保安全目标的实现。在安全技术体系中，严格执行行业规范、技术标准和操作规程，强化现场管理，将行之有效的安全管理措施和办法纳入规章制度贯彻执行，成为施工生产各环节、各岗位的安全工作标准，实现安全管理标准化，有效落实岗位安全操作，使安全管理工作条理化、规范化。

2. 建立安全生产责任和安全目标管理

(1) 要签订安全生产责任书。工程经理与班子成员、部门负责人、劳务队伍负责人签订责任书，部门负责人、劳务队伍负责人与下属工作人员签订责任书。

(2) 确立安全管理目标。结合施工实际情况，要求各部门负责人根据部门人员具体工作内容，细化各自安全管理工作目标，让每个人清楚自己的安全职责，知道自己的安全管理目标。

(3) 安全考试考核并行。每年对全体员工重新进行安全教育，让大家学习安全制度、流程，熟悉自身的安全工作职责、目标并组织相应的安全考试，对员工的掌握和了解程度进行考核。

3. 规范现场管理，严把进场关

在安全管理方面，始终坚持安全生产"五到位"（安全责任到位、安全投入到位、安全培训到位、安全管理到位、应急救援到位）和"把六关"（教育关、措施关、交底关、防护关、检查关、改进关）的管理思想。在安全教育方面，严格审核安全教育内容，并依托岗前安全教育、班前安全教育、安全月活动等形式，树立"我要安全"的意识，培养"我会安全"的技能，提高对生产现场及作业过程中存在危险的敏感性及应对能力，切实做到"四不伤害"。

4. 注重方案编审，力抓现场落实

地铁轨道工程施工中基坑开挖、高大模板支撑、盾构始发及接收、盾构吊装等危险性较大的分部分项工程较多。在专项施工方案编制中，对方案进行层层把控，最后组织有经验的专家对方案进行评审。在施工前进行安全技术交底。

5. 认真做好专业化安全检查和隐患整改治理

主管领导和专业人士分组定期对人员教育、交底、持证上岗、机械物资、临时用电、易燃易爆物品管理、机械验收、特种设备、方案的建立和落实等情况进行全面安全检查，检查后，严格落实安全隐患整改。

6. 完善应急管理体系

编制《安全生产事故应急预案》，组织专家评审；成立应急救援领导小组和应急救援工作组，明确每一个人的工作标准和工作职责；建立应急物资库房，配备相应的应急物资和应急设备。

（三）加强安全教育与安全监测工作

加强施工工作人员的安全意识，提高他们的安全知识是地铁轨道工程施工的基础。工程管理或相关单位应在工程开始施工前加强施工工作人员在安全生产方面的学习。通过安全生产的相关规定与知识等一系列安全教育的学习，不断地提高施工作业人员的素质与保护、逃生能力等。可以通过开展一些安全学习或宣传活动来更深一步地提高与加深工作人员的安全意识；还可以通过建立责任制的方法，将施工过程中的每一部分都分配给每个员工，联系地铁轨道工程施工的特点与相关制度，制定科学合理的责任制度，对工程中的每一部分都要进行安全预测，同时制定解决方案，使每一个员工都明确自己的负责区域，让每一个员都参与进来。员工的安全意识提高之后，会自觉地规范自己的行为，例如，能够做到在工作之前检查设备，能够更加正确、更加规范地使用各种仪器进行工作等。这样施工过程中人为因素的影响就会大大降低。另外，在施工过程中也要不断地考虑各种新的因素给工程带来的影响，加强工程中的安全监测工作。

（四）通过法律手段保障地铁轨道工程施工的安全

现阶段，我国地铁轨道工程施工的过程中仍旧会有诸多的安全隐患，因为在地铁轨道工程施工的周边会存在建筑物繁多、人员流动性强及人口密集等现象，这就会致使地铁轨道工程施工的过程中存在诸多的困难及安全隐患，影响地铁轨道工程施工的进度及质量。把握城市交通体系的发展，促进城市建设进程是当前社会经济发展的关键环节，要想实现这一目标，就要充分地对地铁轨道工程施工过程中的各个环节进行全面把握，尤其是影响地铁轨道工程施工安全的安全管理环节，只有对安全管理实现了良好的把控，才能为地铁的安全建设及发展增添切实的保障。在进行地铁安全管理时会涵盖诸多内容，我国的相关法律、法规为地铁轨道工程施工的发展打下了良好的基础，目的是使地铁轨道工程施工的水平和过程更加完善和健全，并且更能趋向于合理、科学及规范化。

第四节　市政工程安全管理

一、市政工程安全管理的概念

（一）市政工程概念

市政工程是指市政设施建设工程。在我国，市政设施是指在城市区、镇（乡）规划建设范围内设置，基于政府责任和义务为居民提供有偿或无偿公共产品和服务的各种建筑物、构筑物、设备等。城市生活配套的各种公共基础设施建设都属于市政工程范畴，例如：常见的城市道路、立交桥、广场、铁路、地铁、桥梁、河道、闸桥泵站；与生活紧密相关的各种管线，如雨水、污水、给水、中水、电力（红线以外部分）、电信、热力、燃气等，还有园林、道路绿化等的建设，都属于市政工程范畴。

（二）市政工程安全管理的内涵

市政工程安全管理是安全管理方法和原理在市政工程项目实施过程中的具体应用，为确保市政工程项目在实施过程中减少、消除各类安全生产事故，为市政工程项目的参与者提供良好的生产作业环境，主要是市政工程项目参与方的安全管理，包括建筑业企业、业主及业主所委托的咨询单位、监理机构等实现市政工程项目的安全生产管理。

二、市政工程安全管理的特点

（一）流动性

由于市政工程项目流动性较大，虽然项目建设模式比较固定，但是在具体生产和施工环节，施工点位比较分散，变化因素较多，施工队伍和设备等也在发生变化，整体施工周期相对比较长，外部环境因素变化莫测，一定程度上增加了安全管理的难度。

（二）复杂性

市政工程项目建设施工周期比较长，且不同地区政策要求不同，加上受环境、技术、资金、建设规模等因素的影响，增加了施工复杂程度。在安全管理过程中需要充分考虑各方面的影响因素，如果哪个环节协调不到位，将会直接影响整个施工过程进度，从而进一步增加施工的复杂性。

（三）低素质和劳动密集性

现在市政工程的工业化程度比较低，需要投入大量的人力资源，是比较典型的劳动密集型行业。因为市政工程行业具有大量的外来务工人员，他们都是没有通过专业技能培训的人员，从而给安全管理工作带来了很多不确定性。

三、市政工程安全管理的内容

（一）明确建设单位安全责任制度

（1）按照国家有关规定到县级以上地方人民政府建设行政主管部门办理规划、施工许可等手续。

（2）将工程项目发包给具有相应资质等级的勘查、设计和施工单位，委托具有相应资质等级的工程监理单位进行监理，与承包单位依法订立书面合同。

（3）在申请领取施工许可证时，提供建设工程有关安全施工措施的资料。

（4）向施工单位提供施工现场及毗邻区域内的供水、排水、供电、供气、供热、通信、广播电视等地下管线资料，气象和水文观测资料，相邻建筑物和构筑物、地下工程的有关资料，并保证资料的真实、准确、完整。

（5）不应对勘查、设计、施工、工程监理等单位提出不符合建设工程安全生产法律、法规和强制性标准规定的要求，不应压缩合同约定的工期。

（6）不应明示或者暗示施工单位购买、租赁、使用不符合安全施工要求的安全防护用具、机械设备、施工机具及配件、消防设施和器材。

（二）凸显施工单位安全主体责任

施工单位的安全管理包括落实安全生产责任制、安全目标管理、施工组织设计、安全技术交底、安全检查、安全教育培训、班前活动、特种作业管理、意外伤害处理、施工现场安全标志牌及警示标志管理、安全防护、临时设施费与准用证管理、机械器具验收记录、文明施工等。

1. 落实安全生产责任制

（1）根据"安全生产、人人有责"的原则，各部门科室人员都必须牢固树立"安全第一"的思想，履行各科室工作范围内的安全职责，做到责任明确，配合密切，认真做好安全生产管理，做到文明施工。

（2）坚持"管生产，必须管安全"的原则，各级领导在管理生产的同时，必须切实抓好安全生产、劳动保护等工作，坚持贯彻《建筑安装工人技术操作规程》及其他有关安全规定，以保证生产工作中的安全与健康。

（3）切实执行《安全生产责任制》《安全生产文明施工规章制度》，并履行各级范围内的职责与权限，负起相应的责任。

2. 安全目标管理

（1）安全目标管理的基本内容是动员全体员工参加制定目标并保证目标实现，即由组织中的上级与下级一起商定组织的共同目标，并把其具体分解至组织中的各个部门、各个层次、各个成员。组织内每个单位、部门、层次和成员的安全责任和成果相互联系，在目标执行过程中要根据目标决定上下级责任范围，上级权限下放，下级实现自我管理。以此最终组织形成一个全方位的、全过程的、多层次的目标管理体系，提高上级领导能力，激发下级积极性，保证安全目标的实现。

（2）安全目标管理在组织内部建立了一个相互联系的目标体系，而这种体系把员工有机地组织起来，使集体力量得以发挥，同时安全目标管理的实行意味着组织管理民主化、员工管理自我控制化、成果管理目标化。

3. 施工组织设计

（1）工程概况（工程规模、工期要求和参建单位）；工程的特点（多专业工程交错、综合施工的特点；旧工程拆迁、新工程同时建设的特点；与城市交通、市民生活相互干扰的特点；工期短以减少扰民、减少对社会干扰的特点；施工用地紧张、用地狭小的特点；施工流动性大的特点）等。

（2）施工平面布置图。施工平面布置图有明显的动态性特性。

（3）施工部署和管理体系。施工部署包括施工阶段的区划安排、进度计划及工、料、机、运计划。管理体系包括组织机构设置，项目经理、技术负责人、施工管理负责人及各部门主要负责人等岗位职责、工作程序等。

（4）安全质量目标设计。在多个专业工程综合进行时，工程安全质量目标常常会相互干扰，因而设计安全质量总目标和分项目标时，必须严密考虑工程的顺序和相应的技术措施。

（5）施工方案及技术措施。施工方案是施工组织设计的核心部分，主要包括施工方法的确定、施工机具的选择、施工顺序的确定，季节性措施、"四新"技术措施，以及所应采取的相应方法和技术措施等方面的内容。

（6）文明施工、环保节能降耗措施，以及辅助、配套的施工措施。

4. 安全技术交底

（1）施工作业人员必须经过安全技术培训，掌握本工种安全生产知识和技能。

（2）沟槽边、作业点、道路口必须设明显的安全标志牌，夜间必须设红色警示灯。

（3）新员工或转岗员工必须经入场或转岗培训，考核合格后方可上岗，实习期间必须在有经验的员工带领下进行作业。

（4）作业前必须检查工具、设备、现场环境等，确认安全后方可作业。

（5）严禁在高压线下堆土、堆料、搭设临时设施和进行机械吊装作业。

（6）非机械操作工和非电工严禁进行需专业人员操作的机械、电气作业。

（7）特种作业人员必须经过安全技术培训，取得主管单位颁发的资质证后方可持证上岗。

（8）作业前必须听取安全技术交底，掌握交底内容。作业中必须执行安全技术交底，没有安全技术交底严禁作业。

（9）作业时必须按规定使用劳动防护用品。进入施工现场，施工作业人员必须戴安全帽，严禁赤脚，严禁穿拖鞋。

（10）大雨、大雪、大雾及风力六级（含）以上等恶劣天气时，应停止露天地起重、打桩、高处等作业。

（11）临边作业时必须在作业区采取防坠落地措施。施工现场的井、洞、坑、池必须有防护栏或安全网等防护设施和警示标志。

（12）作业时应保持作业道路通畅、作业环境整洁。在雨、雪后和冬期，露天作业时必须先清除水、雪、霜、冰，并采取防滑措施。

5. 安全检查

安全检查包括安全监督，现场安全组织机构及相关人员证件，特种作业人员证件，安全生产责任书，施工用电、脚手架、模板、机械安装；安全生产、文明施工、施工用电、基坑支护、模板安装、塔吊、物料提升机、脚手架、三宝四口五临边、起重吊装等检查。

6. 安全教育培训

安全教育包括：国家和地方的有关安全生产、劳动保护的方针、政策、法律、法规、规范标准及规章制度等；公司级的安全生产规章制度及安全纪律；安全生产的意义与安全素质教育；安全生产形式、道路施工中常见的安全事故及预防措施；安全生产事故的处理程序、发生事故后的处理原则等。

7. 班前活动

组织班前活动，建立班前安全活动档案，其目的是通过制定班前安全活动制度，促使项目部及班组长在施工操作前对工程项目安全状况及施工作业面的环境条件进行全面细致的安全检查，告诉班组施工作业人员如何进行危险防范和注意事项，做到既不伤害自己、不伤害别人，也不被别人所伤害。同时，通过查看班前安全活动档案，也可从另一个角度反映出项目职工对施工安全防范、自我保护意识的重视程度和素质水平。

8. 特种作业管理

（1）特种作业人员必须持证上岗。

（2）特种作业人员必须熟知本职工作和工作范围。

（3）特种作业人员在工作中不得擅自离开工作岗位，不得擅自把机械、机具交给无证人员使用。

（4）特种作业人员必须服从领导的安排和指挥。

（5）特种作业人员必须在班前、班后检查本人所使用的机械、机具，并定期检查，发现问题及时上报解决。

（6）严禁机械、机具带病工作。

（7）特种作业人员严禁酒后操作。

（8）违反规定的工作人员视情节轻重给予处罚。

9. 施工现场标志牌及警示标识管理

（1）施工现场必须指定安全警示标志管理责任人，专门负责现场安全警示标志的维护和管理。

（2）施工现场安全警示标志一经张挂，未经管理责任人或项目经理许可，严禁覆盖、遮挡、更换、变动和拆除。任何人都不允许在安全警示标志上涂抹、修改、张贴其他物品。

（3）管理责任人应进行经常性的维护、保养工作，保证警示标志张挂牢固可靠、清晰醒目。当发现有破损、变形、褪色等不符合要求时应及时修整或更换。

（三）市政工程监理单位的安全责任

（1）市政工程施工前，监理单位对施工单位安全生产许可证进行严格审查，对三类人员及特种作业人员证岗是否相符进行审查，并对工程项目部的安全生产保证体系和安全生产责任制的建立情况进行审查。

（2）市政工程施工期间，监理单位应对工程项目部的安全生产责任制度的执行情况进行监督检查，包括项目负责人和安全管理人员是否正常开展工作，是否按制度实行自检自控，是否有完善的检查、整改、考核记录档案等；对施工单位未按规定办理工程安全报监手续的，不应允许其承建的工程项目开工。

（3）对工程施工组织设计及专项施工方案进行审批，签署审批意见。未经审批的施工组织设计和专项施工方案，工程项目不应进行施工；对工程项目部执行的安全技术交底、验收制度进行审核把关；对安全防护设施、机械设备、安全防护用具等应依据有关标准、规定进行验收，未经验收不允许投入使用。

（4）对工程项目部执行有关标准、规范的情况和施工现场作业人员遵章守纪的情况进行监理，参与市政工程施工现场周边环境安全方案的制定和工程阶段安全验收，参与工程模板拆除、脚手架拆除及动火作业审批，及时制止、消除物的不安全状态和人的不安全行为。

（5）在监理实施细则中应有详尽可行的安全措施，建立项目安全责任体系，采取旁站、巡视、平行检验等形式对施工安全实行全过程控制。针对工程特点和不同施工阶段，重点做好易造成伤害的触电、高处坠落、物体打击、坍塌等事故的防范工作，对重点部位和关键环节实行旁站监理。

（6）当监理人员发现安全事故隐患时，应下达监理通知书，要求工程项目部立即进行整改。隐患整改完毕后，应签署验收意见，进入监理档案。对下发隐患整改通知后拒不整改的，应下达停工指令，并及时报告建设与监理单位处理。

四、市政工程的重大危险源

施工安全危险源是指由于施工活动，可能导致施工现场及周围社区人员伤亡、财产物质损坏、环境破坏等意外的情况。市政工程重大危险源见表 7-3。

表 7-3			市政工程重大危险源	
序号	作业活动	潜在的危险因素	可能导致的事故	控制措施
1	土方施工	边坡失稳 流沙、管涌 水位上升	坍塌等	制定专项方案 加强安全教育 建立目标及管理方案
2	氧气、乙炔气瓶储存	气瓶间距小于 5m 距明火小于 10m 无隔离措施	火灾、爆炸	制定管理制度 进行安全技术交底 制定应急与响应预案 建立安全目标及管理方案
3	模板工程	交接处不牢固 未按规范要求设置纵横向支撑 混凝土浇灌运输不平稳、不牢固	坍塌 物体打击	制定专项方案 进行安全交底 建立目标及管理方案
4	钢管架	脚手架螺栓锚固、拉节点、钢丝绳卡不规范 脚手架基础不牢 杆件间距与剪刀不符合规定	高处坠落 物体打击	制定专项方案 加强安全技术交底 制定应急与响应预案 建立目标及管理方案
5	四口、五临边	物体打击	人员伤亡	加强"四口、五临边"防护的搭设及安全技术措施交底，建立目标及管理方案
6	塔吊作业	无力矩限制器，或力矩限制器不灵 无超高、变幅、行走限位器，或限位器不灵敏 吊钩无保险装置	高处坠落 物体打击触电	制定管理制度 进行安全技术交底 制定应急与响应预案 建立目标及管理方案
7	施工用电	与高压线路的距离小于规定的安全距离，无防护措施，如开关箱无漏电保护装置 违反"一机一闸、一闸一箱" 潮湿作业照明未使用安全电压	触电	制定专项方案 加强安全技术交底 制定应急与响应预案 建立目标、指示及管理方案

五、市政工程安全事故

（一）市政工程安全事故类型

在市政工程安全生产事故中，高处坠落、坍塌、触电、物体打击、起重伤害、中毒和窒息等是伤亡事故的主要类型。

市政道路、排水、桥梁、地铁、轨道交通工程等，露天作业施工环境复杂，受外界干扰和涉及安全生产的不确定危险因素多，尤其是含桥梁的市政工程是高危险性项目。安全事故不仅涉及类型多、危险性大，而且一旦发生安全事故，极易产生次生安全事故，甚至波及工程质量和结构安全，造成灾难性后果。

（二）市政工程安全事故典型案例

1. 高处坠落事故案例

2017 年 5 月 3 日，受沙尘和大风天气影响，某景区玻璃栈桥施工现场，因突发沙尘暴极端天气，有较大阵风，正在施工作业的 6 名工人从高处坠落，造成 2 人死亡，4 人受伤，在被送往医院后，直至当日 16 时许，又有 2 人经医院抢救无效死亡。

2. 坍塌事故案例

2015年6月12日上午9时30分，某地某路段交叉口，正在进行水管下穿顶管施工的施工现场发生基坑坍塌事故，4名工作人员被埋。坍塌造成3人死亡，1人生还。

3. 触电事故案例

2006年8月，某地区施工单位在敷设直径为1000mm热力管道时，施工作业人员在沟槽内用潜水泵抽取沟内积水时，因潜水泵进线处漏电，操作潜水泵的施工作业人员当即被电击倒在沟槽内，另一施工作业人员见状前去救助，随即也被击倒，两人经送医院抢救后却不治死亡。此触电事故直接原因是操作人员未按施工用电要求和现场安全生产管理规定，对潜水泵进行运行前的安全检查，潜水泵存在漏电隐患，未被及时检查发现和排除而导致人员伤亡。

4. 物体打击事故案例

2017年5月15日15时10分左右，某市政安装工程有限公司在进行中压燃气管道改造工程过程中，对管道焊接封头进行打压试压时，发生一起物体打击事故，造成1名路人死亡，事故直接经济损失约147万元。

六、市政工程项目安全管理防范重点

近年来，政府大力宣传的可持续发展、和谐社会等理念，旨在处理好人、社会、自然的关系，体现在工程建设中就是安全生产。随着城市化进程的加快，市政工程规模不断扩大，对各方面要求的不断提高，安全问题仍然存在，所以安全管理工作意义重大且任重道远。

（一）建立健全安全组织机构与安全规章制度

在市政工程项目安全管理的过程中，建立健全相应的安全组织机构是非常有必要的，并且也是一项非常重要的工作。组织机构设置时应保证安全组织机构高效精干，工作人员需要有较强的敬业精神，并且需要具备较强的专业知识和现场实际经验。企业要认识到安全组织机构是一个重要的部门，它在企业的发展中起着非常重要的作用，不能形同虚设。

在安全管理的工作中，需要有一个科学合理，并且完善的安全规章制度。这项安全规章制度需要具有较强的可操作性，有利于规范企业和企业职工的行为，指导企业生产一线安全生产的实施。在制定安全规章制度时，要以相关法律、法规为依据，规定的内容要全面，并且针对性要强。安全规章制度制定完后，真正贯彻到实际工作中去。

（二）加强安全管理的责任机制，确保工程安全

市政工程的复杂繁重任务的特性，决定了必须建立一整套自我约束的安全管理机制。首先，在企业中实行责任制，对安全工作要责任到人。对于领导层，企业负责人要具有较高的实战经验，丰富的指挥操作技巧，处理安全问题的应急能力，担负起工程的安全责任。严格控制工程程序与指标，切实做好安全生产，预防事故发生。对于施工作业人员，要具有基础的安全知识和技能，将现场施工责任到人，责任到事，同时要明确责任界限，既要认真负责，又不能越俎代庖，严格管理责任明确，使工程施工规范化、法制化，从而确保工程的安全顺利进行。

（1）安全管理机构：项目部成立安全管理领导小组，以项目经理为组长，项目安全部门负责人为副组长，各施工班组组长、安全员、现场保安为组员，组成的安全保证组织机构，实施安全教育、检查、评比、奖罚等措施。

（2）施工安全管理措施：有领导地开展"安全百日赛"活动中和"安全月"活动，并由

安全组定期组织检查评分，以检查出的问题及时通知整改；认真贯彻"五同时"，在计划、布置、检查、总结、评比生产任务的同时，计划、布置、检查、总结、评比安全工作。每月安排施工计划的同时，针对施工计划安全工作计划制定安全方针、目标、措施以及安全控制重点，并落实具体人员对口；每周在调度会上调度施工任务的同时，总结上周安全工作情况；每月召开总结生产任务的同时，总结上月的安全工作并布置落实本月的安全工作措施。

（三）加强安全生产教育培训，提升工程人员的安全素质

（1）提倡"安全第一、预防为主、综合治理"的原则，要重视人员的生命安全，把人的生命安全放在第一位。

（2）做好日常的安全教育培训工作。无论是在施工的哪一个步骤，施工企业都要进行安全教育培训，在工人上岗之前要进行岗前培训，进行定期不定期针对性的培训，使安全教育培训工作不断规范化。

（3）落实好"三级安全教育"规定，培训之后还要注意把培训内容应用到实际工作中，为相关人员创立一个安全的生产环境。

（四）采取有效的安全技术措施

在施工任务单中加入安全设施和防护装置设施，把责任落实到每一个人，并且执行验收政策。相关部门要加大对安全技术措施实施情况的检查力度，并且根据实施的实际情况进行奖惩。安全技术措施的主要内容如下：

（1）工程概况及施工布置图。

（2）进入施工现场的安全规定。

（3）路面、管沟作业的防护。

（4）机械设备及特种设备使用的安全技术措施。

（5）施工用电安全技术措施。

（6）季节性施工措施。

（7）对新工艺、新材料、新技术、新设备制定的有针对性的安全技术措施。

（8）各种材料、施工机械在施工现场的合理堆放。

（五）完善应急管理体系

在市政工程建设的实际工作中，由于存在一些不确定因素，对于一些安全事故是无法避免的。安全事故发生之后需要进行应急救援。

根据市政工程项目的特点及施工工艺的实际情况，认真组织对危险源和环境因素的识别和评价，制定市政工程项目发生紧急情况或事故的应急措施，开展应急知识教育和应急演练，提高现场操作人员的应急能力，减少突发事件造成的损害和不良环境影响。市政工程建设应急预案内容包括：

（1）应急防范的区域、部位。

（2）应急救援准备和快速反应详细计划。

（3）应急救援现场处理和善后工作计划安排。

（4）应急救援物资保障计划。

（5）应急救援请示报告制度。

第八章　数字化建设工程安全管理

第一节　基于大数据的建设工程项目危险源管理

一、大数据的概述

（一）大数据的基本含义

大数据（big data）是指无法在一定时间范围内用常规软件工具进行捕捉、管理和处理的数据集合，是需要新处理模式才能具有更强的决策力、洞察发现力和流程优化能力的海量、高增长率和多样化的信息资产。该名词是从美国数据科学家的研究理论开始的，后来在全世界流行起来。为了理解大数据，字面的"大"作为对象被认证为主要特征。通过云计算，不同种类的数据被分割成不同的信息处理中心，进行分析和预测。

（二）大数据的特点

大数据的特点可概括为 4 个 V，即 Volume（大容量）、Variety（多样化）、Velocity（快速化）、Value（价值大）。大容量是指需要进行分析处理的数据量非常浩大，使用传统的数据处理工具往往不能在合理的时间内处理成预测趋势和指导决策的信息；多样化是指大数据包括来自不同领域、不同设备、不同平台的各种类型数据；快速化是指对数据获取、处理、分析和应用快速；价值大则是指挖掘出的知识对预测趋势有重要作用，是指导决策的重要依据。

大数据的特点表明，大数据有助于发现新事物、预测事物发展趋势，大数据与安全管理的结合具备广阔前景。大数据技术的战略意义不在于掌握庞大的数据信息，而在于对这些含有意义的数据进行专业化处理。换而言之，如果把大数据比作一种产业，那么这种产业实现盈利的关键，在于提高对数据的"加工能力"，通过"加工"实现数据的"增值"。

（三）大数据处理流程

大数据处理流程具体可划分为数据抽取与集成、数据分析和数据解释三部分。首先，从大量异构的数据源获取数据，采用特殊方法（包括数据聚合、数据修正、数据清洗、数据去噪），将不同数据类型（包括结构化数据、半结构化数据和非结构化数据）进行处理和集成，将其转化为统一的数据格式；然后，选取恰当的数据分析技术方法对这些数据进行分析；最后利用可视化等技术手段将分析结果展现给用户。

1. 数据抽取与集成

数据抽取与集成是大数据处理的基础环节，即从目标数据源中提取所需数据，经过关联、聚合等操作，将结构复杂多样的数据转换并存储为统一定义的结构。在此过程中需要对已采集的数据进行清洗去噪，保证数据质量和可信性。

2. 数据分析

数据分析是数据处理流程的核心环节，用户根据分析的目的和需求，选取全部或部分数据进行进一步处理和分析，主要方法包括数据挖掘、机器学习、统计分析等。

3. 数据解释

数据解释是将大数据分析结果形象地向用户展示和解释的过程；提升数据解释能力的方法包括可视化技术、人机交互技术、数据起源技术等。

二、大数据与安全管理

(一) 大数据对安全管理的必要性

建设工程施工安全，特别是重大危险源的安全直接关系到施工作业人员的生命和财产安全，也是影响建筑业可持续发展的关键因素，加强施工安全管理十分必要。然而，建设工程施工的粗放式管理、以纸质资料为信息载体，造成了无法精确统计现场、人员、机械等各安全管理要素的基础数据，进而无法定量地分析安全数据，只能依靠经验、定性地分析，进行安全管理决策。

基于现阶段安全管理的数据粗放式、不易统计、定性偏向的现状，应用数据挖掘系统进行安全基础数据的采集、共享，消除"数据孤岛"。通过应用大数据技术，支撑管理者决策，有效辅助施工安全管理。利用信息技术与经济社会的持续整合，产业数据共享平台的建设、挖掘、分析，可以有效地加快对信息源壁垒作战的安全性事故的开发和促进逻辑规律演化的因素，快速准确地剖析行业动态，进行预估。与此同时，通过共享数据这个大平台，使用大容量的数据资源，可以搭建企业内在数据，使互联网相关数据具有立体交流性，使安全生产实施、决策更具有科学性，更能发掘新模式、新概念，帮助施工企业和整个行业的转型升级。

(二) 大数据下的安全管理应用

目前，大数据已在多领域与安全管理结合应用。例如，创新运用大数据监控技术，以施工作业人员安全风险管控平台软件实现智能信息化事先监督，保障电网工程的生产和施工安全；采用 Hadoop 软件基于 HDFS 架构的工程数据存储和分析技术来完成工程施工安全风险预警系统的搭建过程，将大数据技术成功应用到桥梁工程领域；提出安全大数据施工安全管理模块系统，拟实现施工管理流程各关键节点全部计算机控制，防止人为差错带来的施工安全风险。深入分析作业危险特性和风险管控措施，并充分利用移动互联网、物联网和大数据等技术，研制针对建设工程施工过程高风险作业的全流程安全监管系统，以实现高风险作业各阶段工作全过程管控。

三、建设工程项目危险源管理——大数据的应用

危险源管理是安全管理的重中之重。建设工程项目重大危险源管理需要采集施工现场不安全环境因素、现场施工作业人员的不安全作业行为、机械运行数据，主要通过 Web 端、移动端、嵌入式系统采集现场实时数据、机械运行数据，建立数据仓库，承担对施工安全业务管理系统数据整合的任务，为商业智能系统提供数据抽取、转换和加载 (ETL)，并按建设工程施工安全管理需要对数据进行查询和访问，为联机数据分析和数据挖掘提供数据基础。

通过大数据技术的应用，进行可视化分析 (analytic visualizations)，让数据说话，直观立体地看到结果，支持施工安全管理的决策。应用数据挖掘算法 (data mining algorithms)，集群、分割、孤立点分析，深入工程安全数据内部，挖掘安全管理价值。建立语义引擎 (semantic engines)，对非结构化数据进行智能分析，简单地说，就是能够从"文档"中智能提取信息。面对复杂的施工环境，采集到的数据往往是非结构化的，通过语义引擎，可以更加精准地从数据仓库中提取数据，完成数据分析。

（一）危险因素清单、重大危险源管理分析

建设工程项目施工现场，复杂恶劣的环境，天气、地理、设备等原因，经常会使施工现场存在一些潜在的危险源，为提高项目安全管理，尽可能保证施工作业人员安全作业，搜集整理可能导致危险事故的所有危险源，统一录入安全管理系统，各个项目引用补充，方便项目识别危险源，为项目安全员排查故障带来便利，见表8-1。

表 8-1　　　　　　　　　　　　　　危 险 因 素 清 单

部分工程	分项工程	单位作业	施工工序	危险因素
临建工程	钢筋加工场建设	钢筋加工场附属设施安装	行车安装	高处作业部位未按规定搭设作业平台
临建工程	钢筋加工场建设	钢筋加工场附属设施安装	行车安装	吊具、捆绑方式不符合要求
临建工程	钢筋加工场建设	钢筋加工场附属设施安装	行车安装	构件转运过程中操作、指挥人员失误
临建工程	钢筋加工场建设	钢筋加工场附属设施安装	行车安装	电焊、焊（气）割等作业人员无证上岗，违规操作
临建工程	钢筋加工场建设	钢筋加工场大棚安装	大棚搭设	电动切割机防护罩缺失或不完整
临建工程	拌和站建设	拌和站储料仓	测量放线	未佩戴防护用品
临建工程	拌和站建设	拌和站储料仓	预埋件安装	漏电保护器失灵、用电线路破损、工人私自接电
临建工程	拌和站建设	拌和站储料仓	预埋件安装	作业时，桥头未设置限速等安全警示标志或未进行封闭
临建工程	拌和站建设	拌和站储料仓	预埋件安装	高处作业随意抛掷物品，作业工具、材料随意放置
临建工程	拌和站建设	拌和站储料仓	模板安装	临时用电未接入漏电保护器，保护零线或漏电开关失灵、电缆线老化

建立危险因素库、重大危险源库，分部分项对项目进行预识别，明确项目重大危险源管理重难点，通过时态、状态分析，确定重大危险源是否正在进行及其风险系数和可能造成的危险程度，如图8-1所示。

分析项目现阶段危险因素、重大危险源，发现存在于这些大量数据集中的关联性或相关性，确定该项目主要的危险类型及可能导致的伤害，确定主要监管措施、应急救援方案，精准定位，对资源进行有效部署。

重大危险源统计

危险源状态　危险源等级

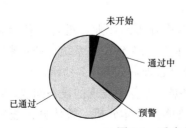

名称	数量
未开始	3
通过中	23
预警	0
已通过	47

图 8-1　重大危险源管控示意图

　　对已造成伤害、发生事故的危险项进行主成分分析，根据采集到的过程监管数据，确定项目伤害、事故主成分，通过大量的数据积累，可以反推关键管理要素，指导安全过程管理，管控好已导致事故的关键要素。

　　（二）危险作业类型分析

　　危险作业的进行需要通过审批验收流程，需相关责任人对作业条件进行确认后方可开始作业。危险较大的作业需申请及审批，确认现场符合安全要求后方可开始作业。作业过程拍照记录留痕，作业记录汇总查看，作业与劳务管理挂钩，如图8-2所示。

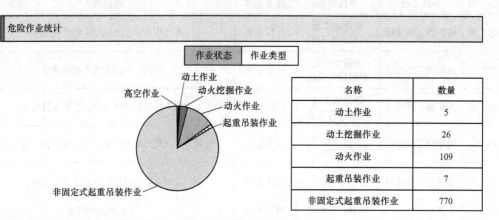

図 8-2　危险作业类型示意图

　　应用大数据技术对危险作业类型、检查验收条件进行相关性分析，不同的危险作业类型其检查验收条件不同。对确定的危险作业，不同的检查验收条件和其相关性必然有区别，故针对不同的危险作业类型，可以进行主成分分析，确定影响因素主成分，从传统经验的定性分析步入大数据应用下的定量分析，科学地分析数据，形成有力的支持决策。

　　（三）机械种类分析

　　建立设备全生命周期的云履历智库，大型特种机械设备（塔吊、施工电梯）在系统将有一个唯一的 ID，收录其基本信息——出厂信息、产权信息、使用年份，以及使用过程记录，即项目履历（检查、保养、维修记录，运行记录），生成该设备全生命履历，最终建立大型特种机械设备全生命期云履历智库，形成设备大数据库，见表8-2。

　　设备云云履历智库可以承担对施工机械安全管理系统数据整合的任务，为商业智能系统提供数据抽取、转换和加载（ETL），通过对设备履历信息的分析，从时间、空间上加强对不同种类的设备的检查、保养，例如，数据分析得出的关键部位、最优检查保养频率，通过最优的成本投入获得机械设备最大的安全使用生命周期。

　　（四）机械事故分析

　　设备使用过程中，项目设备管理人员可与租赁方协同作业，进行设备检查、保养、维修，设备管理人员可以自定义检查、保养计划，保证工作到位，系统自动对未完成的工作生成预警，提醒责任人及时完成工作，保证设备安全管理，如图8-3所示。

　　系统可以获取到检查中可采集设备有隐患数据、保养中发现的设备问题、维修中产生的故障数据，对这些结构化数据进行统计并进行整体、个体分析。整体分析输出针对工程行业、某一机械类别的易发问题，例如，基础、结构、机构及零部件、电气系统等某一类因素的作用比较显著，可以就该类别做针对性的解决方案，以优化设备安全管理。

表 8-2 机 械 种 类 及 管 理 表

设备信息

*设备唯一编号	*设备类型
TJ20100210-0522	塔式起重机
*设备型号	*设备产权单位
QTZ50	江苏中建达丰机械工程有限公司
*产权备案号	*产权备案时间
1	2016-6-28　00:00
*设备租赁单位	生产厂家
江苏中建达丰机械工程有限公司	抚顺永茂建筑机械有限公司
出厂日期	出厂编号
2012-03-13　00:00	抚顺永茂建筑机械有限公司

使用过程记录

时间	项目	检查	保养	维修	操作
2017-02～至今	西部云谷	62	13	2	查看详情
2014-05～2016-10	国际医学中心	150	36	5	查看详情
2012-02～2014-03	沿海赛洛城三期	121	25	2	查看详情

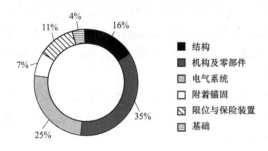

图 8-3　设备隐患分析

结构　机构及零部件　电气系统　附着锚固　限位与保险装置　基础

（五）结果分析

1. 危险因素清单、重大危险源管理分析

该部分主要分析结果是安全隐患、重大危险源安全"双控"的关键管理要素清单，通过安全隐患库、重大危险源辨识库的应用，在建设工程项目使用过程中不断完善这两个危险因素库，并且应用大数据分析各建设工程项目使用系统自动辨识的大量累计数据。可针对安全隐患库、重大危险源数据库分析出安全"双控"的关键管理要素清单，指导安全管理过程，管控好易产生高风险的关键安全过程要素。

根据不同类型建设工程项目的工程特点，也可以做二次关联性分析，量化确定不同工程特点的建设工程项目的高频率危险因素、重大危险源，指导后续相关建设工程项目的安全施工，提前预防，实现安全管理目标。

2. 危险作业类型分析

危险作业作为安全管理的重点。根据不同工程特点的建设工程项目的主要危险作业清单，数据量化主次程度。基于以上分析，得出危险作业前的检查验收条件，可对危险作业的前置条件制定更加科学严谨的有针对性的方案，降低危险作业过程的风险，达到安全作业的目标。

3. 机械种类分析

分析不同种类的机械安全使用生命周期的最优检查频率、最优保养频率。通过最优的成本投入获得机械设备最大的安全使用生命周期。通过对设备云履历数据的分析，可以确定设备检查的最优频率及检查的关键部位，通过科学的手段获取机械设备检查保养的最优解，从而降低安全使用设备的整体成本。

4. 机械事故分析

量化分析得到机械频发故障清单，反向分析出机械设备检查关键项、保养关键项，通过对故障、事故机械的历史履历数据进行分析，得出机械在施工条件下易发生的故障，以及其遗漏的检查、保养项，反向推理出机械设备应该加强的检查保养项，用科学的分析结果去指导设备的检查保养工作，以期获得最大的机械设备安全使用生命周期。

第二节　BIM 技术在建设工程安全管理中的应用

一、BIM 技术概述

（一）BIM 技术与 CAD

BIM 虽然是由 Autodesk 公司于 2002 年提出来的，然而 BIM 概念的演变过程经历了 40 多年。BIM 技术是建设工程信息的高度集成化，从功能要求和作用属性来看 BIM 技术是传统 CAD 技术的升华，从二维的工程造型到多维的建筑信息模型的演变。在 20 世纪 50 年代末，CAD 技术应运而生，CAD 的发展经过了三个阶段，即是传统 CAD、3DCAD 及 OO-CAD（面向对象的计算机辅助设计）。然而建筑业的 CAD 技术却没有实现 OOCAD 技术的功能要求，直到 BIM 技术的出现，OOCAD 技术才算是真正实现了。

CAD 技术的出现推动了建筑业信息化的发展，改变了传统手工绘图的方式，随着时代的发展，CAD 技术的不足和缺陷也逐渐暴露出来。传统 CAD 技术的缺陷：二维绘图缺乏主观创造性，约束了设计师的想象力；设计修改工作量大，信息共享难；设计交付图与效果渲染图差异大；各参与方不能进行有效沟通和交流等。

然而利用 3DCAD 技术构建的是简单的造型模型，只是一种几何模型，无法在模型中附带其他工程属性。这种模型只能体现工程的造型特征，没有其他工程信息（如进度、造价等信息），无法给予工程管理人员和操作人员更多的帮助。

BIM 技术一般可以从两个角度来理解：一个方面 BIM 技术可视为一种信息载体，主要含有建设工程实体、机械设备及进度计划等数据信息，以及各构件的各种属性。BIM 建筑信息模型包括各专业、各工种的信息。另一个方面 BIM 技术可以视为建立建筑信息模型的行动，包含信息的采集、分析和共享等。各参与方在相应权限范围内可以输入工作相关信息数据并且能从中输出得到所需数据，从而为设计和施工提供便利，提高安全管理效率。

美国建筑科学研究院对 BIM 的定义是借助于高科技的计算机集成方式用于表现工程构件的功效性质、物理特性和建设工程各个阶段的管理信息，为工程参与方建立综合数据库，在工程运营阶段为工程实体使用与维修提供帮助。BIM 发挥作用的基础是工程参与方在工程不同阶段输入、修改、提取和共享 BIM 建筑信息模型的数据信息。

（二）BIM 技术的特点

1. 可视化

现代建筑产品造型复杂，形式各异，人们无法完全通过大脑去想象。然而具有可视化特点的 BIM 技术，可以让平面线条式的物体以一种立体三维的实物图像展现在人们面前；以往建筑业在设计阶段也可以做效果图，然而此类效果图是由专门的制作团队通过读取设计方线条式信息而制作的，并非由数据信息自动生成，构件之间的反馈性和互动性欠缺。然而 BIM 技术可视化的特性是可以跟不同部分之间进行联动并可以反馈。利用 BIM 技术，建设工程项目的全生命周期都能够在可视化下进行。所以 BIM 技术不但可以展示效果图，生成报表，而且从整个建设过程中的交流讨论到决策都能够在可视化的状态中开展。

2. 可出图

BIM 技术的出图并非平常的出自建筑设计院的设计图，而是帮助业主通过对建筑信息模型进行可视化展示、动态模拟、优化协调之后得出的以下图纸：

(1) 综合管线图（通过碰撞检测并进行修改后，不存在错误的）。

(2) 综合结构留洞图（预埋套管图）。

(3) 碰撞检查侦错报告和建议改进方案。

3. 可协调

建设工程项目在设计时，各部门之间沟通不充分往往会出现不同作业部分之间的碰撞问题。例如，布置采暖、通风、空气调节等方面的管路时，各部门只能负责完成自己的施工图，在进行实际操作中铺设管道时，可能这个地方正好有结构设计的梁等构件，妨碍了铺设管道，这就是常见的碰撞问题，这种问题不应该在出现后再进行解决。BIM 技术的协调性特点就可以提前解决此类问题。在建设前期，通过 BIM 技术协调各部门之间的碰撞问题，并提供出协调数据。解决碰撞问题并非 BIM 技术协调性的唯一功能，它还可以协调电梯井布置、防火分区、地下排水布置和其他布置等。

4. 可优化

利用 BIM 技术的优化性特点可做如下工作：

(1) 优化项目方案。将建筑设计与经济回馈分析联系在一起，可以随时计算因设计变化而产生的经济回馈影响；甲方在方案选择时不仅可以考虑建筑表面形式，还可以通过对比确切地知道哪种设计最符合自身需要。

(2) 特殊项目的设计优化。如屋顶、幕墙、裙房、大空间等地方可能存在不规则形状设计，虽然这些地方对于整个建筑来说占比不大，但耗费的资金和时间会很多，而且往往也是施工难点，出现的施工问题较多。通过 BIM 技术的优化性提前对施工方案进行优化，可以大大减少资金和时间的消耗。

5. 可模拟

建设工程项目在设计阶段，BIM 技术可以对其导热性、采光、疏散应急、节约能源等需要模拟的地方进行仿真试验；在工程施工过程中，通过将三维模型与工程进展相结合可以进行四维模拟，模拟过程中可以对施工方案进行优化；在运营维护的阶段，可以模拟如火灾应急逃跑、紧急逃生等特殊状况问题的解决。

二、BIM 技术应用于建设工程安全管理研究的适用性分析

1. 技术适用性

一方面是安全模型的建立。通过建模可以有效地发现施工过程中存在的安全隐患，并且通过制定安全方案对安全隐患进行控制。另一方面是沟通上信息可以共享。通过 BIM 技术能够解决实际生产过程中信息沟通较少的问题，能够使交换和分享信息成为现实，从而保证各部门数据的一致性，减少各部门的压力，有助于施工安全的管理，也能够对施工计划进行改进。

2. 经济适用性

在费用方面，与其他建设工程项目方面的程序相比，BIM 技术费用较高，且对计算机有很高的配置要求。但是利用 BIM 技术进行建设工程项目精益化管理，发生安全事故的概率会下降，从而在总的成本方面费用会减少。

3. 环境适用性

应普及参数化、可视化、三维模型设计，推广利用 BIM 技术协同工作等技术的应用，从而提高设计水准，减少工程投资，实现从设计、采购、建设、投产到运营的全生命周期的综合运用。

BIM 技术在我国起初只在大型标志性建筑中应用，例如，被称为 BIM 技术经典之作的上海中心项目、上海世博会的某些场馆建设等。但是经过几年的发展，一些一般体量的项目中也已经开始应用 BIM 技术。目前，在 BIM 建筑信息模型的使用水平上，我国已经与欧美等发达国家处于相同地位。现今，BIM 技术还在继续发展，BIM 技术的应用将赋予建筑业更广阔的前景。

三、基于 BIM 技术的建设工程安全管理工作

（一）引入 BIM 技术对建设工程安全管理工作的改变

建设工程安全管理作为建设工程项目管理的一部分，其重要性越来越受到工程参与方的重视。但建设工程安全管理有其特殊性，从系统的角度，安全管理不可能脱离于项目管理其他管理模块，并且这些管理要素还是互相影响，呈联动效应，并且安全事故的发生有其偶然因素。引入 BIM 技术，必然会对建设工程安全管理工作带来很大的变化，主要体现在组织结构和管理方式的改变上。

1. 组织结构的改变

组织结构是建设工程安全管理体系的基础，也是基于 BIM 技术的建设工程安全管理工作推进的动力源泉。

传统的建设工程安全管理的工作组织架构较为简单，负责安全管理的建设单位和施工单位是组织架构中的主导，其他单位主要是监督和配合建设单位和施工单位完成建设工程安全管理工作。

基于 BIM 技术的建设工程安全管理体系下，各参与单位组成最合适的组织模式是一种"单核结构"的形式，也就是各单位指派出具有 BIM 技术和建设工程安全管理能力的人员，组建基于 BIM 技术的安全管理工作小组，该工作小组不再以建设单位和施工单位为核心，而是以建设单位为核心，建设单位指导小组工作开展。从建设工程决策阶段开始，到项目设计阶段、施工阶段直至运营阶段终止。建设工程各个阶段都有安全管理工作小组参与完成，都会有工程各个参与单位的相关业务，承接建设工程全生命周期安全管理的 BIM 技术支持工作。

在基于 BIM 技术的建设工程安全管理体系下，安全管理工作不再仅仅是建设单位或施工单位的职责，甚至不是由其承担主要职责。建设工程各参与方一起开展安全管理工作，较早参与到工程建设过程中，承担各自的安全管理职责。传统安全管理的信息交互方式是多个单线条组成的，即是承包商与其他各工程参与方之间的信息流动。基于 BIM 技术的建设工程安全管理体系是各个参与方之间的安全管理信息都聚集在 BIM 技术信息共享平台上，组成信息"面"，变成了 BIM 技术安全管理小组、工程各参与方和信息平台传递信息的方式。

这种信息交换方式是一种"点对面"的模式，信息共享效率更高，节约了建设工程各参与单位为获取相关信息而耗费的人力、物力及时间，可以提高组织的工作效率。

这样的组织结构变化，可促使安全管理信息集成化和高度共享，实现建设工程各个阶段和各参与单位之间协同工作，提高管理效率，使建设工程全生命周期安全管理模式得以付诸实现。

2. 安全管理方式的改变

传统的建设工程安全管理方式首先是业主在建设工程项目前期策划阶段评估策划方案的安全风险，在工程设计阶段进行工程设计成果的安全可靠性分析。然后是在建设工程施工阶段，其工作方式为业主主导，具体由施工单位承担安全管理工作，防止安全事故的发生。传统的建设工程安全管理方式主要有：进行详细的地质勘查和现场周围资料的调查；挑选有资质等级和优良履历的施工队伍；成立现场安全管理委员会，指导施工现场安全管理工作的开展；定期给各参与方管理人员和各工种施工作业人员进行安全知识培训，增强他们的安全管理水平和安全防范意识；制定安全事故应急预案，建立安全事故应急机制；针对雨季、冬季和技术难度大的建设工程项目编制专项施工方案。

通过在建设工程安全管理过程中应用 BIM 技术，将从以下几方面改进传统的建设工程安全管理工作方式：

（1）完善可行性研究方案和设计成果。在工程策划和设计阶段，通过 BIM 技术的运用，对建设工程虚拟再现化，发现原有可行性研究方案和设计成果可能引发的安全隐患，从而修改和完善可行性研究方案及设计成果。

（2）合理编制安全管理保证体系、布置施工现场和组织安全施工。施工阶段是建设工程安全管理中最重要的一个阶段，施工阶段安全管理水平的高低影响着工程质量、工期和成本目标。在施工现场总平面图出来后，可以借助 BIM 技术，构建施工现场四维动态模拟，进而编制更为合理的安全保证体系，采取合适的安全保障措施，合理规整施工现场。在施工方案编制后，利用 BIM 技术可进行虚拟施工，会及早发现施工方案实施过程中出现的安全问题，可立即完善施工方案，并采取相应措施，避免安全问题的出现。

（3）提高施工作业人员施工操作的规范性。在施工作业人员开展作业前，借助 BIM 技术开展四维虚拟施工演示，有助于施工作业人员更具体地理解工艺要求和施工流程，从而使施工过程更加规范化，提高安全管理的效率和效益，减少安全问题造成的损失。

（4）优化建设工程项目的运营方案，提高运营管理人员的管理水平。基于 BIM 技术的运营可视化，能够及时发现建设工程项目运营期间可能会发生的安全问题，因而修改和优化项目的运营方案，必要时甚至修改施工方案及设计方案，提高工程实体的品质，增加运营收入，提高投资方的收益。借助于 BIM 技术的四维虚拟化运营展示，提升运营管理人员的管理水平，减少安全问题的发生。

（二）BIM 技术在建设工程安全管理体系中的应用

1. BIM 技术应用的工作过程

在建设工程全生命周期安全管理工作中引入 BIM 技术，在建设工程各个阶段，BIM 技术可实现设计成果模型化、工程施工虚拟化、信息集成化，以及建设工程各参与单位工作协同化等优势。在配置了相关硬件和 BIM 建筑信息模型相关软件后，结合工程实际特点，即可以实现 BIM 技术条件下建设工程安全管理工作，并构建建设工程安全管理保障措施等。建设工程安全管理体系中 BIM 技术应用的工作过程包括以下三个组成部分：

首先是 BIM 技术策划阶段，制定 BIM 技术应用目标。此阶段是在分析了建设工程各个阶段安全管理目标和要求的基础上，确认 BIM 技术应用的目的，制定 BIM 技术应用大纲。

然后是 BIM 技术实施阶段，实施 BIM 技术应用目标。在确定了 BIM 技术应用目标后，结合现有条件，制定 BIM 技术实施安排，确定 BIM 技术应用内容及采用的 BIM 技术软件。BIM 技术应用完成后，确定建设工程各参与单位的 BIM 技术工作任务。

最后是 BIM 技术应用阶段，BIM 技术应用。在 BIM 技术实施阶段完成后，依据工程各参与单位安全管理任务，确定 BIM 技术应用的承担方和相关权限，培训 BIM 技术应用操作人员。

2. 建设工程安全管理中 BIM 技术的应用

目前全球建筑界大显身手的 BIM 技术，正在国内建筑界引发一场新的技术革命。我国目前在建设工程中 BIM 技术的应用取得了一定的成果，各种类型的复杂项目都在一定程度上运用了 BIM 技术，主要有设计优化、虚拟施工、协同信息平台等。总结 BIM 技术在国内外建设工程领域的应用可以得出，BIM 技术可以提高建设工程的效率和效益，但是针对建设工程全生命周期管理的应用几乎没有，大多局限于工程管理某个目标（如造价方面）和某一阶段（如施工阶段），且部分工程项目应用 BIM 技术都是处在试验阶段，没有完整的、成熟的产品。

BIM 技术在建设工程安全管理中的应用，主要选择了冲突检测、管线综合、施工现场模拟、施工方案模拟、安全决策，分别介绍 BIM 技术的应用价值。这五个应用点包含了 BIM 技术基本应用点，以及 3 维、4 维和 5 维的 BIM 技术应用。BIM 技术在建设工程安全管理中的应用如图 8-4 所示。

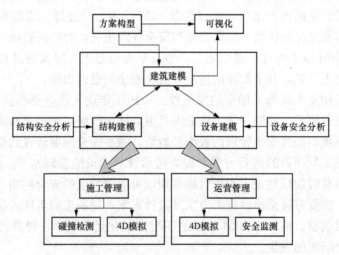

图 8-4　BIM 技术在建设工程安全管理中的应用

（1）冲突检测。是指通过建立 BIM 建筑信息三维空间几何模型，在数字模型中提前于工程项目具体实施之前发现各不同专业在空间上的冲突、碰撞问题。通过预先发现和解决这些问题，提高工程项目的设计质量并减少对施工过程的不利影响。

（2）管线综合。在 BIM 技术环境下，各专业设计人员通过 3 维虚拟模型的整合，在虚拟环境中直观地发现问题，大大提高了工作效率。另外，通过有效的管线冲突解决方案，显著减少了后期建设过程中的工程变更，可提升工程建设效率，缩短工程工期，减少变更费用。

（3）施工现场模拟。施工现场模拟的目的，是在施工现场总平面布置图基础上，以BIM技术方式表达施工现场的合理性，检查施工现场的不足，协助相关人员进行施工现场的管理。

（4）施工方案模拟。应以实际施工方案为模拟对象，通过BIM技术手段进行表达，包括三维多角度展示、构造拆解、工序搭接顺序、专业配合、作业尺度预留等。施工方案模拟展示应能真实、充分地反映施工的重点和难点，并对实际操作起到良好的预判和指导作用。

（5）安全决策。通过BIM技术手段，借助于安全管理工具，如安全评估、安全监视和安全监测，进行安全决策，预先解决建设工程安全管理问题，提高安全管理效率。

（三）基于BIM技术的建设工程安全管理体系框架

构建基于BIM技术的建设工程安全管理体系之前，应该深入分析建设工程安全管理的基本特点，并且结合BIM技术的相关应用。基于BIM技术的建设工程安全管理体系主要包括基于BIM技术的建设工程安全管理平台和基于BIM技术的建设工程安全管理保障体系这两个部分。

基于BIM技术的建设工程安全管理平台是建设工程各参与方开展安全管理的操作平台，包括基于BIM技术的建设工程安全管理信息平台和基于BIM技术的建设工程安全管理运作模式。安全管理信息平台是对建设工程各阶段安全管理信息进行管理，以实现信息共享和协同管理，安全管理运作模式是建设工程各阶段的安全管理具体措施。基于BIM技术的建设工程安全管理保障体系是建设工程各阶段安全管理工作得以实施的保障体系，主要有组织保障、技术保障和制度保障三个部分，这三个方面的保障措施是由政府、行业、企业等提供力量。

四、基于BIM技术的建设工程危险源的管控

（一）建设工程施工危险源管控功能需求

建设工程施工危险源管控系统是基于BIM技术，利用BIM危险源信息数据库、RFID、传感器等先进数据技术，对建设工程施工中的信息数据进行采集和处理的可视化系统。若收集到的数据超过标准值，则系统平台给相应管控人员发出提醒并提出管控措施，所以危险源管控系统功能需求总结如下：

1. 危险源信息的自动采集

传统的建设工程施工危险源检查主要是通过现场检查，然后口头交底及整合文件信息等方式进行的，其中信息繁杂，传递效率低下且容易出错。但安全事故发生具有突发性，传统的管控方式具有很大的滞后性。BIM技术可以改变传统的施工危险源报告的方式，它通过采集和辨识管控危险源信息并对危险源信息进行实时的监控与传输，与各平台接口、软件连接，对信息进行汇总，做好三维安全交底等工作，使信息的传递和查找变得更加方便、灵活。运用BIM技术，能够在建设工程项目进度中将危险源的状态提前进行辨识出来，并使其相结合，从而改进施工现场布置情况，让施工作业人员对隐患的排查处理措施更加清晰、明了，方便对施工作业人员进行安全培训，减少由于危险源管控不及时而产生的伤亡事故，提高建设工程施工效率。

2. 危险源管控信息集成与共享

建设工程施工危险源在不同时间、不同地点和不同人员操作的情况下都会有其各自的特点，危险源管控要做到可以对危险源的规范操作，以及所对应的防控措施与责任分配都需要有一套完整的流程，对不同信息的采集也需要不同标准的设备去对接。所以要达到信息集成不是简单的叠加，而是要深度分析利用，形成一个综合的整体，才能进行有效的共享。

3. 危险源信息的实时性与可视化

危险源的管控要做到实时性才能在最短的时间内降低风险，减少损失，对采集到的危险源数据信息进行实时显示与传输，通过 BIM 技术实现可视化，能够让管理人员对危险源状态的了解更加明确。在 BIM 系统中会对危险源信息做一个阈值规定，当危险源信息超过此阈值时，则立即进行预警，提醒管理人员实施相关的安全管控措施。

（二）基于 BIM 技术的建设工程施工危险源管控方案架构设计

基于 BIM 技术的建设工程施工危险源管控方案是以 BIM 系列软件 Autodesk Navisworks 和 Fuzor 及 RFID 技术等为平台，利用数据接口和 C 编程语言，以危险源信息数据库为基础，与前端传感器采集数据信息相结合，并通过各功能模块进行集成共享，达到安全管控的目的。基于 BIM 技术的建设工程施工危险源管控系统具体架构流程设计如图 8-5 所示。

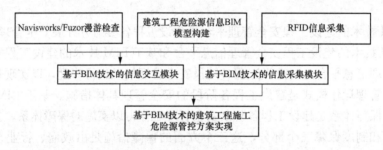

图 8-5 危险源管控方案流程设计

（1）危险源信息采集模块多种数据采集终端，如 RFID、传感器、激光扫描仪、视频监控等都能够作为危险源信息采集的方式。在数据采集终端将危险源信息采集成功后，将其实时传输到模块中，包括危险源的位置、发现时间、施工作业人员的不安全行为、机械的不安全状态及安全防护设施。然后调取信息存储模块中的防护栏杆、防护棚、安全网、盖板等构件簇，并有相对应的防护措施。

（2）危险源信息交互模块是将采集模块采集到的数据信息及基于 Navisworks、Fuzor 技术的监测信息数据，与 BIM 建筑信息模型进行有效集合，来实现各专业方对建设工程施工中危险源的管控。

BIM 技术应用案例可扫描本书封面二维码阅读。

第三节 VR 技术在建设工程安全管理中的应用

一、VR 技术的定义及特点

1. VR 技术的定义

虚拟现实（virtual reality，VR），又称"灵境技术""虚拟真实"，是一种可以创建和体验虚拟世界的计算机仿真系统。它是利用计算机模拟现实构建一个三维空间的虚拟环境，是一种多源信息融合的交互式的三维动态视景和实体行为的系统仿真技术。受众通过佩戴 VR 头盔、VR 眼镜等各种相关的传感设备模拟进入一个现场的环境，这些设备可以说能够让受众体验出关于人类视觉、听觉、触觉等多种感官的真实感受和环境，为使用者提供一种亲临现场的体验，可以及时、全方位 360°、没有边界限制的感受身边场景的途径。

虚拟现实技术可以说是仿真技术的一个重要方向，通过结合计算机技术、多媒体技术、传感技术等多种学科技术，让虚拟现实技术变得更加有趣且具有时代特征。虚拟影像是由计算机生成的三维立体的动态逼真的图像。而除了可以感受到计算机生成的三维影像在视觉上传递的震撼外，听觉、触觉、运动感等都可以感受到，甚至还会有嗅觉等感知的营造。自然技能是指人的头部转动，眼睛、手势，或其他人体行为动作，由计算机来处理与参与者的动作相适应的数据，对用户的输入做出实时响应，并分别反馈到用户的五官。

2. VR 技术的特点

（1）VR 技术的还原真实性。VR 技术建立的虚拟环境是由基于真实数据建立的数字模型组合而成，严格遵循工程项目设计的标准和要求，通过强大的三维建模技术建立逼真的三维场景，对规划项目进行真实"再现"。

（2）VR 技术的可分析性。根据建设工程人员特点和安全隐患事故的分析，交互式的 VR 技术平台可以针对特定用户和组织做出独特的处理。VR 技术应用可以创建建设工程项目人员施工所需的特殊场景，并在培训中提供即时反馈。例如，VR 技术可以评估人群在面对地震时应急预案的成效，反过来，根据提供的即时数据找出差距和需要改进的地方，并进行反复训练。

（3）VR 技术的多元性。VR 技术可以将诸如用电或消防等建设工程施工各场地一致同步到各个区域，让多个组织工种同时进行培训。在用户进行模拟的过程中，VR 技术可以将传统的建设工程安全培训元素（如幻灯片的图形和数据）嵌入在虚拟环境中，进行实时教育培训；更加逼真的视听刺激，提高用户的重视程度，同时在模拟中锻炼建设工程施工作业人员对于建设工程安全施工的应对陈述能力。

（4）VR 技术的可选性。VR 技术的应用允许建设工程施工作业人员按照自己的节奏来感受体验，逐步而全面地掌握相关的防范知识。在进行集体培训时，VR 技术平台可以提供小组讨论和分析的场景，用来讨论个体行为的正确性，以及是否能保证团队协作。

（5）VR 技术的综合性。培训方案可模拟各类施工环境，如民用建筑施工、工业建筑施工、装配式建筑施工及构筑物施工情境等多种虚拟场景，这在现实建设工程安全培训中几乎是不可能实现的。与此相反，VR 技术却可以很容易地模拟出这些危险和条件苛刻的环境，提升教学效果。

二、VR 技术在建设工程安全中的应用

（一）VR 技术在安全教育培训中的应用

近年来，建设工程施工安全教育培训模式逐渐完善，体验式安全教育培训使建设工程施工作业人员更加贴切实际感受到危险的存在及危险所造成的严重后果，体验培训效果良好。体验式培训中的 VR 体验技术应用于建设工程施工是建设工程项目安全培训模式的改革创新，通过设计建设工程施工情景，根据项目实际情况构建五维模型，并将设计的场景通过计算机的渲染技术设计出十分逼真的模拟场景，模拟在施工过程中可能出现的危险事故，借助体验式的设备使体验人员体验到施工过程中的各种安全事故。

在建设工程施工之前通过利用 BIM 建筑信息模型软件就可以完成接近实际情况的建筑信息模型了，只是这类可视化的三维模型对使用者来说是看上去的感觉，有很大的局限性。

而将 BIM 和 VR 这两种技术相结合，使用者不仅能看到而且能够进入 1：1 的虚拟模型中切身感受，如同身临其境。VR 技术的进一步发展使体验者能够通过触觉来接触到模型，施工之前就能够看到施工时的状态，能够确切掌握在施工中有可能发生的事情，不管是设计单位还是施工单位都可以受到充分的指导，从而避免出问题或事故的发生。

建设工程项目可以建设 VR 技术体验馆，在 VR 技术安全体验馆中，能够体验触电、高处坠落、坍塌、安全帽冲击、使用灭火器体验等项目，与传统的安全教育培训体验相比，更加真实，容易理解，还能够进行互动交流。通过在虚拟环境切身体验工程施工过程中的触电、坍塌、高处坠落等工程事故，能够真实地感受到项目建设中很有可能会发生的种种安全事故，让受训人员通过感受高处落下、晃动、受打击等，从内心深处理解和记住自己在作业时可能遇到的危险状况，从而产生一种发自内心的防范心理，真正起到警醒作用。此外，这种培训教育方式更能够引起参与者的兴趣，使组织者更容易将教育内容传授给他们，让他们以一种积极的心态去学习并掌握必要的安全防护措施和应急自救知识，使安全教育培训发挥其应有的作用。

（二）VR 技术在安全应急演练中的应用

传统的安全应急演练是在一种假设条件下进行的应急准备，这种假设条件与真实事故情景差异巨大，传统的应急演练让参与演练的人员枯燥死板，而且因为没有"亲身经历"、很多参与者在演练过程中投入不够，但是当面对真实安全事故发生时又变得手足无措，不知道该怎么办。VR 技术加入应急演练中，不仅降低了演练的成本，更为重要的是它能够提供传统应急演练不能相比及的安全事故情境。参与者在应急演练过程中，不仅能"亲身经历"，还能"看到""摸到"。这样的视觉、触觉等感受的冲击，让参与演练的人员能够体验相对较为真实的事故情景，并且对于演练知识和技能更有图像化、形象化的认识，记忆更深刻和牢固。

基于 VR 技术的应急演练让人可以在特殊情况的发生中知道如何应对。借助 VR 技术，参与应急演练的人员只需要带上 VR 眼镜，即可真实地感受 VR 技术带来的神奇境界。眼前就能出现安全事故现场，参与应急演练的人员根据前期所做的应急准备，以及演练过程中的语音提示，实施自救或者其他活动，例如，对受伤人员的救助，可以根据提示完成心跳呼吸、胸外压等急救措施，即视互动 VR 系统将显示病人的心脏复苏情况，为专业医护人员的到来赢得宝贵的时间。

VR 技术建立虚拟场景，使体验者通过"身临其境"充分感受到高处坠落、物体打击、触电、火灾等各种事故现场带来的心理及身体的双重感官印象，再通过肢体动作与周围虚拟环境进行互动，提升参与安全应急演练的人员的系统性应急技能。利用 VR 技术可以模拟各种不同类型施工现场安全事故的发生，通过重复不断地练习、培训，可以提升建设工程项目人员面对安全事故的应急能力。

第四节　物联网在建设工程安全管理中的应用

一、物联网定义

物联网的概念最初是由麻省理工学院的 Kevin Ashton 教授于 1991 年首次提出的，1999年，美国麻省理工学院的"自动识别中心"给出它的基本含义，即把所有物品通过射频识别等信息传感设备和互联网连接起来，实现智能化识别和管理。随着研究的深入，物联网的内涵已经发生了很大改变。现如今的物联网是指将具有一定感知能力、计算能力和执行能力的各种信息传感设备，如射频识别（radio frequency identification，RFID）装置、红外感应器、全球定位系统、激光扫描器等装置，通过网络设施与互联网结合起来而形成的一个巨大的网络，从而让所有的物品都与网络连接在一起，实现信息传输、协同和处理，使系统可以自动实时地对物体进行识别、定位、追踪、监控。物联网在互联网的基础上，实现物理世界与数字世界的融合，将联网的对象从人扩展到了所有的物品，从而实现"人与人"的联网以外的"人与物""物与物"的联网。由此，"物联网就是物物相连的互联网"，有两层意思：第一，物联网的核心和基础仍然是互联网，是在互联网的基础上延伸和扩展的网络；第二，其用户端延伸和扩展到了任何物品与物品之间，进行信息交换和通信。

二、物联网的技术系统构成

（一）感知层

感知层是物理接触层，是物联网的基础，也是物联网系统与传统信息系统最大的区别。感知层的作用相当于人的眼耳鼻喉和皮肤等神经末梢，它是物联网识别物体、采集信息的来源，其主要功能是实现对物体的感知、识别、监测或采集数据，是由遍布各种建筑、电网、大坝、路网的各类传感器，如二维条形码、射频识别（RFID）标签和 RFID 识读器、摄像头、机对机通信（machine to machine，M2M）设备及各种嵌入式终端等组成的传感器网络。感知层改变了传统信息系统内部运算处理能力高而外部感知能力低的境况，以低功耗、小体积、低成本实现灵敏、可靠和全面的物理感知。

（二）网络层

网络层是信息传输层，是相对成熟的部分。网络层由各种私有网络、互联网、有线和无线通信网、网络管理系统和云计算平台等组成，相当于人的神经中枢和大脑，主要作用是进行感知层与处理层之间的信息传输。

（三）处理层

处理层是智能处理层，实现物联网管理中心、资源中心、云计算平台、专家系统等对海量信息的智能处理，由目录服务、管理 U-Web 服务、建模与管理层、内容管理、空间信息管理等组成，实现对应用层的支持。

（四）应用层

在感知层、网络层、处理层的基础上，物联网技术便可以实现无所不在的智能化应用。物联网通过应用层实现信息技术与各行业专业如智能物流、安全监测、绿色农业、灾害监控、公共安全、食品溯源、远程医疗等行业的深度融合。

三、物联网在建设工程安全管理中的作用

1. 实现建设工程安全的智能化管理

物联网技术的应用能够将隔离开来的管理阶层和建设工程一线施工作业人员关系拉近，使建设工程一线施工作业人员的具体施工作业放在管理阶层的可见视野范围内，使上层决策管理者能够具体了解施工现场的即时情况、设备适用情况、施工作业实际情况并对各项环节实施监控管理，使建设工程项目安全能够实现智能化管理，减少其中的人力投入，为企业省去真正不必要的资源投入，保证了建筑业企业施工安全和施工质量。

2. 保障一线施工作业人员的人身、财产安全

物联网技术应用于建设工程安全管理后，可以利用物联网技术中的三大重要技术对施工

现场状况进行具体监控并就得出的数据对施工状况进行改善，例如，通过遥感技术监控施工现场，避免施工作业人员误入险地，降低施工危险程度。同时，通过互联网技术可以采集到施工现场的具体施工数据，进行分析后做出一系列保证施工质量和相关施工作业人员的人身安全的决策。

3. 促进资源合理分配，扩大企业利益

以长远的发展眼光看，物联网技术可以将企业的各项资源信息整合起来进行合理化分配，可以保证企业决策者了解施工技术设备更新换代的实际需求和现有状况。有了更加完善的施工技术和施工设备，施工作业人员的施工阻力就会大幅度降低，从而可以降低工作难度，保证自身安全，扩大企业利益。

四、物联网技术在建设工程安全管理中的具体应用

（一）避免人料机进入危险区域

建设工程环境复杂、区域大、施工作业人员分散作业与立体作业相交叉，靠传统的"旁站"式的安全管理往往很难奏效。而 RFID 具有人料机、危险区域的精确定位的功能，实现人、料、机位置的精确识别。当施工作业人员与危险区域的位置交叉重叠时，说明施工作业人员已经进入危险区域，此时存在着很大的安全隐患。系统会马上发出安全预警信号提醒施工作业人员，避免安全事故的发生。施工车辆定位跟踪可合理地完成车辆运营调度，防止车辆进入危险区和禁止通行区域，也可实时跟踪垃圾车的驾驶路线，对垃圾的卸载、倒放进行监控。施工机械定位可掌握其位置及运动轨迹，优化场地布置，防止机械碰撞。物料定位可监控物料堆放点是否合理，也可实时跟踪物料运送途中的位置。

（二）预警提示安全环境的危险状态

影响施工现场安全环境的因素包括现场温度、湿度、水文、气象、地质、地表沉降等，这些都对建设工程安全产生复杂多变的影响。物联网技术的应用可以将各种传感器置于施工现场中，实时监测环境因素的变化并传输到处理层，当这些因素检测值超过容许值时，即向管理人员进行预警提示，以便以最短的时间采取补救措施和救援措施。例如：通过传感器对工地风速、湿度、温度等小气象进行感知和监控，以保障施工作业环境的适宜性；通过烟雾、有害气体、水阀、电缆末端的监测，减少施工现场作业环境的安全隐患，如火灾等；通过扬尘、噪声的监控，超限报警和喷淋设备联动来降低环境对施工作业人员健康的损害。

（三）监测结构构件位移和修复补救受损构件

物联网技术可以通过构件上 RFID 标签的安装，获得构件的位移、变形、裂缝等数值，当这些数值的变化接近构件容许值时，通过 RFID 定位技术快速找到危险构件，及时进行加固、修复，以保证施工作业人员的安全。通过物联网技术对数据的存储、收集、分析功能，可以找到构件发生结构破坏的原因，从设计和施工技术上进行，避免在后续和类似的建设工程施工中发生相应的破坏。

（四）实时监控设备参数

通过感应器在塔吊、升降机、施工作业人员电梯、卸料平台等危险因素较高的大型施工机械设备中的嵌入，对其内部应力、振动频率、温度、变形等参量变化进行测量和传导，实时监控设备安全状态，数据超标时可及时预警，保证施工现场及周边的施工作业人员的安全。

（五）现场合理调度和控制资源流动

物联网可以严格控制人员、材料、车辆的出入场顺序时间，保证人员和车辆出入的安全，并通过人员、机械、材料在施工现场的流动频率的管控，避免施工现场由于资源的拥堵、集中、混乱造成安全事故。

第五节　智慧工地建设与建设安全管理

一、智慧工地概述

1. 智慧工地的定义

智慧工地是指运用信息化手段，通过三维设计平台对工程项目进行精确设计和施工模拟，围绕施工过程管理，建立互联协同、智能建造、科学管理的施工项目信息化生态圈，并将此数据在虚拟现实环境下与物联网采集到的工程信息进行数据挖掘分析，提供过程趋势预测及专家预案，实现工程施工可视化智能管理，以提高工程管理信息化水平，从而逐步实现绿色建造和生态建造。

由该定义可知，智慧工地是一个复杂的系统工程，它是各种信息技术子系统的集成，是基于互联网基础上实现各类信息技术子系统之间的信息共享，通过数据的深入分析与利用，实现对施工现场的人、机、料、法、环等资源进行集中管理，以可控化、数据化及可视化的智能系统对项目管理进行全方位立体化的实时监管。

2. 智慧工地的技术系统构成

（1）数据交换标准技术。要实现智慧工地，就必须要做到不同项目成员之间、不同软件产品之间的信息数据交换。由于这种信息交换涉及的项目成员种类繁多、项目阶段复杂，且项目生命周期时间跨度大，以及应用软件产品数量众多，只有建立一个公开的信息交换标准，才能使所有软件产品通过这个公开标准实现相互之间的信息交换，才能实现不同项目成员和不同应用软件之间的信息流动。

（2）BIM 技术。BIM 技术在建筑物全生命周期内可以有效地进行运营维护管理，BIM 技术具有空间定位和记录数据的能力，将其应用于运营维护管理系统，可以快速准确定位建筑设备组件；对材料进行可接入性分析，选择可持续性材料，进行预防性维护，制定行之有效的维护计划。BIM 与 RFID 技术相结合，将建筑信息导入资产管理系统，可以有效地进行建筑物的资产管理。BIM 技术还可进行空间管理，合理高效使用建筑物空间。

（3）可视化技术。可视化技术能够把科学数据，包括测量获得的数值、现场采集的图像或是计算中涉及、产生的数字信息变为直观的、以图形图像信息表示的、随时间和空间变化的物理现象或物理量呈现在管理者面前，使他们能够观察、模拟和计算。该技术是智慧工地能够实现三维展现的前提。

（4）3S 技术。是遥感技术（remote sensing，RS）、地理信息系统（geography information systerms，GIS）和全球定位系统（global positioning systems，GPS）的统称，是空间技术、传感器技术、卫星定位与导航技术和计算机技术、通信技术相结合，多学科高度集成的对空间信息进行采集、处理、管理、分析、表达、传播和应用的现代信息技术，是智慧工地成果的集中展示平台。

（5）VR 技术。是利用计算机生成一种模拟环境，通过多种传感设备使用户"沉浸"到该环境中，实现用户与该环境直接进行自然交互的技术。它能够使应用 BIM 技术的设计师以身临其境的感觉，能以自然的方式与计算机生成的环境进行交互操作，而体验比现实世界更加丰富的感受。

（6）数字化施工系统。数字化施工系统是指依托建立数字化地理基础平台、地理信息系统、遥感技术、施工现场数据采集系统、施工现场机械引导与控制系统、全球定位系统等基础平台，整合施工现场信息资源，突破时间、空间的局限，而建立一个开放的信息环境，以使建设工程项目的各参与方更有效地进行实时信息交流，利用 BIM 建筑信息模型成果进行数字化施工管理。

（7）物联网（internet of things，IOT）是新一代信息技术的重要组成部分。顾名思义，物联网就是物物相连的互联网。物联网通过智能感知、识别技术与普适计算，广泛应用于网络的融合中，也因此被称为继计算机、互联网之后世界信息产业发展的第三次浪潮。

（8）云计算技术。云计算是网格计算、分布式计算、并行计算、效用计算、网络存储、虚拟化和负载均衡等计算机技术与网络技术发展融合的产物。它旨在通过网络把多个成本相对较低的计算实体，整合成一个具有强大计算能力的完美系统，并把这些强大的计算能力分布到终端用户手中，是解决 BIM 技术中大数据传输及处理的最佳技术手段。

（9）信息管理平台技术。信息管理平台技术的主要目的是整合现有管理信息系统，充分利用 BIM 建筑信息模型中的数据来进行管理交互，以便让建设工程各参与方都可以在一个统一的平台上协同工作。

（10）数据库技术。BIM 技术的应用，将依托能支撑大数据处理的数据库技术为载体，包括对大规模并行处理（MPP）数据库、数据挖掘电网、分布式文件系统、分布式数据库、云计算平台、互联网和可扩展的存储系统等的综合应用。

（11）网络通信技术。网络通信技术是 BIM 技术应用的沟通桥梁，是 BIM 技术数据流通的通道，构成了整个 BIM 技术应用系统的基础网络。可根据实际工程建设情况，利用手机网络、无线 Wi-Fi 网络、无线电通信等方案，实现工程建设的通信需要。

二、智慧工地安全管理特点

1. 全天候的管理监控

为建筑业企业或政府监管部门提供全天候的人员、安全、质量、进度、物料、环境等监管及服务，辅助管理人员全方位地了解施工现场情况。

2. 全流程的安全监督

基于智慧工地物联网云平台，对接施工现场智能硬件传感器设备，利用云计算、大数据等技术，对监测采集到的数据进行分析处理、可视化呈现、多方提醒等，以实现对施工现场全方位的安全监督。

3. 全方位的智能分析

通过智能硬件端实时监测，采集施工现场的人、机、料、法、环各环节的运行数据，基于大数据等技术，对海量数据进行智能分析和风险预控，辅助管理人员决策管理，提高施工现场项目的建设效率。

"智慧工地"通过施工现场综合管理平台和移动智能设备形成更全面的项目各环节互通互联，可实现信息共享，提高人员沟通效率；依靠视频、图片等实时资料，不受空间限制，从办公室到施工现场都能实时掌握施工进度、质量及安全文明状况，及时发现并解决施工现场出现的各类问题。

三、智慧工地对施工作业人员安全管理的应用

1. 人员管理

建设工程施工现场实名制管理是加快建设工程施工现场信息化、系统化管理的基础。建设工程施工现场实名认证，有利于加强建设工程施工作业人员的管理，降低安全事故的发生率，为建设工程施工现场信息化用工建立一个全面、高效、统一、智能的建设工程用工信息服务系统。

建设工程相关人员进入施工现场，执行实名制管理制度。禁止施工作业人员从建筑车辆进出通道进入施工现场。进出施工现场有序进行，不应前后拥挤；必须佩戴安全帽，禁止在施工现场区域抽烟。实名制通道24h有人值守，监督检查施工作业人员进出施工现场刷脸验证情况，禁止任何人非法闯入，以及为他人刷脸（卡）开闸，禁止一人刷脸多人尾随。系统运维人员按照管理要求，保持实名制管理系统安全稳定运行，保持软硬件系统持续可用。保证实名制信息录入设备、人员通行信息采集及时记录及上传。

通过建设工程施工现场实名制系统，可以清晰地分配施工作业人员的工作量、工作时间，提高施工作业人员的责任心与工作积极性。施工现场实名制的实施有利于施工作业人员的统一管理，记录班组到个人的考勤上工情况，有利于合理规划施工现场布局，综合调配人力、物力。

2. 安全帽识别与定位

安全帽佩戴识别系统基于智能图像识别技术，通过实时监测施工作业人员是否佩戴安全帽并智能提醒，可有效避免施工作业人员因不佩戴安全帽而引发的安全事故。智能安全帽定位系统是运用智能安全帽研发的一套人员定位管理系统方案，区域实时定位、人数统计，辅助人员考勤、自动报警等功能，可用于对施工现场空旷区域人员的实时管理。

3. 安全教育培训

基于先进的VR技术，结合VR设备、电动机械，以相关安全规范为标准，全面考量施工现场施工时的安全隐患，以三维动态的形式全真模拟出施工现场施工时的真实场景和险情，实现施工安全教育交底和培训演练的目的。体验者可通过VR技术体验馆"亲历"施工过程中可能发生的各种危险场景，并掌握相应的防范知识及应急措施。系统中以仿真的场景来模仿安全事故的发生全过程，将视觉、听觉、触觉和动感完美地融为一体，让体验者真实感受建设工程安全生产事故中诸如坠落、震动、摇晃等效果，让体验者对"不安全的"事故有切身的体验，从而强化自身安全意识。

四、智慧工地对施工现场的安全技术交底与安全检查

安全隐患排查管理主要是通过安全管理系统，以手机拍照记录问题和整改要求（时间等）一并发送给相应责任人，责任人对问题进行整改回复，记录人对问题进行拍照、录像的方式进行复核，并将复核情况上传，问题形成闭环，整改通知单、罚款单、安全日志自动生成，对于安全管理工作非常方便，可提高一线施工作业人员的作业效率，将安全管理具体任务落实到位，分清责任。

传统的安全技术交底通过会议、技术交底表格、做样板等方式进行，安全技术交底为二维平面图或者文字说明，无法客观地反映出如何进行详细施工作业，不容易把握重点。通过BIM技术三维建模可以使用立体的模型进行安全技术交底，使施工作业人员能够360°全方

位查看施工区，直观地了解施工的内容，准确地把握各项施工要求，提高施工安全性。

五、基于智慧工地对施工现场危险源监控的应用

1. 远程视频监控系统

远程视频监控"智慧工地"中的远程视频监控技术是基于"互联网＋"实现对施工现场的安全、质量、环境等方面的远程监督与管理。通过在施工现场合理布置监控点位，真正实现了对施工现场监控的全覆盖。建设单位、监理单位、施工单位通过移动应用和桌面端，实时准确地了解施工现场的施工情况，及时发现安全隐患，提出有效的整改措施，预防安全事故的发生。同时，远程视频监控技术极大地节约了建设工程项目的管理成本，提高施工现场的工作效率，规范施工现场安全作业，增强了施工现场各管理人员与作业人员的安全意识。

2. 塔吊安全监控管理系统

（1）塔机安全监控管理系统。基于传感器技术、嵌入式技术、数据采集技术、无线传感网络与远程数据通信技术，实现建设工程塔机单机运行和群塔干涉作业防碰撞的开放式实时安全监控与声光预警报警等功能，以及实时动态的远程监控、远程报警和远程告知，使塔机安全监控成为开放的实时动态监控。

（2）吊钩可视化管理系统。该引导系统实时以高清晰图像向塔吊司机展现吊钩周围实时的视频图像，使司机能够快速准确地做出正确的操作和判断，解决了施工现场塔吊司机的视觉死角、远距离视觉模糊、语音引导易出差错等行业难题。

3. 升降机与卸料平台的监控管理系统

基于传感器技术、嵌入式技术、数据采集技术与远程数据通信技术，实现施工升降机运行实时动态的远程监控、远程报警和远程告知等。通过技术手段保障对升降机使用过程和行为的及时监管，切实预警、控制设备运行过程中的危险因素和安全隐患。

基于物联网、嵌入式技术、数据采集、数据融合处理与远程数据通信技术，实时监测载重数据，并上传云平台，具有随时查看卸料平台当前状态、查询历史记录、声光预警报警等功能，辅助操作员及时采取正确的处理措施。

4. 高爬模监测系统

高爬模自动化监测系统由高大模板支撑综合分析仪、高大模板支撑无线采集器、高精度倾角计、位移计、荷载传感器、结构配件、声光报警器和高大模板支撑实时监测管理云平台组成。系统采用无线自动组网、高频连续采样，实时数据分析及现场声光报警。在施工监测过程中，达到秒级响应危险情况，自动触发多种报警功能，提醒施工作业人员在紧急时刻撤离危险区域，有效降低施工安全风险，其各项性能指标均达到并超过现有高爬模人工监测标准。

5. 地下工程及深基坑结构监测系统

地下工程及深基坑结构监测系统对卫星定位、机器人测量、传感器、移动通信等技术进行综合运用，按照物联网模式初步构建监测体系，对施工现场数据动态采集与传输，进一步获得精确的监测结果，具体包括建设工程登记、巡视检查登记、简报数据登记、原始资料查询、监测情况查询、预警报警以及将异常情况推送到公司级或者更高一级的信息管理平台。若监测单位需要扩大通知区域，可进行补发操作，增加发送对象，同时对通知内容科学编辑。

参 考 文 献

[1] 梁友. 高大模板支撑体系建筑坍塌事故不安全动作研究 [D]. 吉林：吉林建筑大学，2019.

[2] 曲扬. 建筑企业安全绩效评估研究 [D]. 重庆：重庆大学，2017.

[3] 龚正祥. 我国建筑施工较大及以上事故特征研究. [D]. 南昌：南昌大学，2015.

[4] 安丰悦. 市政工程安全管理研究 [D]. 青岛：青岛理工大学，2014.

[5] 周竞天. 超高层建筑安全监理工作方法研究 [D]. 北京：清华大学. 2012.

[6] 李胜兵. 超高层建筑项目施工风险管理研究 [D]. 北京：中国科学院大学. 2018.

[7] 王吉武，闫野，金浩，姚江. 本质安全理论综述研究 [J]. 价值工程，2019（08）.

[8] 许正权，宋学锋，吴志刚. 本质安全管理理论基础：本质安全的诠释 [J]. 煤矿安全，2007（09）.

[9] 胡志文，张晓飞，王梓，郑越，周建秀. 基于安全责任视角的本质安全演化原则与内涵特征 [J]. 管理观察，2019（13）.

[10] 张卫. 生活事件视角下煤矿事故中人因失误致因机理及预控研究 [D]. 北京：中国矿业大学. 2014.

[11] 李智轩，杨必江，何明生，叶龙."智慧工地"理念下施工现场安全管理 [J]. 城市住宅，2019（11）.

[12] 陈豪，邱树林，李德安. 基于智慧工地化的项目全员安全生产管理 [J]. 建筑安全，2019（12）.

[13] 王金锋，苏慧杰. 智慧工地管理中智慧门禁以及劳务实名制应用实践 [J]. 工程建设与技术，2019（24）.

[14] 徐友全. 物联网在智慧工地安全管控中的应用 [J]. 建筑经济，2019（12）.

[15] 田翰之. 建筑生产安全事故统计指标体系创新及应用研究 [D]. 北京：首都经济贸易大学，2013.

[16] 任智刚，何奕，曾明荣，金龙哲. 我国现行生产安全事故统计制度和模式分析及完善建议 [J]. 中国安全生产科学技术，2018（09）.

[17] 张建设，申雪梅，李瑚均，罗春阳. 建筑施工企业安全事故引起无形损失分类体系研究 [J]. 中国安全科学报，2018（06）.

[18] 杨杰，李晓霞. 建设安全法理念重塑及法规制度体系完善研究 [J]. 东岳论丛，2018（09）.

[19] 韩豫，孙昊，李宇宏，尤少迪. 智慧工地系统架构与实现 [J]. 科技进步与对策，2018（24）.

[20] 叶贵，李静，段帅亮. 建筑工人不安全行为发生机理研究 [J]. 中国安全生产科学技术，2018，12（03）.

[21] 王海顺，许铭，辛盼盼，戚昕，裴晶晶. 我国生产安全事故经济损失统计制度改革建议 [J]. 中国安全科学学报，2019（10）.

[22] 李卉. 基于关联规则的建筑模板坍塌事故致因链研究 [D]. 厦门：华侨大学，2019.

[23] 张江石，赵群，张文越. 安全管理实践与行为关系研究 [J]. 安全与环境学报，2018，18（06）.

[24] 胡文斌. 工程建设项目安全投入优化配置研究 [D]. 北京：首都经济贸易大学，2018.

[25] Murat Gunduz, M. Talat Birgonul, Mustafa Ozdemir. Fuzzy Structural Equation Model to Assess Construction Site Safety Performance [J]. JOURNAL OF CONSTRUCTION ENGINEERING AND MANAGEMENT，2017，143（4）.

[26] Awolusi, Ibukun G, Marks, Eric D. Safety Activity Analysis Framework to Evaluate Safety Performance in Construction [J]. JOURNAL OF CONSTRUCTION ENGINEERING AND MANAGEMENT，2017，143（3）.

[27] Liangguo Kang, Chao Wu, Xiuping Liao, Bing Wang. Safety performance and technology heterogeneity in China's provincial construction industry [J]. Safety Science，2020，121.

[28]　Huang, Xinyu, Hinze, Jimmie. Owner's Role in Construction Safety: Guidance Mode [J]. JOUR-NAL OF CONSTRUCTION ENGINEERING AND MANAGEMENT, 2006, 132 (2).

[29]　Liu, Huang, Jazayeri, Elyas, Dadi, Gabriel B. Establishing the Influence of Owner Practices on Construction Safety in an Operational Excellence Model [J]. JOURNAL OF CONSTRUCTION ENGI-NEERING AND MANAGEMENT, 2017, 143 (6).